2024年度河北省哲学社会科学学术著作出版资助

察哈尔蒙古族 服饰文化研究

李洁 著

中国社会科学出版社

图书在版编目（CIP）数据

察哈尔蒙古族服饰文化研究/李洁著 . —北京：中国
社会科学出版社，2024.7
  ISBN 978 - 7 - 5227 - 3627 - 3

  Ⅰ. ①察…　Ⅱ. ①李…　Ⅲ. ①蒙古族—民族服饰—
服饰文化—文化研究—察哈尔　Ⅳ. ①TS941.742.812

中国国家版本馆 CIP 数据核字(2024)第 110694 号

出 版 人	赵剑英
责任编辑	吴丽平
责任校对	闫　萃
责任印制	李寡寡

出　　版	中国社会科学出版社
社　　址	北京鼓楼西大街甲 158 号
邮　　编	100720
网　　址	http://www.csspw.cn
发 行 部	010 - 84083685
门 市 部	010 - 84029450
经　　销	新华书店及其他书店

印　　刷	北京明恒达印务有限公司
装　　订	廊坊市广阳区广增装订厂
版　　次	2024 年 7 月第 1 版
印　　次	2024 年 7 月第 1 次印刷

开　　本	710 × 1000　1/16
印　　张	17
插　　页	2
字　　数	235 千字
定　　价	89.00 元

序

　　察哈尔文化是以祖国北疆文化为基础，以察哈尔蒙古族文化为内涵的多民族、多种生产方式交往、交流、互鉴而形成的地域文化。察哈尔蒙古族服饰文化是蒙古族草原文化的重要组成部分，也是中华民族服饰文化的重要组成部分。独具特色的察哈尔蒙古族服饰文化，已成为我国丰富多彩的民族服饰百花园中一朵绚丽的奇葩。在即将出版的《察哈尔蒙古族服饰文化研究》一书中，作者李洁博士以察哈尔蒙古族服饰为研究对象，以其扎实的知识基础和多学科的研究方法，为读者揭示了察哈尔蒙古族服饰的样貌特征、形成过程、文化内涵和社会意义，丰富了中华民族服饰多元共生、一体交融的文化内涵。应李洁博士邀请，拜读了她的《察哈尔蒙古族服饰文化研究》一书，谨以个人几点读后感的拙文为序。

　　首先，作者对生衍察哈尔蒙古族服饰文化族群的历史背景和文化生境的深刻分析和梳理，为读者揭示出了察哈尔服饰文化的两个显著特点。

　　一是察哈尔服饰文化具有深刻的军旅文化特点。这是因为察哈尔部起源于蒙元时期的怯薛，形成于北元时期的察哈尔万户，清代被编为察哈尔八旗，都是在严密的军事组织下繁衍生存，其服饰文化必然要适应察哈尔部长期作为军事组织的职能要求和社会生境，从而形成了既能适应游牧生活的服饰特点，又具有随时上马战斗的军事服装要求。如书中提到察哈尔蒙古袍服在元代由左衽改为右衽，不仅是元朝统治者推行汉制的需要，而且是为了克服察哈尔将士抽刀时左衽前襟容易裹住刀把而贻误战机的缺点使然。

二是，察哈尔服饰文化具有浓厚的宫廷文化色彩。作者在书中详细阐述了察哈尔部在历史上长期担任宫廷仪卫执事，朝廷对其服饰形制均以制度化的方式作出了严格的规定。特别是在元朝，其服饰形制既吸纳了前朝的经验，同时也保留了自己传统的民族特色。无论在宫廷的日常事务管理中的职业着装，还是以浩大的皇家仪卫队向人们展示宫廷服饰的庄重与奢华，均以其浓厚的宫廷文化色彩，以示朝廷的威严。即便是在清朝时期，察哈尔服饰仍然以其简素而不失宫廷文化的影响，如察哈尔女式袍子（特日力格）转化成为清代宫廷女式服装"旗袍"而风靡全国，就是生动的一例。这种特殊的人文历史环境，造就了察哈尔服饰文化与众不同的又一特点。

其次，该书不仅分析和展现了察哈尔服饰的文化特点，而且揭示了察哈尔服饰文化的深刻内涵，即察哈尔服饰文化所蕴含的价值取向和核心理念。

一是崇尚自然。崇尚自然是察哈尔人崇敬自然、顺应自然、珍爱生命、人与自然和谐共生的价值取向以及由此体现的人与自然、人与社会和谐相处的必然联系。察哈尔蒙古族服饰是草原文化的展现，具有鲜明的地域特点。作者从材质、形制、色彩这三个服饰构成的基本要素方面一一展开，详细论证了这一观点。察哈尔蒙古族服饰大量使用皮毛制品是游牧民族适应高原生活的一种生活智慧，并由此形成了精湛的皮毛加工工艺，带动了察哈尔地区皮毛业的持续发展；精干、利落、简便的服饰形制是察哈尔蒙古族在"逐水草而居"的生活生产劳动逐渐形成的，并始终在自身和自然、社会统一性认识的深化过程中不断予以完善。相比于其他部落的穿戴色彩，察哈尔蒙古族服饰整体典雅简素的色彩观体现出他们尊重大自然、遵从秩序的个体谦卑心理，同时丰富的装饰色彩又反映出他们热爱草原生活的独特审美情趣和多彩的精神世界。

二是践行开放。践行开放是察哈尔人顺应时代潮流、接受新事物、不断开拓进取的思想概括，体现了察哈尔人的博大胸怀、包容态度和勇于突破自我的精神境界。在历史的长河中，察哈尔蒙古族服饰始终处于流变状态。经过持续传承和发展演变，既保留了自身独特的穿戴风格，又融合了其他民族的优秀因子。起先，察哈尔蒙古族为谋求生存，兼容北方诸民族服饰优点形成了适合草原游牧生活生产方式的服饰雏形。而后，随着族群的发展扩大，逐渐与中亚、欧亚、中原等地区交往密切、互动频繁，其服饰材料愈发丰富，服饰特点愈发突出，形成了具有自身独特属性的日常服饰和礼仪服饰。如今，在社会不断进步和国家大力弘扬中华优秀传统文化的前提下，察哈尔蒙古族服饰的非物质文化遗产传承人在赓续传统的基础上，又采用现代缝纫技术，融合周边民族服饰样式，走向顺应时代潮流的改良与创新发展道路。

三是恪守信义。恪守信义是察哈尔人以诚待人、以国家和民族利益为重、以义为本、大道诚信的思想概括，体现了草原天地高远，民风淳朴，把崇信重义当做人生最重要的心灵约定。蒙古历史几经风云变幻，察哈尔部一直是成吉思汗最忠实的守护者，承担历代大汗的"怯薛"侍卫，以宫廷服务为首要职业内容，常年生活在汗帐周围。服饰受宫廷文化的熏染，形成典雅、高贵、庄重的特点。这也正是一代又一代察哈尔人自灵魂深处恪守承诺、维护社会和谐人格境界的有力表征。史料曾记载怯薛（察哈尔蒙古族前身）穿着与大汗同一颜色的"质孙服"参加"诈马宴"的辉煌场景，就是他们历代恪守职责而获得嘉奖的佐证。

四是敬重礼仪。敬重礼仪是察哈尔人通过仪表行为、礼貌规范，敬重维护人与人、人与自然间科学和谐的秩序，体现了察哈尔人举手投足、待人接物时注重谦恭礼让的礼仪风范。

尤其是重大的节日场合（春节、那达慕、祭敖包等）和人生礼仪场合（出生礼、婚礼、寿礼、葬礼等），礼仪程序复杂，穿戴颇有讲究。重大节日场域，人们必须穿戴符合自身年龄、性别、身份、地位的服饰，如察哈尔蒙古族已婚妇女穿奥吉、戴绥赫；男子佩戴火镰、陶海、银鞘刀等饰品；博克选手穿戴昭都格、班吉拉、江嘎等。人生礼仪场合，换装仪式象征着身份的转换，如满月礼孩子穿巴林塔格；婚礼上给新郎系腰带等。总之，察哈尔人的礼仪穿戴，处处显示对其他人的尊重、节日仪式的重视以及对集体秩序的维护。

五是忠勇爱国。忠勇爱国是察哈尔人对国家、对民族赤胆忠心、英勇无畏的思想概括，体现了察哈尔人忠贞不贰的爱国主义情怀和勇敢顽强的英雄主义精神。察哈尔蒙古族英勇善战被誉为"利剑之锋刃，盔甲之侧面"，军事职能一直延续至抗日战争时期，在抵御外辱中做出了杰出贡献。他们的服饰带有明显的军戎特点，为了行军打仗时可以快速系好衣服，通常是一袍边一扣子，且边饰窄而朴素，无刺绣、镂花等装饰。现在察哈尔人依然秉持这种便捷的着装传统，隆重场合袍子也不能超过三条边。

最后，《察哈尔蒙古族服饰文化研究》一书富有新意，具有一定的学术价值和应用价值，也是我向诸位读者推荐该书的重要原因。

第一，目前，察哈尔蒙古族服饰研究只作为蒙古族服饰研究或察哈尔风俗研究中的一部分内容，尚无专著，该书可以说填补了此项空白。

第二，作者持续深入田野调查五年间，积累了大量宝贵的一手材料，不仅较为全面地展示了察哈尔蒙古族服饰的样貌，还将相关的使用者、制作者以及社会生活纳入研究范围，拓宽了察哈尔服饰文化解释的路径。

第三，该书以察哈尔蒙古族服饰文化为案例，展现了中华民族文化强大的内在生命力，这对于坚定民族文化自信，推动社会主义文化繁荣兴盛，实现中华民族的伟大复兴都具有重要的意义。

中华服饰文化是中国多民族服饰文化的总和，每一个民族、每一种类型的服饰都是中华民族服饰文化璀璨外衣上不可缺少的一粒明珠，它们各放异彩又交相呼应。在新的历史时期，察哈尔蒙古族服饰作为其中的一颗明珠，还将不断谱写着联通古今、融通发展的中国故事。在国家政策大力支持下，过去的研究者在察哈尔文化研究方面取得了不俗的成绩，现在年轻一代的研究者在此道路上继续深入，我颇感欣慰。当然，本书尚有一些缺点和不足也在所难免，但瑕不掩瑜，祝愿李洁博士对察哈尔蒙古族服饰的研究更上一层楼。

内蒙古察哈尔文化研究会副会长

研究会首席专家　　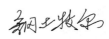

目　　录

绪　论

一　选题缘起

当我第一次从将要访谈的传承人那里见到察哈尔蒙古袍时，不禁有些灰心丧气。察哈尔蒙古袍是我研究的主要对象之一，和其他蒙古族部的袍服相比，它是如此简单，让我想要叠加在上面的修辞语言化为泡沫。这可能和我之前学习、从事研究的学科体系有关，在艺术学的领域中，人们惯常以那些华丽复杂的纹饰、造型作为美的标准。但是，随着传承人滔滔不绝的讲述，它仿佛又变得生动起来。尤其是这次田野调查中，导师带着我参与和观察了当地正在举行的大型服饰展演活动，穿梭于穿戴五颜六色、各式各样服饰的人群中，他们澎湃激昂的情绪瞬间点燃了我的信心，我不禁在心里赞叹："这些服饰太美了!"

在进一步研究中发现，物除了本体的研究以外，更重要的是面向赋予物的意义的人以及他们由此建立起来的生活世界。所以，研究察哈尔蒙古族服饰，不得不先了解其文化。当我阅读察哈尔的历史时，不禁被察哈尔部的历史与文化所打动。这个由成吉思汗贴身亲卫军发展而来的蒙古中央部族，凭借骁勇善战的传统，被誉为成吉思汗"黄金家族"的"传家宝"及蒙古正统的象征，从而彪炳史册。其组成人员来自各部族的优秀子弟，文化中自然也综合了各部所长。在历史的风云变幻中，他们始终以英勇无畏的态度捍卫着部族的生存权利，以聪明的智慧和勤劳的双手创造出独特灿烂的文化。这些特殊的地方性知识形成了"典型代表型"的察哈尔蒙古族服饰的基础，也让我理解了察哈尔蒙古袍所具有的"没有特点恰恰是最大的特点"的意义。当然，这只是研究中的一个很小的切面，随着研究的深入，问题一个接一个抛出，促使我不断地从与之相联系的社会、历史、经济、技术等更广泛的领域去寻找答案，研究也随之多面展开，察哈尔蒙古族服饰这一研究对象也因此显得妙趣横生。

二 研究意义

（一）理论意义

第一，在蒙古族各部服饰的研究中，相比于科尔沁、鄂尔多斯、布里亚特等具有突出审美特点的部族服饰，作为"典型代表型"的察哈尔部族服饰研究长期处于被忽视的薄弱状态。本书全面系统地梳理了察哈尔蒙古族服饰的历史发展脉络，重构其分类体系，明确其传承保护的重要价值。首先，从历史文献、图片中查找线索，对其历史上各个时期的起源、发展、演变进行详细介绍。其次，根据实地调研资料，从地方性知识的角度重新建构了它的分类体系，打破了以往相关研究中单纯套用服装学理论，按照（头衣、身衣、足衣、饰品等）部件进行分类的方法，更贴合当地人的实际生活习惯和思维逻辑。最后，解释使用者、传承者在历史发展中传承、创新、推广察哈尔蒙古族服饰文化的行为意义，为进一步激活察哈尔服饰文化活性提供有益参考。

第二，在研究方法上，以"整合、动态、开放"的新叙事学理论视角研究察哈尔蒙古族服饰文化。通过对服饰文本的符号意义分析，叙述察哈尔蒙古族在不同的历史时期和社会场景中，如何选择和利用服饰的材料、形制、色彩来表达文化主体身份，以及维护族群稳定发展的社会实践行为。引入社会建构理论，从多维联系和动态的视角来考察物的生命意义，以及人建构自身生活世界的行为意义，解释现代仪式场景下察哈尔蒙古族服饰的展演行为和文化主体的身份建构、身份认同等问题。

（二）社会意义

党的二十大以来，党中央始终高度重视民族工作，强调要立足中华民族悠久历史，把马克思主义民族理论同中国具体实际相结合、同中华优秀传统文化相结合，遵循中华民族发展的历史逻辑、理论逻辑，科学揭示中华民族形成和发展的道理、学理、哲理。中华民族是在历史变迁中形成的宝贵结晶，铸牢中华民族共同体意识是多元一体的中华民族从自在到自觉进而到自信的历史选择。当今社会，面临着全球化和现代化的外部文化冲击，以及来自内部的自身发展中遭遇的文化价值流失等问题，因此，民族服饰文化的保护传承是一项极其艰难的任务。即使如此，察哈尔蒙古族依然延续着他们的服饰传统，并在更广泛的族际交往中分享和丰富着这一传统，是顺应社会变迁发展潮流、繁荣中华民族文化、铸牢中华文化共同体意识的一个案例侧影。本书力图揭示他们如何调和传统文化与现代文化的冲突，如何在国家政治和市场经济的整体链条中重构自身文化和族群身份的现象。这对于促进察哈尔服饰文化的繁荣发展，进一步推动本民族文化自觉、文化自信，不断增强对中华民族的认同感、归属感、自豪感都具有重要的现实意义。

三　研究综述

本书是在民俗学、人类学、艺术学等学科视野下对察哈尔蒙古族服饰进行的整体性研究，它不仅包括这一族群服饰的客体本身，还包括服饰背后的人的行为和认知问题。具体来说，是围绕"物"，展开其族群认同以及相关叙事行为意义和建构行为意义的研究。在这三个方面，国内外的学者们已经积累了丰富的成果，值得我们学习和借鉴。下面对相关研究理论进行梳理，作为基础和起点。

（一）围绕"物"的研究

1. 物质文化研究

物质文化研究（Material Culture Studies，以下简称MCS）是一个不断更新发展的学术领域，在20世纪七八十年代以后形成一门显学。早期的古典进化论学派将物质视为区分社会发展阶段的标志，如路易·亨利·摩尔根在《古代社会》中，把人类发展过程分为"蒙昧""野蛮""文明"三个阶段，以不同的物质工具来划分低级到高级的界限。① 爱德华·伯内特·泰勒在《人类学：人及其文化研究》中也论述了社会不同进化阶段的物质和技术。② 20世纪中后期，物质文化研究出现了新的"转向"，研究主题由"物的重要性"转向"物的意义""物的社会建构"，研究视角也从"人的视角"转向"物的视角"，"物性""物人关系""物的社会工作""物的社会生命"等成为物质文化研究的新关键词。例如，丹尼尔·米勒主编的《物性》，深入探讨了"物性"从古代到现在的不同表现形式，指出物性对于塑造人性的重要作用。科普托夫提出，"社会把人的世界和物的世界同时以相同的方式建构"。阿尔君·阿帕杜伊和克比托夫在各自的研究中都从物的动态过程入手研究"物的社会生命"，重点指出物在不同语境中的意义。③ 物自身的广泛性和包容性，使学科背景越来越丰富，并且以海纳百川的

① ［美］路易·亨利·摩尔根：《古代社会》上册，商务印书馆1977年版，第16—36页。
② ［英］爱德华·伯内特·泰勒：《人类学：人及其文化研究》，连树声译，广西师范大学出版社2004年版，第65—104页。
③ 王垚：《物质研究方法论》，博士学位论文，兰州大学，2017年，第3—4页。

态势激发了众多领域之间的对话，汇入当前文化研究的主流。

服饰是物质文化研究的一个重要内容。我国早期的服饰物质文化研究主要集中在文物、博物研究方面，研究对象集中在具有历史价值或审美价值的服饰文物艺术品上。例如，沈从文的《中国古代服饰研究》、① 黄能馥和陈娟娟的《中国服饰史》、② 扬之水的《奢华之色：宋元明金银器研究》③ 便是博物馆服饰物质文化研究方面的代表力作，而那些绝大多数未冠以"文物"头衔的日常服饰被排除在主流研究之外。近年来，受西方物质文化研究的影响，国内的物质文化研究逐渐向纵深领域拓展，从追求"客观的""科学的"学科体系，转向关注日常之"物"的生活意义。人们生活中被频繁使用且具有鲜明特色的民族服饰尤其受到关注，并在本土文化的实践反思中逐渐形成了自己的研究特色。王明珂《羌族妇女服饰——一个"民族化"过程的例子》一文，以20世纪前半叶到20世纪90年代，当地人（特别是知识分子）主观强化羌族妇女服饰特征来塑造与本地汉族、族群内各层级之间的各种认同与区分的事实，从而说明羌族服饰不仅是民族历史文化的象征，更是在特定环境下羌族社会身份认同和文化展示的载体。④ 周星《汉服之"美"的建构实践与再生产》一文，通过考察现当代都市青年"汉服运动"的各种建构行为，指出这些实践活动是人们对汉服之"美"蕴含的中华文化的再发现、重新建构和再生产的过程，并从艺术人类学的角度分析了审美经验与日常生活世界的关联，以及审美行为背后呈现的价值取向。⑤ 赵卫东《族群服饰与族群认同——对"白回"

---

① 沈从文编著：《中国古代服饰研究》，上海书店出版社2011年版。
② 黄能馥、陈娟娟：《中国服饰史》，上海人民出版社2014年版。
③ 扬之水：《奢华之色：宋元明金银器研究》，中华书局2010年版。
④ 王明珂：《羌族妇女服饰——一个"民族化"过程的例子》，《"中研院"历史语言研究所集刊》1998年第4期。
⑤ 周星：《汉服之"美"的建构实践与再生产》，《江南大学学报》（人文社会科学版）2012年第2期。

族群的人类学分析》一文，分析了具有伊斯兰文化、白族文化和汉文化元素的"白回"族群服饰是如何在历史发展中随着文化的变化而改变的动态发展过程。① 在这些研究者眼中，物本身不再只是一个静态的"历史解释文本""文化的附属品"，而是一个具有积极性和主观能动性，能够对特定历史时期的社会框架、政治关系、民俗生活和文化秩序等产生影响的社会生命体。上述观点对本书的研究具有启发性，沿着前人的思路，作为日用之物的察哈尔蒙古族服饰如何塑造地方社会的族群文化？人物之间形成了怎样的互塑关系？与现代社会相联系的技术、观念的变迁又对传统服饰产生了哪些影响？对人的身体产生了哪些规训？这些都是本书需要回答的问题。

2. 察哈尔蒙古族服饰研究

察哈尔部是蒙古族历史最悠久的部族之一，被誉为"蒙古正统"的象征，其服饰是蒙古族服饰较为典型的代表。然而，从文献梳理的结果来看，察哈尔蒙古族服饰的研究成果与其历史地位严重不符，甚至远不及蒙古族其他部服饰的研究成果。迄今为止，还没有发现一部关于察哈尔蒙古族服饰的专著，只散见于蒙古族服饰和地方民俗文化的综合类著作中，论文数量也是寥寥无几。

20 世纪 90 年代前后，在"弘扬民族文化，振兴民族精神"② 的号召下，介绍民族服饰的书籍也陆续出版。当时出版的综合类的蒙古族服饰著作中，均有少量篇幅章节对察哈尔蒙古族服饰进行描述。描述

---

① 赵卫东：《族群服饰与族群认同——对"白回"族群的人类学分析》，《民族艺术研究》2004 年第 5 期。

② 在 20 世纪 90 年代初，中央报纸上提出过一个小口号："弘扬民族文化，振兴京剧艺术"，那是为当时不太景气的京剧所做的号召。但不久，报纸上的大标题换成"弘扬民族文化，振奋民族精神"。这一改，就不只是对哪一门艺术的提倡与振兴问题，而是把弘扬民族文化优良传统的目的，提高到振奋中华民族精神的崇高境界。于风：《对继承与创新的思考》，广东省政协书画艺术交流促进会、广东省美术家协会编《广东当代国画名家优秀作品展论文集》，岭南美术出版社 2006 年版，第 21 页。

的方法普遍是将其置入真空的历史环境中，既不对年代加以限制，也不体现时代的变迁。描述的内容一般按照人体的穿戴部位，分为长袍、帽、靴和装饰品。例如，内蒙古自治区民族事务委员会编写的《蒙古民族服饰》对察哈尔男女长袍、长短坎肩、帽靴、装饰品进行介绍；① 乌云巴图等编著的《蒙古族服饰文化》对察哈尔袍服、头饰、佩饰等进行介绍。② 此后，21 世纪初出版的综合类的地方民俗文化著作中涉及的察哈尔蒙古族服饰虽然仍以描述为主，但在分类方式和调查方法上较之前有所改进，如纳森主编的《察哈尔民俗文化》除了更加详细、系统地将察哈尔服饰分为男装、男子装饰品、女装、女子装饰品以外，还对察哈尔地区喇嘛僧人服饰进行了介绍。③ 王树明主编的《话说内蒙古·察哈尔右翼后旗》结合现代田野调查的方法，介绍了察哈尔地区的蒙古袍和蒙古靴的形制和使用情况。④ 近年来出版的图典类的蒙古族服饰著作是本书写作的重要参考文献，这类书籍中收录了大量珍贵的历史照片，图文并茂、生动直观地展现了包括察哈尔服饰在内的各部族服饰间的相同和差异，如《蒙古族服饰图鉴》⑤《蒙古民族服饰文化》⑥《中国蒙古族服饰》⑦《内蒙古蒙古族传统服饰典型样式》⑧《蒙古部族服饰图典》⑨ 等。上述图典均体量庞大，或者以“平行部族”，

---

①　内蒙古自治区民族事务委员会编：《蒙古民族服饰》，内蒙古科学技术出版社 1991 年版，第 132—133 页。

②　乌云巴图、格根莎日编著：《蒙古族服饰文化》，内蒙古人民出版社 2003 年版，第 74 页。

③　纳森主编：《察哈尔民俗文化》，华艺出版社 2009 年版，第 70—89 页。

④　王树明主编：《话说内蒙古·察哈尔右翼后旗》，内蒙古人民出版社 2017 年版，第 191—195 页。

⑤　内蒙古腾格里文化传播有限公司编著：《蒙古族服饰图鉴》，内蒙古人民出版社 2008 年版。

⑥　苏婷玲、陈红编著：《蒙古民族服饰文化》，文物出版社 2008 年版。

⑦　明锐主编：《中国蒙古族服饰》，远方出版社 2013 年版。

⑧　乔玉光编撰：《内蒙古蒙古族传统服饰典型样式》，内蒙古人民出版社 2014 年版。

⑨　郭雨桥：《蒙古部族服饰图典》，商务印书馆 2020 年版。

或者以"东、中、西部"，或者以"一体两翼"的格局，展示了一幅幅波澜壮阔的蒙古族服饰发展画卷。

论文方面，武建林和刘娜共同撰写的两篇论文《察哈尔部与乌珠穆沁部蒙古袍差异化研究》和《锡林郭勒盟四大部落传统蒙古族服饰的装饰特征研究》，采用比较研究的手法，详细对比了聚居在锡林郭勒盟与察哈尔相邻的部族之间的袍服形制及装饰特征，不仅为部族服饰的发展保留了样本，还为研究提供了新的方向。[①] 还有两篇相关的硕士学位论文，聚焦在察哈尔女性服饰的变迁上：一是李同慧的《察哈尔蒙古族女性服饰及多元化发展》概括了察哈尔女性袍服的审美特征，讨论了游牧、生态环境、经济、社会制度、宗教等多元外部环境对察哈尔蒙古族服饰产生的影响；[②] 二是屈指的《察哈尔蒙古部女性头饰艺术研究》，就察哈尔女性头饰的工艺制作进行了详细的田野调查，并从历史文化、自然环境、生活方式等方面分析其发展变化的原因。[③]

值得关注的是，从 2008 年察哈尔右翼后旗察哈尔文化研究促进会成立以后，在地方文化精英的引领和推动下，察哈尔文化研究进入一个活跃期，客观上为察哈尔的服饰研究提供了丰厚的学术土壤和成长环境。在此基础上，2015 年集宁师范学院与察哈尔右翼后旗察哈尔文化研究促进会携手合作，将察哈尔文化研究提升为一个专业学科，纳入集宁师范学院的学科建设体系中，成为学院特色文化建设的主打品牌，《集宁师范学院学报》成为察哈尔学术研究的前沿阵地。其中，刘艺敏等的《察哈尔蒙古族的服饰演变及其文化价值研究》对察哈尔蒙

[①] 武建林、刘娜：《察哈尔部与乌珠穆沁部蒙古袍差异化研究》，《作家》2012 年第 2 期。刘娜、武建林：《锡林郭勒盟四大部落传统蒙古族服饰的装饰特征研究》，《大舞台》2014 年第 1 期。

[②] 李同慧：《察哈尔蒙古族女性服饰及多元化发展》，硕士学位论文，哈尔滨师范大学，2017 年。

[③] 屈指：《察哈尔蒙古部女性头饰艺术研究》，硕士学位论文，内蒙古大学，2012 年。

古族服饰的历史变迁做了较为系统的梳理，并从美学、生态学的视角解释其文化价值。①

　　总之，目前的察哈尔蒙古族服饰研究尚处于起步阶段，与国内外的物质研究前沿理论之间缺少沟通，尤其是对文化主体（制作者和使用者）的关照不足。以察哈尔蒙古族服饰为主体物展开的研究，事实上是从另一个视角关切人，观察人如何在有意无意间赋予物以某种意义，再用物的文化意义去解释人的行为，以求更精准地确定这些结构的社会基础和含义。所以，本书将关注点放在人物关系的互塑上，探讨察哈尔蒙古族服饰对人的身份和族群文化的影响，以及文化主体选择和建构察哈尔蒙古族服饰的动机和过程。

　　（二）关注族群认同的研究

　　西方关于族群理论的研究由来已久，"族群"（ethnic groups 或 ethnic community）一词最早在 20 世纪 30 年代开始使用，由于词义本身丰富的内涵和外延以及族群关系的复杂性和多样性，其概念至今仍争议颇多。学者们对族群认同的定义基本上是"族群身份的确认"的含义，对此概念的理解大体上可以分为原生论（Primordialism）和建构论（Constructism）两种。以 20 世纪五六十年代为分界点，之前族群认同理论主要聚集在客观化的原生论上。原生论又译为根基论，强调从客观生物属性出发定义民族与族群。如赫尔德（Herder）和费希特（Fichte）等人认为，人类在其本质上归属于固定的族类共同体，这些族类共同体是由"语言、血缘和土地"等要素构成的。② 由于原生论极难解释因社会交往和社会变迁所产生的多元化的族群社会分属，因

---

　　① 刘艺敏、何学慧、孙艳：《察哈尔蒙古族的服饰演变及其文化价值研究》，《集宁师范学院学报》2018 年第 1 期。

　　② 左宏愿：《原生论与建构论：当代西方的两种族群认同理论》，《国外社会科学》2012 年第 3 期。

此学者们的关注点逐渐向主观化的建构论转移，认为族群认同是个体对本族群的信念、态度，以及对其族群身份的承认，并且随着社会结构、政治背景而不断变化。早期的代表性人物是马克斯·韦伯和埃弗里特·休斯。后来，随着文化人类学的深入开展以及学科研究视域的不断拓展，在此基础上又形成了边界论、工具论、想象的共同体等诸多建构论的次级理论。

边界建构理论最具影响力的是著名人类学家弗里德里克·巴斯，在其主编的论文集《族群与边界：文化和差别的社会组织》中重点讨论了族群认同的互联性以及族群边界在构建族群认同中的作用。他认为，形成族群最主要的是它的边界，而不是语言、文化、血统等内涵，族群之间的边界不一定是地理的边界，而是社会的边界，① 族群差异是被行动者用来标属族群的方式，是在社会互动和社会接纳中产生的。

工具论的提出者内森·格雷泽和丹尼尔·莫尼汉认为，族群身份或族裔是用来发动群体成员关注与他们在整个社会的社会经济地位有关的议题的一个手段。因权力、威望和财富分配不均，一个多种族（族群）社会内部存在着对短缺资源的竞争。② 阿布纳·库恩和保罗·布拉斯认为，族群是一个政治利益群体，族群利用既有的文化或挑选出文化的某些特征，"把它用作象征符号以动员自己族群的成员来捍卫自己族群的利益以与其他族群竞争"③。工具论将族群看作社会竞争的工具，尤其是全球化的场景中，族群之间的互动频繁、族群竞争成为族群分化的关键的变量。

---

① ［挪威］费雷德里克·巴斯主编：《族群与边界——文化差异下的社会组织》，商务印书馆2014年版，"代译序"第11页。

② 祁进玉：《群体身份与多元认同：基于三个土族社区的人类学对比研究》，社会科学文献出版社2008年版，第7页。

③ 庄孔韶主编：《人类学通论》，山西教育出版社2002年版，第216页。

本尼迪克特·安德森在《想象的共同体——对民族主义之起源与散布》一文中指出，民族认同的建构在一定程度上是建立在"想象"的基础上。① 用"想象"这个概念是因为即使是最小的民族的成员，也不可能认识他们大多数的同胞，和他们相遇或听说过他们，然而，他们相互联结的意象活在每一成员的心中。② 想象的过程，实际上是制造和构建一个一致对外宣称的集体身份。霍布斯鲍姆进一步指出，民族是依靠民族历史来建构民族认同，是把历史作为民族存在的合理性基础，给人们造就一种民族是与生俱来的感觉。因此，依靠民族历史建构民族认同，往往是依靠历史对民族进行神化。③

综上所述，原生论强调族群的历史、血缘、世系、语言、宗教等族群的客观维度；建构论强调个人情感、行动等主观因素和社会交往需求。原生论与建构论从各自的角度解释了族群认同的根源和属性，但是这两种单向度的理论又不具有完全解释力，各自存在先天缺陷。在原生论的假设中，一个族群先天具有区别于其他族群一些显著的文化特征，实际上在广泛的社会交往中，族群的文化边界往往互相交融且并不十分清晰，原生论的假设不具备解释族群社会属性的能力。建构论虽然对复杂的社会交往与社会变迁具有主观的解释力，但难以回答"一个族群的个体成员最初是如何形成对群体归属的自我认知"的问题。④ 因此，有的学者将二者折中处理，提出更为合理化的"辩证阐释论"。左宏愿把二者比作族群认同理论连续统的两端，它们都有助于

---

① 王琪瑛：《西方族群认同理论及其经验研究》，《新疆社会科学》2014 年第 1 期。
② ［美］本尼迪克特·安德森：《想象的共同体——民族主义的起源与散布》第二版序，吴叡人译，上海人民出版社 2016 年版，第 6 页。
③ 王琪瑛：《西方族群认同理论及其经验研究》，《新疆社会科学》2014 年第 1 期。
④ 关凯：《社会竞争与族群建构：反思西方资源竞争理论》，《民族研究》2012 年第 5 期。

从一个侧面深入地分析社会现象。① 周大鸣提出综合考虑两方面的因素才能更好地把握族群认同的真实情况。② 本书研究的察哈尔蒙古族地处农牧交界的长城沿线，历史上与汉族、满族频繁互动，并在竞争发展和社会变迁的互动中主观性地建构了多重身份认同，服饰的形成和发展也融合了多元社会因素，所以，笔者更趋向于动态化的建构论，但是也不忽视既有的原生情感的作用，在书中综合使用原生论和建构论观点来解释察哈尔蒙古族的族群认同以及服饰变化中体现的族际关系。

（三）关注行为意义的叙事与建构的研究

1. 叙事学理论

叙事学（Narratology）又称叙述学，作为一门学科，诞生于 20 世纪 60 年代，由茨维坦·托多罗夫提出。早期的叙事学受到法国结构主义语言学和俄国形式主义的影响，主要聚焦于文学叙事文本内部的结构，旨在建构叙事语法或语式的普遍规律，也被称为经典叙事学。③ 20 世纪 70 年代后期，囿于文学领域的经典叙事学逐渐向更为开放的后经典叙事学转型，意义形式替换为宽泛的"叙事研究"。此后，其内涵和外延不断地扩展与泛化，成为涉及各学科的一种广义叙事学。④ 特别是 21 世纪以来，"跨学科、跨媒介"的研究转向使叙事学跨入日常生活的诸多领域，出现了与鲜活世界相联系的建筑叙事、饮食叙事、服饰

---

① 左宏愿：《原生论与建构论：当代西方的两种族群认同理论》，《国外社会科学》2012 年第 3 期。

② 周大鸣：《多元与共融：族群研究的理论与实践》，商务印书馆 2011 年版，"序言"第 2 页。

③ 肖惠荣、曾斌：《叙事的无所不在与叙事学的与时俱进——"叙事的符号与符号的叙事：广义叙事学论坛"综述》，《江西师范大学学报》（哲学社会科学版）2015 年第 1 期。

④ 曾斌：《无所不在的叙事与叙事学研究的范式创新》，《江西师范大学学报》（哲学社会科学版）2019 年第 6 期。

叙事、音乐叙事、法律叙事等"泛叙事学"。

　　罗兰·巴特是较早研究服饰叙事的先驱，他所著的《流行体系——符号学与服饰符码》① 虽集中讨论的是报纸杂志上"写出来"的时装文字符号，但整合和贯通了叙事学、图像学、符号学等多门经典学科，为后来的服饰符号叙事研究开辟了一条进路。由此，引发了从服饰的意义要素，包括式样、色彩、材质、图腾、图案和工艺等非语言符号体系进行服饰"形式和意义""能指与所指"② 的研究潮流。形式层面，指符号中能够用来指述、表现和传达各种意义的载体或承担者。意义层，指即附着在符号的形式载体之上，被符号的能指层面加以指述、表现和传达的内涵。③ 也就是说，服饰符号研究旨在透过服饰形式表层的文本图像和实物材料，揭示服饰背后深层的文化内涵和文化心理。揭示的过程，则是通过"一个故事或一段历史"的叙事表达及叙事分析来完成。因此，叙事学研究实际上有两个面向，一是物质的符号功能，二是叙事的行为意义。通俗地讲，就是"故事"与"讲故事"两种路径。

　　在我国传统服饰的研究领域，早期（20 世纪初）以王国维提倡的"二重证据法"，即"地下新材料"与"纸上之材料"互相释证④的新史学观点为主要叙事方法，如沈从文的《中国古代服饰研究》、周锡保的《中国古代服饰史》等著作均以考古资料和文献资料互证为依据来

　　① ［法］罗兰·巴特：《流行体系——符号学与服饰符码》，敖军译，上海人民出版社2000 年版。

　　② "能指"和"所指"是瑞士语言学家索绪尔在其力作《普通语言学教程》一书中提出的两个概念，用于讨论语言作为符号系统自身的结构特征和符号与概念之间的依存关系，后来被其他学科所借用。

　　③ 邓启耀：《民族服饰：一种文化符号——中国西南少数民族服饰文化研究》，云南人民出版社 1991 年版，第 24 页。

　　④ 王国维：《古史新证·总论》，载《王国维论学集》，中国社会科学出版社 1997 年版，第 38 页。

书写服饰史。近年来，受到上述西方符号学和近代人类学田野调查研究方法的影响，传统服饰的叙事视角也从早期的"历史遗留物"的静态文本中抽出身来，逐渐转向重视叙事的语境。例如，邓启耀对西南少数民族服饰做的研究，除了运用历史资料、考古文物外，还结合了仪式、生活、地域等具体情境来解释服饰的"图语"和"史书"功能。学界对叙事行为的反思，除了文本分析以外，更加注重田野作业中"过程—实践"的分析，如"叙事情境如何形塑叙事活动""将叙事视为行动者的社会实践和造义过程"等。① 民俗学领域也尝试引入叙事学研究策略，在"日常生活转向""实践民俗学"理念的基础上，探讨通过民俗观照民众日常生活与交流实践的实现路径以及实践民俗学的可能性等问题。② 这就要求田野工作者必须具备相应的历史知识和地方性知识，才能将宏大历史叙事与个体生活经历相联系，以及在民族志写作中对叙事者的言语、行动表达进行准确的理解。

本书研究的察哈尔蒙古族服饰历史叙事部分是以新叙事学的理论视角为基础，以"整合、动态、开放"③ 的眼光来解释服饰在历史情境中是如何被叙述为族群文化的象征。根据符号学原理，察哈尔蒙古族服饰的构成要素可划分为质、形、色三个方面。通过对历史文本的符号意义分析，叙述其在不同的时期和社会环境中"不断被标记，不断转换身份，呈现不同的'生命状态'的过程"④，来回答该族群在历史发展进程中"如何选择和利用服饰的材料、形制和色彩，这

① 刘子曦：《故事与讲故事：叙事社会学何以可能——兼谈如何讲述中国故事》，《社会学研究》2018 年第 2 期。

② 李向振：《重回叙事传统：当代民俗研究的生活实践转向》，《民俗研究》2019 年第 1 期。

③ 唐伟胜：《范式与层面：国外叙事学研究综述——兼评国内叙事学研究现状》，《外国语》（上海外国语大学学报）2003 年第 5 期。

④ 张进、王垚：《物的社会生命与物质文化研究方法论》，《浙江工商大学学报》2017 年第 3 期。

些服饰符号又是如何作用于文化主体的身份表达、意义表述"等问题，以此来呈现察哈尔蒙古族独特的文化观念和民众的历史实践行为。

2. 社会建构理论

社会建构（social construction）原本是一个建筑学概念，指建筑构造或结构的设计、建造，后来被引入心理学、教育学、政治学、人类学、社会学、社会工作等不同的领域。它作为一种理论范式，代表着一种社会认识论和方法论视角的转换，① 从而逐渐延伸出建构主义、社会建构论、社会建构主义等诸多学术性名词。社会建构主义将哲学视界分为社会建构者（现实的人）和人的社会建构物（社会系统，包括技术系统、政治—文化系统等），并从发生机制的角度研究社会建构者与社会建构物之间的相互创造关系。② 在这一理论视角下，人在社会中穿用的服饰也自然被纳入社会建构体系的洪流中。本书研究的察哈尔蒙古族服饰可以看作折射社会文化、反映穿着者身份的建构物，文化主体（制作者、穿着者）是社会建构者，二者以仪式为主要的连接场域，实现互塑关系。

（1）身份建构

身份这一概念是社会学研究中的一个重要概念，它与类别、角色等概念相联系。③ 社会学家们从不同的角度审视了身份与社会的建构关系。彼得·伯格认为，身份是社会赋予的，社会不仅控制着个体的行为，还塑造着个体的身份、思想和情感。社会的结构一旦形成，就会通过种种机制成为个体意识的结构，社会既包裹着个体也深入个体的

---

① 社会建构一词由皮特·伯格（Peter Bergger）和托马斯·卢克曼（Thomas Luckmann）在 1966 年出版的《现实的社会建构》（*The Social Construction of Reality*）一书中明确提出。

② 刘保：《作为一种范式的社会建构主义》，《中国青年政治学院学报》2006 年第 4 期。

③ 王莹：《身份认同与身份建构研究评析》，《河南师范大学学报》（哲学社会科学版）2008 年第 1 期。

内心。① 霍尔认为身份是社会建构的结果，而且这种结果是多重的。因为身份是建构在许多不同又往往是相互交叉的甚至相反的论述、实践及地位上，因此身份不可能统一，也从来不是单一的，与此相反，身份在当代会逐渐变得支离破碎。②

维克多·特纳将身份分为人类身份、社会身份和个人身份三种类型。人类身份是指个体在与其他社会成员产生联系的过程中产生的自我观念，从而使个体有别于非人类（如动植物等）的生命形式。社会身份是个体从属的群体（如民族、年龄、性别等），产生自社会成员在群体与群体之间的比较，即内群体（in－group）成员与外群体（out－group）成员之间的比较。个人身份是与内群体成员之间相比较，所产生的其他个体所不具备的特殊性。霍尔根据个体在获得身份时出于自愿与否，把身份分为先赋身份（ascribed identity）和后赋身份（avowed identity）。古迪孔斯根据个体不同的社会角色和所属不同群体的成员身份，确立了五个身份类型：一是人口统计学分类中的个体成员身份（如民族、国别、性别、年龄等）；二是个体扮演的社会角色（如学生、教授等）；三是个体在正式或非正式组织中的成员身份（如各种政党组织、社会团体等）；四是工作或职业身份（如医生、教师等）；五是带有污名性质的群体（如流浪者、艾滋病患者等）。③ 这些分类并非泾渭分明，如同上文霍尔所说的那样，在现实生活中，一个人的身份实际上是多重的复数，从属于不同的社会群体范围内。人们在不同的语境中扮演不同的角色、具有不同的地位和身份，并且按照社会的需求采取符合自己身份的行为。菲尼（Phinney）在前人的基础上提出民族认

---

① ［美］彼得·伯格：《与社会学同游：人文主义的视角》，何道宽译，北京大学出版社 2014 年版，第 107 页。

② ［英］斯图亚特·霍尔、［英］保罗·杜盖伊：《文化身份问题研究》，庞璃译，河南大学出版社 2010 年版，"导言：是谁需要'身份'？"，第 3—4 页。

③ 孙世权：《文化身份如何被塑造和建构》，《学习与实践》2014 年第 12 期。

同发展的三阶段模型：未验证的民族认同阶段、民族认同的探索阶段及民族认同的形成阶段。在"未验证的民族认同阶段"，个体并不知道民族的意义是什么。在"民族认同的探索阶段"，个体开始意识到自己的民族身份，通过积极参与相关活动来理解自己的民族身份。到了"民族认同的形成阶段"，个体对本民族的文化有了更深入的了解，并为自己的民族身份而感到自豪。①

此外，身份建构还包含与之相适应的权力关系。社会身份存在于权力关系之中，并通过权力关系而获得。② 由此引发了"身体政治""知识权力""文化他者"等一系列相关的学术话语。这些政治思想在福柯的著作中得到充分的展现，正如福柯自己评价他的作品构筑了一部"身体史"，一部关于身体当中最具有物质性和生命力的东西如何被贯注的历史。③ 他认为，身体的重要性体现在各种社会控制机制、微观权力和规训机构，都是通过身体作用于人，达到规训和控制人的目的，从而获得更多的与身份相匹配的权利。④

（2）仪式建构

仪式是一种社会建构。英国著名学者埃里克·霍布斯鲍姆在《传统的发明》一书中开宗明义地提出"传统是发明"的观点，明确指出了仪式的建构性。他声称：那些表面上声称是古老的"传统"，其起源的实践往往是相当晚近的，而且有时是被发明出来的。⑤ 发明传统的前提在于仪式是个巨大的储存器，既可以存储现在的，也可以存储过去

① 董莉、李庆安、林崇德：《心理学视野中的文化认同》，《北京师范大学学报》（社会科学版）2014年第1期。

② Jenkins, R. *Social Identity*, London and New York: Rout ledge, 1996, p.25.

③ ［英］克里斯·希林：《身体与社会理论》，李康译，北京大学出版社2010年版，第72页。

④ 徐国超：《福柯的身体政治评析》，《天津行政学院学报》2012年第6期。

⑤ ［英］埃里克·霍布斯鲍姆、［英］特伦斯·兰杰编：《传统的发明》，顾杭、庞冠群译，译林出版社2004年版，第1页。

的，并且可以不断地改变自己的形式和样态以适应历史的变迁。

回顾仪式研究发展的脉络，从人类学诞生之初，仪式就是学者们研究的旨趣所在。早期的人类学家将仪式置于宗教范畴，出现了"神话—仪式学派"。关注异文化研究的学者，如泰勒、斯宾塞、弗雷泽等。后来，以马林诺夫斯基为代表的英国"功能学派"和以博厄斯为代表的美国"历史学派"，将仪式引入"社会结构—功能"的框架下，从功能和需求的角度研究仪式的功能性和符号性。此后，范·盖纳普的"通过仪式"、维克多·特纳的"阈限象征"、格尔兹的"仪式的变化与社会变迁"、利奇的"节日仪式象征"、道格拉斯的"日常仪式象征"，将仪式内容进一步扩大到"世俗社会"的各个角落。特别是福柯的"知识考古"的解读方法出现以后，人们已经不再满足于对仪式单一行为、器物的"物态"层面的认识，而是要对自然本体之中潜伏着的历史叙事进行重新解释。[①]

仪式的表演性和历史记忆是社会建构的两个重要维度。欧文·戈夫曼在《日常生活的自我呈现》一书中曾言社会是一个大舞台，每个人每天都在扮演着不同的社会角色。毋庸置疑，仪式也是一种表演行为，仪式的舞台是个浓缩的社会场景。仪式展演的前台和后台都是文化主体有意识的建构身份和行为意义的场域，通过不断重复的仪式化进程向群体灌输一定的价值和行为规范，用来强化成员的身份意识，从而建构群体的认同感。从这个意义上讲，仪式也是一种历史记忆，而且是一种选择性的记忆、人为建构的记忆。人们总是通过权利选择那些有情感凝聚力、对当下生活有帮助的，遗弃那些不利于团结的、暂时不需要的。正如彭兆荣在《人类学仪式的理论与实践》中所说，我们看到的仪式不过是历史记忆与现实需求结合的果实。[②] 任何民族或

---

① 彭兆荣：《人类学仪式的理论与实践》，民族出版社 2007 年版，第 4 页。
② 彭兆荣：《人类学仪式的理论与实践》，民族出版社 2007 年版，第 241 页。

族群的历史其实是同一个人群共同体根据他们所处特定情境的利益需要，到他们所具有的"历史积淀"当中去策略性地选择"记忆"和"讲述"某些事情和事件。①

　　"建构"是贯穿本书的重要理论方法和视角，物的研究、历史叙事、仪式、身份都是建构体系中的一个层面。本书旨在社会建构理论的框架下，探讨人物之间的建构关系和建构过程，以此来透视族群维持和运作的机制，并进一步揭示族群、地方社会与国家权力之间的互动关系。

四　研究方法

（一）文献研究法

　　文献研究法是针对要研究的问题，对前期研究成果进行归纳和总结，通过把握研究现状进行更深一步研究的方法，具有历史性、继承性以及间接性等特点。本书主要查阅和参考了蒙古族服饰文化、察哈尔服饰文化、察哈尔历史文化、察哈尔民俗礼仪等方面的历史文献、著述、论文以及民俗学、人类学、民族学、社会学等方面的经典著作和前沿理论。

（二）田野调查法

1. 参与观察法

　　参与观察法是田野调查中广泛采用的方法，研究者以旁观者或部分参与者的身份深入研究对象的日常生活中，采集相关的活动过程，并如实记录。在本书的调查中，笔者曾多次深入田野点，如内蒙古自治区乌兰察布市察哈尔右翼后旗、内蒙古自治区锡林郭勒盟正蓝旗和镶黄旗等地，除了亲自观察察哈尔服饰传承人的日常活动、制作过程

---

① 彭兆荣：《人类学仪式的理论与实践》，民族出版社 2007 年版，第 243 页。

和培训工作外，还与当地人建立了较为密切的联系，获得了全程参加他们的婚礼、那达慕等仪式活动的机会。此外，笔者还加入当地的察哈尔文化研究会，参加相关的学术活动，了解当地文化精英的想法和实践行为。在田野调查中，通过对这些不同个体与群体的思想感情和行为动机的体察，发现了更多具有分析意义的现象，进而对获得的材料进一步深入挖掘，尝试探究案例所呈现的深层文化内涵，从而揭示被研究者的生活世界及其意义。

2. 无结构式访谈法

无结构访谈又称自由访谈、深度访谈。因为本书研究涉及与物相关的诸多社会文化现象，采用该方法可以在双方轻松交谈的互动过程中，碰撞出许多预先设想不到的思想与观点，从而获得许多真实、丰富的第一手材料。无结构访谈并非完全随意，而是紧紧围绕研究的问题对访谈者进行开放性的访谈方式。笔者对一些具有代表性的非遗传承人、牧民、相关部门（文化局、民政局、非遗办）的工作人员和不同年龄层次的人群进行了面对面的目标性访谈，并利用微信等新媒体进行远距离的追踪访谈。新媒体访谈具有灵活自由的特点。访谈结束后，将这些资料进行整理，不但丰富了本书的数据与内容，而且在提炼和归纳以后，得出与本书相关的逻辑分析结果与研究结论。

五　相关概念界定

察哈尔蒙古族：蒙古语中的"čaqar（察哈尔）"一词源于波斯文，汉译为察罕儿、擦汗儿、叉罕儿、插汉等。察哈尔部是一个具有光辉历史和灿烂文化的蒙古族部落，起源于成吉思汗时期的护卫军怯薛和元代宫廷宿卫，北元时期形成部落，而且是蒙古大汗驻帐的中央万户，清朝被划分为八旗察哈尔和察哈尔八旗。历史上，察哈尔部以能征善战著称，被赞颂为："利剑之锋刃，盔甲之侧面。"察哈尔蒙古族分布的范围极其广泛。在我国境内，有的聚居或散居于内蒙古自治区和有的迁居新疆维吾尔自治区和江苏省、辽宁省、河南省等地。现在，察哈尔蒙古族主要聚居于长城沿线内蒙古自治区的锡林郭勒盟南部和乌兰察布市大部分地区，且文化保留最为完整、最具代表性，因此确定为本书的研究对象人群。

　　察哈尔地区：察哈尔地区是一个区域地理名词，在清代是察哈尔部的游牧地，1914 年设察哈尔特别区，1928 年设察哈尔省，1936 年设察哈尔盟，1958 年撤销建制，分别划归乌兰察布盟（今乌兰察布市）和锡林郭勒盟。察哈尔地区广义上包括察哈尔八旗四牧群，锡林郭勒盟十旗，及以多伦为中心的口外六县和以张家口为中心的口内十县。狭义上仅指其中的察哈尔蒙古族聚居地，包括内蒙古自治区乌兰察布市的察哈尔右翼前旗、察哈尔右翼中旗、察哈尔右翼后旗、兴和县、化德县、商都县、卓资县、凉城县、丰镇市、集宁区，锡林郭勒盟的镶黄旗、正镶白旗、正蓝旗、太仆寺旗、多伦县，以及河北省张家口市的尚义县、张北县、康保县、沽源县、崇礼县（今张家口市崇礼区）。本书研究的察哈尔蒙古族服饰是察哈尔蒙古族在自身独特的文化生境下孕育生成并世代相传的文化产物，因此取其狭义。

第一章　察哈尔蒙古族服饰的
文化生境与类型概述

"生境"本是生态学中环境的概念，早期的民族学家只是把特定民族的生境理解为纯自然环境。"随着民族学研究的深入，人们逐步认识到围绕在一个民族的外部自然环境并非纯客观的自然空间，而是经由人类加工改造的结果，加工改造后的自然生态系统具有了社会性，是经由特定民族文化模塑了的人为体系，我们将这样的人为体系称为特定民族的社会生境。"① 那么，一个完整的民族生境系统就包括自然生境和社会生境两大部分。生境、文化、民族是密不可分的整体，不同的民族通过汰选、应对、利用其自然生境和社会生境创造出各自的文化事实，因此，民族生境也可以称作文化生境。察哈尔蒙古族服饰的产生和发展自然也离不开特定的民族文化生境的影响。察哈尔地区的气候条件、地理环境等自然因素，以及历史、政治、民俗、礼仪、宗教等社会因素，同时形塑着该族群的服饰形态和服饰文化，在漫长的历史岁月中形成了多层面整体性的族群服饰文化系统。本章利用历史文献和田野调查资料，对持续形塑察哈尔蒙古族服饰发展的生存空

① 罗康隆、何治民：《论民族生境与民族文化建构》，《民族学刊》2019 年第 5 期。

间进行介绍，并归纳概括由此产生的服饰类型，从而勾勒出研究对象的外形轮廓，为其后的文化解释做铺垫。

第一节　察哈尔蒙古族服饰的文化生境

自人类发端之始，为了生存和延续，就不断地调适自身文化与地方环境之间的关系。生态人类学"将文化视为人类适应生态环境的手段，把社会发展、文化变迁视为文化与环境适应互动的过程"[①]。"文化—生境"论具有普适性，也具有特殊性。中国地域辽阔、地形地貌复杂，以及"大杂居、小聚居"的民族区域分布态势，使民族之间形成了鲜明的区域性和民族性，各自建立起一套完整的"地方性知识"（Local Knowledge）[②] 体系。察哈尔蒙古族服饰文化生长和繁衍于自身独特的自然生境和社会生境，并在与其他民族持续互动的过程中呈现出不同历史阶段的生命特征。因此，想要全面了解和系统诠释察哈尔蒙古族服饰文化，就需要从族群的自然环境、发展历程、地理区域和社会风俗等自然、社会、人文的生态环境角度来溯源。

一　历史沿革：悠久闻名的中央部族

察哈尔部是一个具有光辉历史传统的蒙古部族，它的历史与整个蒙古汗国的历史密不可分，被称为"浓缩的蒙元史"[③]。它起源于成吉思汗时期的护卫军和元代宿卫；北元时期是大汗驻帐的直属中央万户，世居北元王朝的政治、经济、军事、文化中心而盛极一时。察哈尔部以能征

---

① 郭家骥：《生态环境与云南藏族的文化适应》，《民族研究》2003 年第 1 期。

② "地方性知识"是美国学者克利福德·格尔茨 1983 年在《地方性知识》一书中提出的概念。

③ 潘小平、武殿林主编：《察哈尔史》上卷，内蒙古出版集团、内蒙古人民出版社2012 年版，"绪论"第 1—2 页。

善战著称，《大黄册》称颂察哈尔的赞词曰："利剑之锋刃，盔甲之侧面，这是察哈尔万户。"① 有元一代，他们始终以维护成吉思汗的直系统治为己任，忠诚地守护在历届黄金家族周围。终元以后，察哈尔部的地位随着元廷的陨落一落千丈，清朝将其纳入盟旗制度管辖下，称为察哈尔八旗。在政治变迁的颠沛流离中，它历尽沧桑，但始终作为精锐军事先锋，在保家卫国、抵御外敌的战争中谱写出可歌可泣的历史。

（一）察哈尔部的起源

察哈尔部最初是由特殊的非血缘军事集团——成吉思汗的护卫军怯薛发展而来。"说到察哈尔部的起源，追本溯源，不能不提到成吉思汗所建立起来的强大国家机器——军队体制的沿袭历程。在梳理成吉思汗军队体制的沿袭脉络，凸显演绎历程之后，我们再来谈察哈尔部的起源，因为察哈尔部起源的种种迹象指向了成吉思汗军队体制的核心中央万户——怯薛制。"② 因此，要想搞清楚察哈尔部的发展脉络，需要从理解蒙古汗国（或称大蒙古国）的军队体制和怯薛制入手。

成吉思汗建立的蒙古汗国，最显著的特点是军政合一的千户制。千户制是一切制度的基础，所有的蒙古属民均被纳入千户制的管辖之内，在千户下设百户、十户，分别由千户长、百户长、十户长进行管理。牧众"上马则备战斗，下马则屯聚牧养"，极大地增强了国家的凝聚力和战斗力。所谓怯薛制，是成吉思汗从千户、百户、十户各级那颜等大小贵族子弟中择优挑选混合组成的组建的护卫军组织。③ 它经过

_____

① 《大黄册》，乌力吉图校注本，第 150 页，转引自薄音湖《关于察哈尔史的若干问题》，《蒙古史研究》第五辑，内蒙古大学出版社 1997 年版。

② 那顺乌力吉：《察哈尔万户的起源与形成》，《内蒙古师范大学学报》（哲学社会科学版）2008 年第 5 期。

③ 蒙古语"怯薛"一般译为大汗的"护卫军"，有"轮流值宿守卫"之意，习惯上也可以称为"怯薛军"。参见加·奥其尔巴特《蒙古中央部落——"察哈尔"的由来及其演变》，《西部蒙古论坛》2012 年第 3 期。

四个阶段的发展演变，如图 1 – 1 所示。

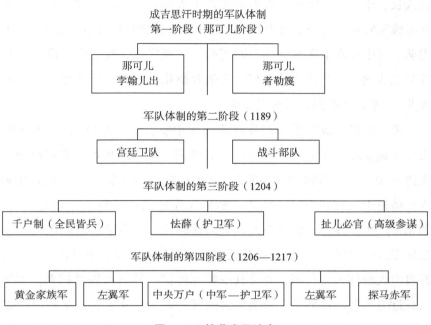

成吉思汗时期的军队体制
第一阶段（那可儿阶段）

| 那可儿 李翰儿出 | 那可儿 者勒篾 |

军队体制的第二阶段（1189）

| 宫廷卫队 | 战斗部队 |

军队体制的第三阶段（1204）

| 千户制（全民皆兵） | 怯薛（护卫军） | 扯儿必官（高级参谋） |

军队体制的第四阶段（1206—1217）

| 黄金家族军 | 左翼军 | 中央万户（中军—护卫军） | 左翼军 | 探马赤军 |

图 1 – 1　怯薛发展演变

资料来源：加·奥其尔巴特《蒙古中央部落——"察哈尔"的由来及其演变》，《西部蒙古论坛》2012 年第 3 期。

　　第一阶段：成吉思汗的那可儿（伴当）。在铁木真历经磨难、备受欺凌的少年时代，与两位伴随他同甘共苦的那可儿，阿鲁剌惕部人孛翰儿出和兀良哈人者勒篾，结成了亲密的主仆关系。

　　第二阶段：成吉思汗组建怯薛。1189 年成吉思汗即蒙古乞颜部汗位时，建立了由许多那可儿组成的宫廷卫队，称为怯薛，并任命最早跟随他出生入死的孛翰儿出和者勒篾为众官之长，总览全部事务。

　　第三阶段：成吉思汗重组怯薛（护卫军）。1204 年成吉思汗为了打败强大的乃蛮部，在出征前对怯薛重新组建。他制定了两项措施：

一是实行千户制，以十、百、千数对军队进行整编，并任命十人长、百人长、千人长，以其心腹那可儿六个人为扯儿必，统领军队。二是从各级军官和自由民子弟中选用有才干、身体健壮的 1150 人组成私人卫队。其中设八十宿卫（客卜贴兀勒）夜晚守卫，设七十散班（秃鲁花）白天警卫，另外命其心腹阿儿孩合撒儿挑选的一千名勇士（把阿秃儿），平时做护卫，战时做先锋。

第四阶段：成吉思汗扩建怯薛（大中军、中央万户）。1206 年成吉思汗建立蒙古汗国后，将怯薛军扩充到一万名，并对内部职能和职责进一步完善，号称"大中军"。其中包括宿卫（客卜帖兀勒）1000人，箭筒士（火儿赤）1000 人，散班（秃鲁花）8000 人，任博尔忽、博尔术、木华黎、赤老温四人世袭四怯薛长。成吉思汗还明确提出挑选侍卫人选的要求："在我组建近卫时，要从万户长、千户长、百户长及自由人的孩子中选调，并将其中智聪体健，胜当此任者招来。被招入我近卫军者，若是千户长之子，则带一弟十伴从来；若是百户长之子，则带一弟五伴从来；若是十户长之子，则带一弟三伴从来。"① 因此，一万怯薛军加上他们的弟弟、伴当，实则人数多达数万。

怯薛在创建的过程中，人数逐渐增多，职能也在不断扩大，在国家的军事体制和政治体制中都发挥着重要作用，其职责主要有三：一是作为成吉思汗的贴身私人卫队，轮番值守，保卫大汗及各斡儿朵的安全；二是负责管理宫廷内务，既照顾大汗的生活起居，又照看大汗的家庭财产；三是出任政府官员，参与朝政，还经常奉命充当使臣。

成吉思汗以后，怯薛制作为一项政治制度和法律照例承袭，有元一代，始终不断。成吉思汗对自己的子孙们专门降旨说："从九十五千

---

① 《蒙古秘史》（现代汉语版），特·官布扎布、阿斯钢译，新华出版社 2006 年版，第207 页。

户选来的我的一万名贴身护卫，直到我的继位子孙，应当世世遵照我的遗嘱，不要使他们受到任何委屈，好好地照顾！我的这一万护卫，称为至尊的护卫。"①其后的窝阔台和蒙哥汗不仅继承了先祖遗业，更进一步完善了怯薛军，在兵役制度、军队纪律、培养人才等方面都有很大的进步和发展。入元以后，元世祖忽必烈兼用汉法和蒙古旧制，仿效中原王朝设立了侍卫亲军宿卫，除原有职能外，怯薛还负责整个京城的保卫工作，执事名目增加到四十余种，人员数量扩大了十几倍，人员组成也更加复杂，称"诸国人之勇悍者聚为亲军宿卫，而以其人名曰：钦察卫、康里卫、阿速卫、唐兀卫"②。怯薛在宫廷政务中继续发挥着柱石作用，成为元朝中枢的一个特殊政治集团。朝廷所设的一些中央机构，如蒙古翰林院、大宗正府、宣徽院等，主要官员往往来自怯薛，他们垄断着政府高级职位，掌控着国家大权。

（二）察哈尔部的形成

元朝灭亡以后，随末代皇帝妥欢帖睦尔退回草原的"六万"蒙古人中，绝大部分是护卫宫廷和京师的怯薛和宿卫。正是这些大汗"察阿达"③侍卫执事的人，在北元初年的政治风云中，与唆鲁禾帖尼别乞（拖雷之妻）和阿里不哥之属民相结合，形成了察哈尔万户。④

元皇室返回草原后，仍然保持着自己的政权和军事力量，与明朝开始了长达200多年的对峙局面，史称"北元"。北迁的蒙古汗廷与蒙古高原本地的贵族之间的内部矛盾，再加上明朝方面施加的外部压力，

①《蒙古秘史》，策·达木丁苏隆编，谢再善译，中华书局1956年版，第228页。

②《世纪大典序录·军制》，载《元文类》卷41，转引自史为民《中国军事通史》第十四卷《元代军事史》，军事科学出版社1998年版，第218页。

③察阿达即察哈尔，是同一词根的不同读音。参见潘小平、武殿林主编《察哈尔史》上卷，内蒙古出版集团、内蒙古人民出版社2012年版，第6—10页。

④潘小平、武殿林主编：《察哈尔史》上卷，内蒙古出版集团、内蒙古人民出版社2012年版，第62页。

使蒙古社会陷入了混乱的局面。① 为了稳定局势，北元政府迫切需要建立一个稳固的统治中心，察哈尔部就应运而生了，它的形成为蒙古中兴创造了条件。成吉思汗十五世孙巴图孟克达延汗再次统一全蒙古后，依照蒙古旧制将全国划分区域，分封六万户（左翼万户是察哈尔、喀尔喀、兀良哈，右翼万户是鄂尔多斯、土默特、永谢布），并建立了自己的直属部——中央察哈尔万户。察哈尔部达到了历史最兴盛的阶段，成为蒙古各部的宗主部和正统地位的象征。其职能也由原来的大汗护卫怯薛组织转变为集军事、行政和生产于一体的部族组织，外延进一步扩大。

关于察哈尔部具体形成的时间并无史料记载，但据《黄金史纲》记载的一则"达延汗祖父哈尔固楚克台吉被卫拉特夺去的妻子齐齐格（也先之女），用察哈尔呼拉巴特鄂托克之鄂推妇人的女儿替换儿子巴延孟克，瞒过也先派来侦伺的人"② 的故事可以证明，15 世纪瓦剌太师也先专权时期察哈尔至少作为一个鄂托克③就已经存在了。北元时期社会动荡，政权分合频繁，社会组织也随之发生了变化。成吉思汗时期的千户制在北元始建时期就被爱马克④代替⑤，后来又被更符合实际的鄂托克取代，成为蒙古社会基本的军事经济和政治单位名称。⑥ 史籍

---

① ［日］本田实信：《早期北元世系》，《蒙古学资料与情报》1986 年第 2 期；薄音湖：《关于北元汗系》，《内蒙古大学学报》1987 年第 3 期。以上两文，均有研究。

② 朱风、贾敬颜：《汉译蒙古黄金史纲》，内蒙古人民出版社 1985 年版，第 76 页，蒙古文附录第 186 页。

③ "鄂托克"是组成"万户（部）"的小部落，相当于成吉思汗时期的千户或后来的旗。

④ 爱马，华言部落也。《正统北狩事迹》，记录汇编本，此书当为据杨铭口述之《正统临戎录》所改写的文言文本，关于爱马的解释由改写者所加。苏联学者符拉基米尔佐夫解释爱马克是部落分支，更确切地说就是胞族，属于同一亲属集团。参见 ［苏］符拉基米尔佐夫《蒙古社会制度史》，刘荣峻译，中国社会科学出版社 1980 年版，第 213—214 页。

⑤ 潘小平、武殿林主编：《察哈尔史》上卷，内蒙古出版集团、内蒙古人民出版社 2012 年版，第 74 页。

⑥ 潘小平、武殿林主编：《察哈尔史》上卷，内蒙古出版集团、内蒙古人民出版社 2012 年版，第 75 页。

中提到的察哈尔部，都说是由"八鄂托克察哈尔"组成。实际上，八是虚指，曾经归属察哈尔的鄂托克竟有 30 多个。① 在北元的动乱时期，有的鄂托克消失了，有的鄂托克分离出去了，也有的鄂托克加进来，分合不断实为常事。

需要说明的是，"察哈尔"这一名词的由来并非同步于察哈尔部的形成，学界普遍认为"察哈尔"一词有更久远的历史，它可能在成吉思汗时代就已经存在，其来源或可远溯至唐代。罗卜藏丹津《黄金史》记载了一则历史传说：成吉思可汗和拖雷皆病，卜者说，一人痊愈，另一人必死。于是拖雷的妻子祷祝于天，说"宁愿拖雷死，我自己守寡，也不愿可汗死，叫全国成为孤儿"。后来拖雷果然死了，可汗痊愈。因此，可汗嘉纳其儿媳的贤德，除封赐"别乞"的名号之外，又把察哈尔八族万户封赐给她。② 据后人考证，史料记载的时间、人物存在严重失误，而薄音湖认为察哈尔一名恐非《黄金史》作者的"臆作"，并进一步推测成吉思汗赐予儿媳若干察哈尔战士的可能性。③ 日本学者冈田英弘从史实的角度探讨了察哈尔与唆鲁禾帖尼别乞的密切关系。④《蒙古源流》等诸多蒙古文史料中记载唆鲁禾帖尼别乞去世以后，察哈尔人尊奉的这位女主人为"也失哈屯""别乞太后"，并在察

① 包括豁剌巴剔（呼拉巴特）、克什克腾（克失旦）、奈曼、敖汉、浩齐特、阿剌黑、塔塔儿（汪古部）、阿剌克齐特（阿拉克绰忒）、克穆齐古特、乌珠穆沁、喀尔喀、兀鲁特、苏尼特、珠伊特、博罗忒、阿喇克、额尔吉固特、扎固特、阿速特、多罗特、卜尔报、实纳明安、特勒古斯、阿巴嘎、阿巴哈纳尔、乌齐叶特、锡巴郭庆（昔报赤）、萨尔古特、纳尔勒特、土伯特、博尔多玛勒、委兀慎、打剌明安等。潘小平、武殿林主编：《察哈尔史》上卷，内蒙古出版集团、内蒙古人民出版社 2012 年版，第 75 页。

② 札奇斯钦：《蒙古黄金史译注》，（台北）联经出版事业股份有限公司 1978 年版，第 108 页。

③ 薄音湖：《关于察哈尔史的若干问题》，《蒙古史研究》第五辑，内蒙古大学出版社 1997 年版。

④ 满都海哈屯（察哈尔领主满都鲁汗遗孀）与达延汗结婚时，曾在额锡哈屯（拖雷之妻唆鲁禾帖尼别乞）的灵前祈祷，并立愿生下七男一女。参见［日］冈田英弘《达延汗六万户的起源》，薄音湖译，《蒙古资料与情报》1985 年第 2 期。

哈尔部设置祭祀地点和专门的祭祀官来祭奠。① 珍藏于成吉思汗灵寝的《成吉思汗祭词》中也有"传授给儿媳的……您的好陈察哈尔（旧察哈尔）万户"等颂词。② 这一切都说明成吉思汗时期可能就有"察哈尔"之名。法国学者伯希和从语言学的角度将čaqar（察哈尔）一词推至更远的唐代，认为该词源于波斯文čakar，其意为"家人"和"奴仆"，又用来指古代粟特国王的卫队。唐朝为平息"安史之乱"，组织了一支名为"柘羯"的中亚雇佣军。后来这个称呼进入蒙古语，在词义和语音两方面都非常对应。③ 由此看来，在北元外忧内患的情况下，蒙古政府很可能借用了这个从中亚人那里传来且具有久远历史渊源的名词命名护卫军，从而达到鼓舞士气的作用。这一词汇也恰好揭示了护卫军的政治、军事职能和"战士"的深刻寓意，并最终演变为察哈尔部。这好比在成吉思汗正统家族名号上又添加了一个"黄金家族"的神圣光环一样，使其身份更加与众不同，而从此名扬天下。④ 汉文史料中，"察哈尔"一词最早见于明朝嘉靖二十年（1541）成书的《皇明九边考》以及之后的《武备志》《登坛必究》《国榷》等史籍中，并有几种不同的译写：察罕儿、擦汗儿、叉罕儿、插汉等。目前沿用的"察哈尔"一词为清代文献的译写。⑤

（三）察哈尔部的变迁

达延汗之后，分封领地的封建主各自为政，蒙古大汗名存实亡。1604年，年幼的孛儿只斤·林丹巴图尔（以下简称林丹汗）。即位，

---

① 萨刚彻辰：《蒙古源流》，合校本，第350、351页。
② 成吉思汗八白室祭词《金册》，成吉思汗灵寝所藏。
③ ［法］伯希和：《卡尔梅克史评注》，耿昇译，中华书局1994年版，第69—70页。
④ 加·奥其尔巴特：《蒙古中央部落——"察哈尔"的由来及其演变》，《西部蒙古论坛》2012年第3期。
⑤ 加·奥其尔巴特：《蒙古中央部落——"察哈尔"的由来及其演变》，《西部蒙古论坛》2012年第3期。

宗本部依然设在察哈尔。他励精图治、谋求复兴，但受各种历史因素的影响，最终走向失败。明崇祯八年（后金天聪九年，1635），蒙古林丹汗子额尔克孔果尔额哲率察哈尔部投降后金，标志着漠南蒙古全部归附和成吉思汗建立的大蒙古国在其故土最终灭亡。①

后金在征服察哈尔的过程中，如何妥善安置归附者，是关系后金政权稳定和进一步发展的大问题。② 天聪元年（1627），爱新觉罗·皇太极即位，他继承其父爱新觉罗·努尔哈赤统一漠南蒙古各部的遗志，频频对察哈尔部发动进攻，直至林丹汗病逝败亡。根据察哈尔部众归附的时间和成员身份不同，他主要对其采取了两种安置方式。一是将陆续收编分散归附的察哈尔部众编入旗制，③ 分给八旗赡养，形成了八旗察哈尔，每旗建制为一个参领，由八旗蒙古都统管辖。这些人大部分是先于额哲来降的察哈尔人，满文资料中称为"Ice Cahar Monggu（新察哈尔蒙古）"④。二是将被迫归附的额哲及其察哈尔部众单独设置为一个札萨克旗，并保留额哲享有领地、爵位、管辖部民的权利，在待遇上位居蒙古各旗王公之上。⑤ 康熙十四年（1675）蒙古大汗后裔察哈尔札萨克旗孛儿只斤·布尔尼亲王意图恢复祖业，起兵谋反，很快失败。之后，察哈尔札萨克旗被削，部众被分散编入八旗满洲、蒙古内。八旗察哈尔改称察哈尔八旗或察哈尔游牧八旗，成为

---

① 达力扎布：《清初察哈尔设旗问题考略》，《内蒙古大学学报》（人文社会科学版）1999 年第 1 期。

② 察哈尔部归附后金后的安置问题，达力扎布先生领先耕耘，开创了清代察哈尔研究的新局面，主要参考文献有《清初察哈尔设旗问题考略》《清初察哈尔设旗问题续考》《清代八旗察哈尔考》。关于此三篇论文，参见达力扎布《明清蒙古史论稿》，民族出版社 2003 年版，第 289—333 页。

③ 旗制是后金军政合一组织。

④ 达力扎布：《清代八旗察哈尔考》，载中央民族大学历史系主办《民族史研究》第 4 辑，民族出版社 2003 年版。

⑤ 聂晓灵：《察哈尔部归附后金与清朝的建立》，《内蒙古民族大学学报》（社会科学版）2018 年第 4 期。

归属驻京满洲、蒙古都统兼辖的内属旗，且"官不得世袭，事不得自专"①。察哈尔八旗分为左右两翼，左翼为正蓝旗、镶白旗、正白旗、镶黄旗，右翼为正黄旗、正红旗、镶红旗、镶蓝旗。为了满足清朝军队、皇室、王公大臣对战马、肉食、乳制品、皮毛制品的需要，清政府还从察哈尔各旗中抽调众多牧户建立了商都牧群、明安牧群、左翼牧群和右翼牧群四个官办大型牧场，察哈尔八旗四牧群统称察哈尔十二旗群。②

清朝历代政府对察哈尔的态度，既有联合又有打压：一方面通过持续姻亲和赏赐的手段，拉拢和怀柔察哈尔上层贵族阶级，达成联盟；另一方面采取"众建以分其势"和"分散驻防"的办法来分化察哈尔部众。尤其是在布尔尼反清失败以后，清廷甚为担忧，将察哈尔八旗置于宣大边外驻防，同时采用"掺砂子"的办法将巴尔虎、喀尔喀、厄鲁特、乌拉特、茂明安等部零散安插其间。乾隆年间曾派部分察哈尔人到新疆长期戍守，形成了今天的新疆察哈尔蒙古族。察哈尔蒙古族不仅担任着巩固边防的重任，还参加过清朝对内对外的无数次战役，战功卓越。康熙皇帝说："朕每有诏旨，必云我察哈尔。"③雍正皇帝也称其为"累世效力之旧人"④。

民国年间，在不同时期的政权演变和政治需求背景下，察哈尔地区的行政归属与建制频繁改易。各盟旗在不同历史时期被分别划入不同的省级、地方行政区域之内，行政体例由清朝的盟旗制度改为县府制度，先后建立了察哈尔特别区、察哈尔省、察哈尔盟等行政区域，结束了长期以来蒙汉分治的局面。中华人民共和国成立后，1952 年 11

---

① （清）魏源：《圣武记》卷三，中华书局 1984 年版，第 97 页。
② 纳森主编：《察哈尔民俗文化》，华艺出版社 2009 年版，第 11 页。
③ （清）温达：《亲征平定朔漠方略》卷 31，海南出版社 2000 年影印本，第 26 页。
④ 《清世宗实录》卷三，雍正九年十月戊午条，第 485 页。

月，中央人民政府政务院决定撤销察哈尔省建制，从此结束了察哈尔行政区划的历史。①

二　行走空间：移动的牧场

历史上，察哈尔所处的地理区域并不固定。一是因其游牧属性，需要根据自然气候条件逐水草而迁徙。二是因战争和政治原因，常常导致大规模的流动。由于史料的缺乏，尤其是明朝以前，其准确的地理位置和游牧边界很难确定，但在元朝，有一条主线贯穿其中，即察哈尔部之前身怯薛与元廷始终绑定在一起，其地域分布仍有迹可循。怯薛作为历代大汗的亲军护卫，一直生活居住在汗廷周围。从忽必烈开始，大汗的宫帐每年巡幸于大都和上都两地，冬季城居，以大都为冬营地，夏季过草原生活，以上都为夏宫。② 不但官员侍从随行，而且为了保障两都安全，还命侍卫亲军组织，分设二十余卫，屯于大都、上都及腹里地区。③ 从明清开始，随着可借助的汉文、满文等史料增多，④ 专家学者对察哈尔驻牧地进行考证，其区域轮廓逐渐清晰，其足迹几乎遍及东北（黑龙江、吉林、辽宁）、华北（内蒙古）、西北（青海、甘肃）和蒙古国的广大地区，其间行走往返次数最多、驻牧时间较长的是宣（化）大（同）边外长城一带。⑤

---

① 任亮、贾巨才、郎琦：《红色察哈尔（1921—1949）》，中国文史出版社 2018 年版，第 3—7 页。
② 达力扎布：《明清蒙古史论稿》，民族出版社 2003 年版，第 54 页。
③ 史卫民：《元代都城制度的研究与中都地区的历史地位》，《文物春秋》1998 年第 3 期。
④ 如嘉靖二十年魏焕《皇明九边考》、嘉靖二十四年前后岷峨山人苏志皋《译语》、嘉靖三十年郑晓《皇明北房考》、张穆《蒙古游牧记》和清末内蒙古各旗按照理落院（部）要求绘制的旗地图等。
⑤ 樊永贞、钢土牧尔、潘小平：《简述察哈尔部（万户）的地域分布》，《集宁师范学院学报》2016 年第 4 期。

（一）北元时期的地域分布

北元初期，蒙古左翼一直活动在克鲁伦河中下游，南至西拉木伦河迤北，北至鄂嫩河流域一带。[①] 满都鲁汗到达延汗期间（1474—1517）开始大规模、有规律地游牧于大漠南北的广大地区。

> 夏天在克鲁伦河漠北草原，七八月南下经今蒙古国东部苏和巴托省、东戈壁省以及内蒙古锡林郭勒草原，再从西乌珠穆沁南部越大兴安岭，十月到旧元上都、威宁海子、丰州一带游牧，待黄河封冻后从东胜一带入河套驻牧。次年正月再从河套启程渡黄河，沿着冬秋游牧路线移向东北，四月返回漠北克鲁伦河等地。[②]

1517 年，达延汗长孙博迪汗即位，汗号亦克罕。他率领直属的察哈尔部基本固定在漠南驻牧。据瞿九思《万历武功录》记载："（博迪汗）控弦之士七万，为营五，在偏头西北、威宁海、大沙窝、古云中、五原郡地也。"[③] 后来成书的苏志皋《译语》中说："虏酋号小王子者常居于此，名曰可可的里速，犹言大沙窝[④]也。"[⑤] 博迪汗时期的驻牧地大约相当于巴彦淖尔盟（今巴颜淖尔市）乌加河以北之乌拉特中旗、乌拉特后旗，包头市，呼和浩特市，乌兰察布盟（今乌兰察布市）除兴和、商都、化德以外的全境，锡林郭勒盟全境，唯不包括浑善达克沙地南缘以南地区。[⑥]

---

① 达力扎布：《蒙古史纲要（修订本）》，中央民族大学出版社 2011 年版，第 105 页。
② 潘小平、武殿林主编：《察哈尔史》，内蒙古出版集团、内蒙古人民出版社 2012 年版，第 572—573 页。
③ （明）瞿九思：《万历武功录》，卷七《俺答列传上》，中华书局影印明万历刻本 1962 年版，第 656 页。
④ 指可可的里速（大沙窝）即今内蒙古自治区锡林郭勒盟中部的浑善达克沙地。
⑤ ［日］和田清：《明代蒙古史论集》下册，潘世宪译，内蒙古人民出版社 2015 年版，第 428 页。
⑥ 曹永年：《嘉靖初蒙古察哈尔部的牧地问题——兼评和田清、达力扎布的相关的研究》，《蒙古史研究》第六辑，内蒙古大学出版社 2000 年版。

1547 年，博迪汗长子达赉逊即位，汗号库登汗。在达延汗短暂的统一后，鉴于形势实行的"分封制"，不可避免地导致了内部的再次严重分裂。面对被阿勒坦汗兼并的威胁，达赉逊库登汗毅然率领察哈尔万户和喀尔喀万户十万余众东迁①到兴安岭以东的西拉木伦河流域及其以北的广袤草原地带。② 日本蒙古史学家和田清在《察哈尔部的变迁》一文中指出，这个纯粹的蒙古中心部落、大元可汗的正统后裔，率领所部十万东迁，移牧于兴安岭东南半部，是历史上无与伦比的罕有事件：由于移动的结果，在蒙古内部引起了重大变化，并使明廷辽东大为疲惫。③ 东迁后，察哈尔万户的右翼，驻牧于大兴安岭以北的牧地，称岭北察哈尔或山阴察哈尔；察哈尔万户的左翼，驻牧于西拉木伦河以南地区，称岭南察哈尔或山阳察哈尔。④

　　1604 年，13 岁的林丹继承汗即位，名义上为蒙古共主，实际上仅能掌握察哈尔八大营，⑤ 地域范围是在老哈河以东、广宁以北的辽河河套地区。⑥ 这一时期的蒙古汗国处于内忧外困的复杂形势背景下，内部战乱频繁、各自分裂，外部有明朝、后金劲敌。为了维护自己的共主地位，实现蒙古各部的统一，林丹汗迂回于明朝与后金之间，三次率部西迁。1627 年，林丹汗率部西进，从上都、开平一带移居到

---

　　① 也有的学者认为是"南迁"而非"东迁"，如达力扎布在《明清蒙古史论稿》中，他对和田清"察哈尔部东迁"的结论提出疑问。

　　② 樊永贞、钢土牧尔、潘小平：《北元时期察哈尔部东迁原因及驻牧地简析》，《集宁师范学院学报》2017 年第 5 期。

　　③ ［日］和田清：《明代蒙古史论集》下，潘世宪译，商务印书馆 1984 年版，第 425 页。

　　④ 樊永贞、钢土牧尔、潘小平：《北元时期察哈尔部东迁原因及驻牧地简析》，《集宁师范学院学报》2017 年第 5 期。

　　⑤ 指浩齐特、奈曼、克什克腾、乌珠穆沁、苏尼特、敖汉、阿剌克卓特、主亦惕。

　　⑥ 潘小平、武殿林主编：《察哈尔史》上卷，内蒙古出版集团、内蒙古人民出版社 2012 年版，第 169 页。

宣大边外，再入归化城，收复土默特部，然后进入河套地区，控制了东起辽西，西至甘肃的蒙古各部。① 1629 年，后金的皇太极联合东蒙古讨伐察哈尔，林丹汗又一次率部西进入河套。待后金撤退，察哈尔部又回到张家口、大同边外驻牧。1632 年，后金再次攻打，林丹汗第三次率部西迁，到达鄂尔多斯、青海一带。1634 年，林丹汗病逝于青海大草滩。次年，额哲率察哈尔部众归附后金，北元历史宣告结束。

（二）清朝时期的地理区域

清朝在统一漠南的过程中，将蒙古各部归附之人安置于不同的驻牧地。陆续投附后金的察哈尔人被编入满洲八旗、蒙古八旗属下的八旗察哈尔。皇太极建立蒙古八旗军时，每旗设 1 个察哈尔札兰，其他蒙古札兰驻京，察哈尔札兰驻宣大外边。在 1635—1675 年间，沿长城一线各边堡关口和长城边外的牧地，即今乌兰察布市南部、锡林郭勒盟南部、张家口市北部、大同市北部地区，均为察哈尔人戍守和驻牧地域。② 额哲率领的属众被安置在辽宁义州（今辽宁省盘锦市义县），独立为一个札萨克旗。乌云毕力格以理藩院文书为中心史料，参考清朝的官私史书和地图，考述了其领地的四至，也就是以现在通辽市库伦旗全境为中心，包括科尔沁左翼后旗西北一角、开鲁县辽河以南的部分和奈曼旗东北一部分。③

① 潘小平、武殿林主编：《察哈尔史》上卷，内蒙古出版集团、内蒙古人民出版社 2012 年版，第 173 页。
② 樊永贞、钢土牧尔、潘小平：《简述察哈尔部（万户）的地域分布》，《集宁师范学院学报》2016 年第 4 期。
③ 南界：哈喇乌苏河与库昆河，即今内蒙古自治区库伦旗南部的厚很河及其支流哈喇乌苏河流域。西界：达勒达河、察罕河一带，即今日库伦旗西部、奈曼旗东北部。北界：西拉木伦河南岸。东界：科尔沁王阿勒坦格坍勒和宜什班第两旗西界，即今日从库伦旗东南部向北至开鲁县东南境的西辽河一带。参见乌云毕力格《清初"察哈尔国"游牧地考》，《蒙古史研究》第九辑，内蒙古大学出版社 2007 年版，第 150—158 页。

康熙十四年（1675）布尔尼之乱后，察哈尔札萨克旗被撤销，其部众与原在宣化、大同边外驻牧的蒙古八旗中的八旗（札兰）察哈尔合并，改编为察哈尔八旗。清廷为了严密地控制他们，仍将其安置在宣大边外的今河北省和内蒙古自治区中部地区，地域范围与之前八旗察哈尔几乎相同。①

（三）民国至今的地理区域

民国时期察哈尔地区频繁易帜，行政建置和归属较为复杂。民国三年（1914），中华民国政府先后建立了绥远、热河、察哈尔3个特别区。察哈尔特别区辖兴和道、锡林郭勒盟及察哈尔左翼四旗、察哈尔右翼四旗及各旗牧厂、达里岗爱、商都各牧厂。②此外，将属于直隶省的张北、独石、多伦三厅及属于山西省的丰镇、宁远、兴和、凉城四厅，划归察哈尔特别区管辖。③民国十七年（1928）国民政府将察哈尔特别行政区改为察哈尔省，废道存县，原兴和道所辖之兴和、陶林、丰镇、凉城及集宁五县划归新成立的绥远省，撤销兴和道建制。原属直隶口北道所辖十县划入境内，察哈尔省共辖口内外16县、18旗、4牧群。④民国二十五年（1936）蒙古地方自治政务委员会在日本关东军的支持下重新划分盟旗，察哈尔省改为察哈尔盟，公署驻张北县城，下辖正蓝、正白、镶黄、镶白、明安、商都、太仆寺左翼，太仆寺右翼8旗和多伦、宝源、商都、张北、康保、化德、尚义、崇礼8县。

---

① 樊永贞、钢土牧尔、潘小平：《简述察哈尔部（万户）的地域分布》，《集宁师范学院学报》2016年第4期。

② 《政府公报》1914年7月7日第779号，载陆军部编《陆军行政纪要》1916年6月，第85页。

③ 潘小平、武殿林主编：《察哈尔史》上卷，内蒙古出版集团、内蒙古人民出版社2012年版，第326—327页。

④ 刘晓堂：《民国时期察哈尔地区主要社会问题研究》，博士学位论文，内蒙古大学，2017年，第10—11页。

国民时期的察哈尔区域。

1945 年抗战胜利以后，察哈尔盟解放，原辖区仍隶属于察哈尔省。[①] 1949 年中华人民共和国成立时，察哈尔盟辖正蓝旗、太仆寺左旗、明安太右联合旗、商都镶黄联合旗、正镶白联合旗。[②] 1958 年，察哈尔盟撤销，察哈尔右翼四旗划归乌兰察布盟即现在乌兰察布市的察哈尔右前、中、后三旗，察哈尔左翼四旗及牧群旗划归锡林郭勒盟，即镶黄旗、正镶白旗、正蓝旗、太仆寺旗。

三　自然环境：地理与气候特征

察哈尔地区位于阴山山脉和内蒙古草原中部，以高平原为主体兼具多种地貌，自古以来"草木繁盛，多禽兽"，是远古人类的发祥地。由于地形和山脉的屏障作用，以及所处的地理位置，形成了冬季季风影响较大，干旱、少雨、寒暑剧变的中温带半干旱大陆性季风气候。区域内南北部温差较大，从南到北越来越寒，孕育了不同的自然资源，也形成了差异化的生产方式。北部分属于锡林郭勒盟的旗县基本上以牧业为主，南部分属于乌兰察布市的旗县基本上属于半农半牧区。

锡林郭勒盟的察哈尔地区位于盟南部，包括镶黄旗、正镶白旗、正蓝旗、太仆寺旗、多伦县。北部为浑善达克沙地，南为察哈尔低山丘陵地带，其间有沙丘低地、湖泊、山间盆地、宽谷、洼地和洪积、冲积平原等多种地貌。夏季短暂干热，冬季漫长寒冷，春秋季节冷暖多变，昼夜温差大，时常伴有寒潮和降温天气，无霜期短，气候干燥，多风少雨。该地区牧草地资源丰富，早在清朝就是朝廷牛羊马匹的重

---

① 樊永贞、钢土牧尔、潘小平：《简述察哈尔部（万户）的地域分布》，《集宁师范学院学报》2016 年第 4 期。

② 樊永贞、钢土牧尔、潘小平：《简述察哈尔部（万户）的地域分布》，《集宁师范学院学报》2016 年第 4 期。

要来源地。锡林郭勒盟察哈尔地区主要旗县的地理环境、气候环境和自然资源，见表1-1、表1-2和表1-3。

表1-1　　　　　　锡林郭勒盟察哈尔地区主要旗县地理环境

	镶黄旗	正镶白旗	正蓝旗	太仆寺旗
位置	锡林郭勒盟西南部,南与乌兰察布市化德县交界,东、东北部与正镶白旗和苏尼特左旗毗邻,北部、西部与苏尼特右旗和商都县接壤	锡林郭勒盟西南部,东接正蓝旗,南连太仆寺旗、河北省康保县,西邻乌兰察布市化德县和镶黄旗,北与苏尼特左旗接壤	锡林郭勒盟南部,南与多伦县、河北省沽源县毗邻,北与阿巴嘎旗、锡林浩特市、苏尼特左旗相连,东部与赤峰市克什克腾旗为邻,西部与正镶白旗、太仆寺旗接壤	锡林郭勒盟最南端,东邻正蓝旗、河北省沽源县,南与河北省沽源县、康保县相接,西与康保县交界,北与正镶白旗接壤
坐标	东经 113°30′—114°45′,北纬 41°56′—42°45′	东经 114°15′—115°35′,北纬 42°05′—43°01′	东经 115°00′—116°37′,北纬 41°09′—43°12′	东经 114°51′—115°49′,北纬 41°35′—42°10′
海拔	1100—1650 米	1400 米	1300 米	1200—1800 米
地形	丘陵为主,东部、南部多山,西部、北部较平坦,北部有沙漠	地势南高北低,南部为丘陵,中部隆起,北部有沙丘	南部滦河流经,丘陵和草甸相间	地势自东北向西南倾斜,起伏不平,有丘陵,丘间沟谷盆,河谷平原区和低山丘陵多种地貌

表1-2　　　　　　锡林郭勒盟察哈尔地区主要旗县气候环境

	镶黄旗	正镶白旗	正蓝旗	太仆寺旗
气温	冬季寒冷,夏季年平均温度31℃	年平均气温1.9℃,最低气温 -35.9℃,最高气温34.9℃	年平均气温1℃,最高气温35℃,最低气温 -33℃	年平均气温1.4℃,极端最低气温 -35.7℃,极端最高气温32.7℃
无霜期	短	112 天	100 天	最长 126 天,最短90 天

续表

	镶黄旗	正镶白旗	正蓝旗	太仆寺旗
降水量	年均 260.8 毫米	年均 363 毫米	年均 300 毫米	年均 350—431 毫米
日照	日照时间长	年均 2888 小时		年均 2937.4 小时
风力	平均风速每秒4.1米	全年大风日数(7—8级)平均75天		

表 1-3　　　　　　　　锡林郭勒盟察哈尔地区主要旗县自然资源

	镶黄旗	正镶白旗	正蓝旗	太仆寺旗
土壤	栗钙土,地面 30—40 厘米沙土,风蚀现象较普遍	栗钙土、沙土为主,草甸土、盐碱地为辅	栗钙土	栗钙土
植被	牧草资源丰富,有狼针草、小白蒿、沙蓬、碱草、野韭菜、沙葱、针茅、芨芨草等,山上有杜松、山榆、杨柳、山杏等	生长柳条、沙榆等植物	主要生长红柳、黄柳、沙榆、白桦、杨树、山杏树以及莎草科、禾本科、豆科、菊科等草本植物	全旗有草场 2880399 亩,占全旗总面积的 56.23%
河流	水源不足,没有河流,只有一些洪水淖尔	有季节性湖泊、河流	北部浑善达克沙漠横贯全旗,沙漠中湖泊星布	有少量河流、湖泊

资料说明：表 1-1 到表 1-3 笔者根据《锡林郭勒盟志》编纂委员会编《锡林郭勒盟志》上册,内蒙古人民出版社 1996 年版,第 189—197 页建置自然地理、自然资源内容所制。

　　乌兰察布市的察哈尔地区位于市区中部和南部,包括察哈尔右翼前旗、察哈尔右翼中旗、察哈尔右翼后旗、兴和县、化德县、商都县、卓资县、凉城县、丰镇市、集宁区。地形多丘陵、山地。该区气温温暖,降水量多,光照相对充足,湿润度较大,具备可旱作农业的基本条件,牧草可达中高产,适宜羊牛放牧。乌兰察布市察哈尔区主要旗县环境、气候环境和自然资源,见表 1-4、表 1-5 和表 1-6。

表1-4　　　　乌兰察布市察哈尔地区主要旗县地理环境

	察哈尔右翼前旗	察哈尔右翼中旗	察哈尔右翼后旗
位置	乌兰察布市中部偏东南部,东邻兴和县,南接丰镇市,西依卓资县,北靠察哈尔右后旗	乌兰察布市西部,东邻察哈尔右后旗,南面和西南接卓资县,西北和北连四子王旗	乌兰察布市北部,东与商都县、兴和县接壤,西与察哈尔右中旗、四子王旗交界,南与察哈尔右前旗、卓资县为邻,北与锡林郭勒盟苏尼特右旗毗连
坐标	东经 112°55′—113°41′,北纬40°—40°13′	东经 111°55′45″—112°49′51″,北纬41°6′—41°29′24″	东经112°42′—113°30′,北纬41°3′—41°59′
海拔	600 米	1700 米	1500 米
地形	四面环山,东有岱青山,南有大脑包山,西有琵琶梁,北有灰腾梁,中部盆地	南部是灰腾梁,西段群山环绕,东部为平坦草原,西部为大青山支脉,中部二道坝山东西向横亘,丘陵广布,北部地势平坦,属荒漠半荒漠草原,北边有七层山	地势由南向北渐低,高山平原相间,丘陵纵横交错

表1-5　　　　乌兰察布市察哈尔地区主要旗县气候环境

	察哈尔右翼前旗	察哈尔右翼中旗	察哈尔右翼后旗
气温	平均气温为4.49℃	年平均气温1—2℃	年平均气温3.4℃
无霜期	年均110 天	年均72—110 天	年均102 天
降水量	年均340—450 毫米	年均350 毫米	年均292 毫米
日照	年均2951.1 小时	年均3087 小时	年均2986.2 小时
风力	风力较大,年均风速为3.4 米/秒	年均风速4.7 米/秒,最大瞬时风速40 米/秒	年均大风日数多达61 天,风力强,风速大

表 1 – 6　　　　　　乌兰察布市察哈尔地区主要旗县自然资源

	察哈尔右翼前旗	察哈尔右翼中旗	察哈尔右翼后旗
耕地	旱作稳产田面积达到 3 万公顷，全旗 22 万农业人口人均达到 1 亩水浇地、2 亩旱作稳产田	土地资源丰富，人均占有土地 1.8 公顷，占有耕地 0.637 公顷	1999 年全旗耕地面积 73000 公顷，人均耕地面积 6.4 公顷
草场	天然牧场 11.73 万公顷，其中可利用草场 9.87 万公顷	天然草场 21.45 万公顷，占全旗土地总面积 48.7%	天然草场 23.07 万公顷，人工草场 6 万公顷
河流	有湖泊镶嵌	境内水源较充足，有大小河流 14 条，湖泊 32 处，面积较大的为黄旗海（内陆湖）	有大小湖泊 35 个，多为季节性积水

资料说明：表 1–4 到表 1–6 笔者根据《乌兰察布盟地方志》编纂委员会编《乌兰察布盟志》上册，内蒙古文化出版社 2004 年版，第 242—257 页政区自然地理、自然资源内容所制。

四　民间风俗：独特的地域文化

每个民族在特定的生产生活实践中形成的民俗文化都各有不同。自古生活在蒙古高原的察哈尔部是以游牧文化为基础、以职业关系为纽带建立起来的特殊的非血缘组织集团，其文化主体源自蒙古族各部的优秀子弟，文化习俗也自然吸收各部所长，是蒙古族优秀传统文化的集大成者。在诸多的民俗事象中，察哈尔的礼仪文化、宗教信仰和民间手工艺影响深远，并与本书研究的察哈尔蒙古族服饰紧密相连。

（一）源自宫廷的礼仪文化

察哈尔蒙古族以敬重礼仪著称，对人恭谨热情，凡事都有一定的礼仪程序。自元太祖成吉思汗始建宫廷礼制开始，蒙古历代汗廷的一切礼仪活动都有怯薛参与。长期宫廷文化的熏陶，使察哈尔部形成了一套独特的礼仪秩序，后逐渐融入民间生活，至今仍沿袭传承。

成吉思汗建立蒙古汗国之初，怯薛中就有专门负责护卫汗宫旗徽、担任祭祀、典礼的人员。至元八年，元世祖忽必烈仿汉制初定朝仪，据《元史·礼乐一》记载，曾命丞相安童、大司农孛罗择选 200 多名怯薛宿卫学习礼仪。[①] 他们的职责是在皇帝即位、元旦、皇帝过生日及诸王、外国使节来朝见，册立皇后、皇太子，群臣上尊号，进太皇太后、皇太后册宝、郊庙礼成、群臣朝贺等朝仪活动中承担施礼仪卫，包括殿上执事、殿下执事、殿下黄麾仗、殿下旗帐、宫内导从、中宫导从、进授册宝、册宝摄官、班序九大序列。每个序列 30—60 人，成双成排，衣着服饰、行为举止都有严格的规矩。礼仪完毕后，侍卫引导大会诸王宗亲、驸马和大臣出席质孙宴。宴毕，侍卫负责引导皇帝，引进使引导皇后回到寝宫。[②]

祭祀礼仪在蒙古族中属五礼之首。祭长生天、祭苏力德、祭祀祖先等祭祀活动，历来是蒙古汗廷礼仪的重要部分。成吉思汗去世以后，汗八白宫（帐）一直由专门的怯薛护卫和祭祀。[③] 1958 年发现的名为《圣主成吉思汗祭祀经文》[④] 的竹笔抄本，详细描述了察哈尔万户举行汗廷四季祭祀[⑤]的礼仪规则。成吉思汗祭祀仪式所用供品，主要由察哈尔的诸鄂托克贡献。在夏季祭祀的规定中写道：

---

① （明）宋濂等：《元史》，中华书局 1976 年版，第 1665 页。

② 潘小平、武殿林主编：《察哈尔史》，内蒙古出版集团、内蒙古人民出版社 2012 年版，第 626—627 页。

③ 双金：《民俗学视野下的成吉思汗陵祭祀文化》，《内蒙古大学艺术学院学报》2011 年第 1 期。

④ 道荣嘎先生于 1958 年在内蒙古自治区尔罕茂明安联合旗哈撒尔祭殿斡耳朵之洞穴中发现。参见明·额尔敦巴特尔《关于蒙古文"圣成吉思汗祭祀经"的若干问题》，《内蒙古大学学报》（哲学社会科学版）2014 年第 3 期。

⑤ 成吉思汗祭祀活动始于窝阔台汗在位时期，到忽必烈汗时期实施成吉思汗的"四季祭祀"并制度化。所谓"四季祭祀"是指蒙古人为祭奠成吉思汗而举行的季节性的祭祀，即春季祭祀、夏季祭祀、秋季祭祀和冬季祭祀。参见明·额尔敦巴特尔《关于蒙古文"圣成吉思汗祭祀经"的若干问题》，《内蒙古大学学报》（哲学社会科学版）2014 年第 3 期。

夏季盛大祭祀（淖尔祭）在夏仲月的十五日举行，由八鄂托克、察哈尔万户按季节提供（供祭祀所用的）牛、羊。乳羊羔由牧放斡耳朵白马群的人提供。奈曼拿来二十（瓶）酒。两古雅鄂托克拿来十五（瓶）酒。区别在于其他鄂托克也拿来二十（瓶）酒。鹰房千户拿来四十（瓶）酒。两古雅鄂托克：即右翼塔塔尔拿来十五（瓶）酒。左翼克木齐古特西拉古勒拿来十五（瓶）酒。合计共二百一十（瓶）酒。①

八白帐的祭文中也证实了察哈尔祭祀成吉思汗的内容："提供并守护溜圆白骏的吉祥八鄂托克旧察哈尔万户。"② 祭祀礼仪不仅在汗廷举行，还在民间推广，平民百姓也举行祭天、祭祖、祭敖包等活动。

太保刘秉忠认为"无乐以相须，则礼不备"③，因此朝仪中还设有宫廷音乐和舞蹈之"乐"与"礼"相配合，宫廷歌舞的管理和演出也由怯薛来承担。察哈尔地区著名的阿斯尔就是宫廷音乐的代表。林丹汗归附后金以后，阿斯尔成为清宫廷音乐的重要组成部分，清末流行于民间。

察哈尔蒙古族先民在宫廷服务中形成了尚礼守礼的民族性格，日常生活的礼节很多，有问候礼、敬烟礼、待客礼、做客礼等。俗语常说："松软之地有痕迹，相逢路人要问安。"察哈尔蒙古族即使路遇陌生人，见面时都会上前请安、问候，以示尊敬和友善。若是骑马遇到长者，应立刻下马主动问好，若有紧急事务在身，则左脚脱蹬以示问候。年长者遇到年轻人，先问候对方身体健康，再询问家中长辈和孩

① 那顺乌力吉：《察哈尔万户的起源与形成》，《内蒙古师范大学学报》（哲学社会科学汉文版）2008年第5期。

② 乐·胡日查巴特尔、敖古奴斯·朝格图：《成吉思汗金书》，内蒙古文化出版社2001年版，转引自那顺乌力吉《察哈尔万户的起源与形成》，《内蒙古师范大学学报》（哲学社会科学汉文版）2008年第5期。

③ （明）宋濂等：《元史》，中华书局1976年版，第1665页。

子们的状况等。请安问候结束后，一般会行敬烟礼。年轻人向长者敬
鼻烟壶，要稍微将盖揭开，敬旱烟要装好点燃，然后双手将烟袋托献
给长者。行礼过后，时间允许的话再慢慢攀谈，谈话内容五花八门，
最常涉及的是牧民共同关心的时令气候、天气雨水、草场长势、四季
倒场、牛羊膘情等生产生活问题。家里来客时，男女老幼都会穿着整
齐出门迎接，尤其是妇女还必须戴好头饰，否则是对客人的不尊敬。
进帐篷或屋里要请客人上座，摆上奶食、肉食、油饼、点心等食物招
待客人。用奶食前，客人取一点儿"德吉（食物精华）"捏在手中，诵
念祝词，再将之抛向空中。如果客人是年长者，那么主人要放下袖子
向客人敬酒三杯。客人用无名指醮酒三遍，敬天、敬地、敬祖先后
方饮。①

（二）多元并存的宗教信仰

在统一蒙古各部、建立蒙古国家的过程中，成吉思汗和他的继
承者们开疆辟土，不断地扩大统治范围，疆域内的众属民信仰多元。
元朝建立以后，蒙古族社会的意识形态主要表现为政治哲学，围绕
如何治理国家而展开，于是宗教上采取兼容并蓄、信仰自由的政策，
使得萨满教、佛教、道教、基督教、伊斯兰教在蒙古地区都合法存
在并有一定的发展。② 其中，萨满教和佛教对察哈尔地区的文化影响
最大。

蒙古族最早有着自己古老的民间宗教信仰，祭祖先、祭天地、祭
火，继而在此基础上形成了以"长生天"为最高天神崇拜的萨满教。
萨满教在历朝历代的政治旋涡中几经沉浮，虽日渐衰退，但至今大音

---

① 纳森主编：《察哈尔民俗文化》，华艺出版社 2009 年版，第 20 页。
② 潘小平、武殿林主编：《察哈尔史》，内蒙古出版集团、内蒙古人民出版社 2012 年
版，第 1131 页。

未消，在民间仍然流传。例如，20 世纪 50 年代，察哈尔八旗的巴尔虎苏木每年五月初九，都要举行祭天仪式。"文化大革命"时期曾中断，20 世纪 90 年代以后又重新得到恢复。恢复后的祭祀活动除了延续"企盼长生天赐予五畜兴旺的富足生活"的传统功能以外，又增加了借由祭祀在同族宗亲之间感情交流的新功能。①

从 13 世纪起，佛教两次在蒙古地区盛行并占据了主导地位：第一次是元朝初期，忽必烈汗为巩固统治，奉行"以儒治国、以佛治心"的国策，佛教在统治阶级上层传播；第二次是 16 世纪阿拉坦汗为号召蒙古诸部，再次借助神力的护持，使得佛教在蒙古地区广泛传播，包括察哈尔在内的多数蒙古部都皈依门下。此后历代察哈尔大汗出于统治需要，都尊崇佛教，在客观上推动了佛教文化与蒙古族文化的广泛交流和融合。例如，图门汗（明代汉籍也作土蛮罕）的代表那木岱洪台吉"奉献金银布帛及驼马牲畜等以万计"，并多次邀请三世达赖喇嘛到察哈尔讲经传法。后三世达赖喇嘛因身体原因未能前往，委派洞图尔呼图克图作为其代表前往察哈尔传教；林丹汗接受萨迦派高僧灌顶，并尊奉沙日巴为国师，主持察哈尔的宗教事务。② 察哈尔部归顺后金以后，清政府也加认延续，"兴黄教，安抚众蒙古"，鼓励民众当喇嘛，广修寺庙。察哈尔右翼有 80 多座庙宇，左翼有 90 多座庙宇，多数都是这个时期建立的。"星罗棋布的庙宇，就像遍布草原的座座城垒，佛教使蒙古地方真正成为清朝北疆的无形之长城"，骁勇善战的察哈尔人终于在晨钟暮鼓中变成了清王朝的驯服工具。③ 从阿拉坦汗时期开始，佛教在察哈尔地区浸润 500 年之久，对

---

① 樊永贞：《察哈尔地区巴尔虎人祭天仪式初探》，《集宁师范学院学报》2012 年第 2 期。

② 潘小平、武殿林主编：《察哈尔史》，内蒙古出版集团、内蒙古人民出版社 2012 年版，第 1143 页。

③ 潘小平、武殿林主编：《察哈尔史》，内蒙古出版集团、内蒙古人民出版社 2012 年版，第 1148 页。

察哈尔蒙古族的精神和民俗文化都产生了深远的影响。

（三）丰富多彩的民间手工艺

民间手工艺隶属于传统手工业范畴，源于民众长期的生活实践。察哈尔部是兼具军事生产于一体的军民合一体制，民间手工艺带有浓厚军事生活和游牧生产的烙印。它是察哈尔文化的重要承载物，真实再现了察哈尔蒙古族的知识体系和生活世界。察哈尔民间手工艺源于人们生产和生活的需要，可以分为生产类和生活类。

生产类手工艺品是牧民为方便生产劳动而创造的。察哈尔蒙古族在游牧、狩猎以及对牲畜的管理等生产活动中，与自然环境斗争、协调，创造了丰富多彩的以畜牧为中心的民间手工艺，如马鞭、马绊、马笼头、马嚼子、套马杆、刮马汗刷、羊毛挠子、护羔毡袋、解结器、牛角哺乳器、铁印、木奶桶等。马是察哈尔蒙古族赖以生存的最重要的生产资料和精神图腾。俗话说："好马配好鞍。"人们对马的热爱体现在鞍具的制作上。察哈尔蒙古族的马鞍以"精巧"闻名，鞍座部分面积较小，其前后鞍鞒的造型相近，属于元宝式马鞍。制作材质一般用当地常见的桦木制成裸鞍，上面再用皮革包扎。鞍花纹样深受伊斯兰教与佛教等外来文化影响，常装饰万字纹、回纹、盘肠、寿字纹等几何形纹样。压条与鞍翅边缘，常用线型卷草纹、云纹、哈木日纹及犄角纹等勾连成复杂的图案。精美的图案，则体现出宫廷美学的特征。察哈尔马鞍造型轻巧便利，正如《黑鞑事略》中描述的那样"其鞍辔轻简，以便驰骋，重不盈七八斤"，适合游牧骑猎的日常生产和行军打仗使用。

生活类手工艺品是围绕人们衣、食、住、行的生活需求而展开的，以地理、物候为经，以技艺、传承为纬。

衣：察哈尔蒙古族利用动物的皮毛制作各种皮袍、皮裤、答忽、靴子靴套、帽子手套等，并形成了独具特色的熟皮和熏羊皮工艺。熟皮有缸里熟制、土埋熟制、手工熟制等方法。熏羊皮采用窖熏法，在窖内点燃半干羊粪，将熟好的羊皮熏至褐黄色。察哈尔蒙古族的先民有的曾担任宫廷工匠，手艺世代相传，擅长制作精美复杂的金银器。所以，察哈尔部的头饰和佩饰的工艺十分讲究，图案古朴典雅，造型大方淳厚，做工精巧细致。

食：察哈尔传统饮食以"食肉饮酪"的畜牧产品为主。清朝察哈尔牛羊十二旗群负责供养皇家祭祀和日常使用的奶制品，精湛的宫廷奶食制作技术，代表着蒙古传统奶食生产的最高成就。[1] 2007 年 8 月，察哈尔正蓝旗被命名为"内蒙古查干伊德文化之乡"，2011 年又命名为"中国查干伊德文化之乡"，同时认定为"中国查干伊德文化传承基地"[2]。

住：察哈尔蒙古族典型的居住形式是蒙古包。在狩猎经济向畜牧经济转型的过程中，人们掌握了毛毡技术，将羊毛加工擀制成毡，便有了覆盖毛毡的帐幕，这就是蒙古包，也叫作"毡帐"和"穹庐"。13 世纪出现的宫廷大型蒙古包（即斡耳朵），深广可容数千人，宽度可达 30 英尺（合 9.144 米），气势恢宏，覆盖着金锦，将蒙古包的制作技艺发展到了极高的水平。当帐幕放在车上时，两边伸出车轮之外至少各有 5 英尺（合 1.524 米），用来承载这座帐幕的车辆至少需要 22 头犍牛才能够拉得动。[3]

行：察哈尔蒙古族无论战时搬迁，还是四季倒场，都离不开勒勒车（房车），"行则车为室，止则毡为庐"。勒勒车主要以桦木为原料，用桦木制成的车轴、车轮、车瓦、辐条、轮心、车辕、车架质地坚硬、

---

① 潘小平、武殿林主编：《察哈尔史》，内蒙古出版集团、内蒙古人民出版社 2012 年版，第 777 页。
② 娜日苏：《察哈尔蒙古族饮食文化形成因素探析》，《前沿》2018 年第 1 期。
③ 何学慧：《察哈尔蒙古族的居住习俗和象征意义》，《集宁师范学院学报》2019 年第 3 期。

车体轻便、不易变形，在深草、沙滩、积雪、泥泞上都可通行。《蒙古秘史》中记载成吉思汗对宿卫说："守我而宿，其事易乎？执掌房车大营之徒、住，其事易乎？"① 又斡歌歹（窝阔台）也说，"宫（室）房车，由宿卫掌之"②。说明在成吉思汗时期，察哈尔就负责管理宫廷车帐。

第二节 察哈尔蒙古族的服饰分类

服饰有多种分类方式，如可按照季节、面料材质、款式结构、色彩图案、穿着者的社会属性、穿着场合、服饰用途等信息进行分类。文化人类学对民族志书写的反思，让我们意识到表述者应该关注于完成怎样的文化建构，即 "他写作"③。对于察哈尔蒙古族服饰这一地方性文化样式而言，"它存活于当地独有的社会结构和文化模式之中，是 '地方性知识' 的重要载体和内容，与当地人的日常生活关系密切而不可分割"④。因此，其类型体系不能按照现代服装学的知识生搬硬套，而应当从文化自观的角度来建构。

根据田野调查发现，察哈尔蒙古族服饰既延续了过去的传统，也随着时代的发展而发生了变迁，可以分为传统服饰与变迁服饰两大类型。传统服饰有日常和礼仪之分，日常服饰受到当地气候条件和地理环境等自然生态环境的影响，季节区分明显，夏季服饰的主要功能是遮阳防晒，冬季服饰的主要功能是保暖御寒。礼仪服饰的穿戴不同于

---

① 道润梯步：《蒙古秘史（新译简注）》，内蒙古人民出版社 1979 年版，第 261 页。
② 道润梯步：《蒙古秘史（新译简注）》，内蒙古人民出版社 1979 年版，第 413 页。
③ 格尔茨对 "民族志学者是干什么的" 这一问题的回答。参见 ［美］克利福德·格尔茨《文化的解释》，韩莉译，译林出版社 1999 年版，第 25 页。
④ 刘壮、李玲：《文本构建中的他观与自观——关于秀山花灯文献的人类学研究》，《民族艺术研究》2011 年第 2 期。

日常，是人们在社会文化调适过程中形成的一套维护族群社会运转的习俗秩序，有着特殊的穿着规范。因受文化变迁的影响，出现了适应现代生活习惯和审美特点的改良服饰。下面就以传统服饰与变迁服饰为分类体系，描绘察哈尔蒙古族服饰的基本形态特征。

一　传统服饰

（一）日常服饰

察哈尔地区属于中温带半干旱大陆性季风气候，夏季短促炎热，冬季漫长寒冷，寒暑差异明显。牧民的生产方式主要依赖畜牧经济，不得不常年暴露在户外，因此，防晒、保暖、御寒就成了人们设计和选择服饰的首要任务。在长期的生活实践中，人们形成了帽子"夏笠冬帽"，袍子"冬皮夏单"，靴子"皮毡两制"的日常穿衣法则。

1. 帽子：夏笠冬帽

察哈尔地区冬严寒、夏酷暑、多风沙，人们几乎一年四季都帽不离首。元朝蒙古族的帽子已有多种形制，且"冬帽而夏笠"，有明显的季节区分。冬帽以保暖为首要功能，帽型要遮盖住头颅、耳朵和脖子。夏笠帽檐宽大，能遮阳护目。冬帽夏笠都有防风沙、保护头发的清洁的作用，同时方便劳动生产，在人们的日常生活中不可或缺。

（1）钹笠帽

钹笠是一种圆檐斗笠形帽，因为形状像钹而得名，具有防晒、防风沙的功能，元代最为普遍。叶子奇曾言，"官民皆戴帽子，其檐或圆"[①]。钹笠分大檐和小檐两种，据说以前并没有前檐，是忽必烈时期由察必皇后为方便皇帝狩猎时佩戴而改进，并在民间广泛流传。王公贵族戴的钹笠顶镶珠玉，后面加帔。在传世的元代帝王肖像画中，元

---

① （明）叶子奇：《草木子》，中华书局 1959 年版，第 61 页。

成宗戴的七宝重顶冠、元顺宗戴的红宝石顶大帽都是此种形制。《万历野获编》载："元时除朝会后，王公贵人俱戴大帽，视其顶之花样为等威，尝见九龙而一龙正面者，则元主所自御也。"① 近代以来，钹笠帽逐渐销声匿迹，被造型相似具有同样功能的草帽、礼帽等遮阳帽取代。钹笠帽和礼帽，如图 1－2 和图 1－3 所示。

图 1－2　钹笠帽②

图 1－3　礼帽③

（2）风雪帽（胡劳布其）

风雪帽也叫草原帽、蒙古帽，御寒性好，柔软轻便，方便携带保存，是察哈尔男女老少冬季最常戴的暖帽。它一般用彩色的锦缎做面，棉布或绸缎做里子，帽身絮有棉花或羊毛。帽檐较小，贴以珍贵的狐狸皮、貂皮、羔羊皮，能翻折。帽顶颇具特色，分圆顶、尖顶两种，圆顶风雪帽形似倒扣的水桶，尖顶风雪帽形似山峰，二者都以彩

---

① 周锡保：《中国古代服饰史》，中国戏剧出版社 1984 年版，第 359 页。

② 包铭新主编：《中国北方古代少数民族服饰研究（第 6 卷）：元蒙卷》，东华大学出版社 2013 年版，第 97 页。

③ 拍摄时间：2020 年 10 月 4 日；拍摄地点：察哈尔右翼后旗阿穆家中。

色丝线绗缝固定造型，做工精美。帽顶缀有红樱穗，帽耳下有束带，可根据温度变化，向前结于颌下，向后挽于脑后，一帽多变。后沿尾较长能遮住脖子，抵御风寒。风雪帽是由栖鹰冠演变而来，历史悠久。据《蒙古秘史》记载，乞颜氏的祖灵神是白海青，所以他们的发型和冠饰以海东青为式，以示对图腾的崇敬。^① 留三搭头、戴栖鹰冠是蒙古汗国和元代男子的主要发型和冠饰。^② 明代肖大亨《夷俗记》记载："其沿仅可以覆额，又其小者，仅可以覆顶，俱以索系之项下，其帽之檐甚窄，帽之顶赘以朱英。"^③ 文献中所述的帽式与现在察哈尔地区的人们所戴风雪帽几乎相同。内蒙古博物院藏有一件乌兰察布盟（今乌兰察布市）达茂旗明水墓出土的元代对雕织锦风帽，同《元人射雁图》中骑士的风帽非常相似，为当时草原上较普遍的风帽形制。^④ 杜尔伯特男子所戴的风雪帽，布里亚特男子所戴的尤登帽，达尔罕男子所戴的胡路布其帽，都类似这种风雪帽。^⑤ 随着历史的变迁，察哈尔风雪帽的造型也不断发展变化，帽顶出现简化的趋势，形成左右对称裁剪的两片弧形，形成中线缝合的式样。圆顶风雪帽和尖顶风雪帽，如图 1 – 4 和图 1 – 5 所示。

（3）陶尔其克帽

陶尔其克帽形似明代的"六合帽"和清朝的"瓜皮帽"。汉族和满族通常只有男性佩戴，而蒙古族男女均可佩戴。这款帽子有护耳和无护耳两种，春秋季所戴为缎制，冬季所戴为毡制。^⑥ 它的造型较为

---

① 乌兰：《论蒙古族栖鹰冠的起源和发展》，《内蒙古师范大学学报》（哲学社会科学版）2008 年第 63 期。

② 乌兰：《论蒙古族栖鹰冠的起源和发展》，《内蒙古师范大学学报》（哲学社会科学版）2008 年第 63 期。

③ 邢莉：《蒙古族近代的服饰》，《中央民族学院学报》1993 年第 6 期。

④ 侯玉敏：《蒙古民族服饰艺术刍论》，《内蒙古艺术》2005 年第 1 期。

⑤ 邢莉：《蒙古族近代的服饰》，《中央民族学院学报》1993 年第 6 期。

⑥ 邢莉：《蒙古族近代的服饰》，《中央民族学院学报》1993 年第 6 期。

图 1 - 4　圆顶风雪帽①　　　　　　图 1 - 5　尖顶风雪帽②

朴素简洁：主体帽胎六瓣，聚合成穹顶状，边沿一片闭合式帽檐，紧贴于帽胎，正面镶嵌 1—3 颗大珍珠或银牌做帽正。帽顶缀有红珊瑚盘顶结，女子戴的陶尔其克帽还在顶结处下垂着长长的红丝线穗子，佩戴时放于右侧前额处。

2. 袍子：冬皮夏单

察哈尔蒙古族一年四季皆穿袍，因"气候寒烈，无四时八节，四月八月常雪"③"盛夏尚须衣棉"④，所以冬季袍子的种类远远多于夏季袍子的种类，春秋季节过渡性服装不明显，交替使用冬夏袍服。夏季袍子主要有单袍和夹袍；冬季袍子主要有棉袍和皮袍。但无论哪个季节、哪种款式，察哈尔蒙古袍的外形和构造都基本相同，如图1 -6所示，属于蒙古族服饰中较为典型的"普通话语"⑤：外部造型呈"T + A"型的

① 拍摄时间：2018 年 12 月 29 日；拍摄地点：正蓝旗上都湖。
② 拍摄时间：2018 年 12 月 29 日；拍摄地点：正蓝旗上都湖。
③ 易华、邢莉：《草原文化》，辽宁教育出版社 1998 年版，第 2 页。
④ 宁玮婷、杨润平：《近代察哈尔民俗问题研究》，中国文史出版社 2016 年版，第 25 页。
⑤ 郭雨桥先生在新出版的《蒙古部族服饰图典》中，将蒙古族服饰类型概括为"一体两翼"，其中察哈尔服饰位于一体范围内，他认为一体中的各部族服饰虽各不相同，但"其名词术语，在各部蒙古族服饰中具有代表性，为服饰描述中的'普通话语'"。参见郭雨桥《蒙古部族服饰图典》，商务印书馆 2020 年版，第 27 页。

组合，立领大襟，插肩窄袖，袖长适中，袍身较窄，下摆肥大，长及脚面。内部造型立领下有寸许小对襟（恩木斯哈），横接拐襟（当格拉）或挺襟（都日勒格），转角往下半圆形犄角襟（额布日）或称豁襟（玛拉塔日），再往下到底是垂襟（苏木），最下面为下摆，侧面开衩部分称为开骑或护腰。袍子的边缘装饰极为简洁，通常沿结构线镶嵌1—3条简洁的边。男女袍服在镶边的长度上有所区别，女袍沿边顺着领子、领座、小对襟、拐襟、犄角襟直达垂襟，男袍沿边只到腋下犄角襟弯处结束，垂襟则没有装饰。男女袍子开衩处分口都不做装饰，仅用简单的针线加固称为黑撒。察哈尔蒙古袍形制，如图1-6所示。

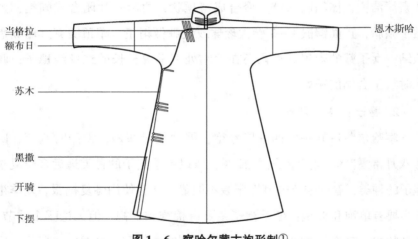

图1-6 察哈尔蒙古袍形制①

（1）单袍（查姆奇）

单袍是指只有一层纺织面料，不绱里子的蒙古袍，其功能类似衬衣，属于便衣的一种。它最适宜在炎热干燥、阳光辐射强、昼夜温差较大的夏季穿。面料一般选用透气性好、吸汗性强的纯棉、柞丝绸制作，长衣长袖的形制既可以防止户外活动的时候晒伤皮肤，又在早晚

① 图为笔者根据实物自绘。

起到一定的保温功效，还能有效地防止蚊虫叮咬，可谓一举三得，与现在的防晒服功能颇为相似。在一年四季的察哈尔袍服中，只有这一款袍子是不绱里子的，其单薄的面料尤其能凸显女性的曲线美。而且，通常只有一道扣和一条流畅的窄细绲边做装饰，勾勒出女性高挑的身材，穿着起来显得高贵靓丽，因而深受当地女性的青睐。单袍色彩艳丽，察哈尔左翼四旗妇女们喜欢穿天蓝、浅蓝、翠绿和深蓝等颜色，察哈尔右翼四旗妇女们所穿的袍子还有粉红、浅红等颜色。[①] 它犹如草原上盛开的鲜花，给短暂的夏季增加了一抹亮丽的色彩。正如内蒙古自治区锡林郭勒盟镶黄旗的察哈尔蒙古族服饰传承人罗璐玛·苏荣赞叹的那样："没有别的比得上这个，夏天只有查姆奇最好看，最心爱！"[②] 男子单袍和女子单袍，如图1-7和图1-8所示。

图1-7　男子单袍[③]

图1-8　女子单袍[④]

---

① 纳森主编：《察哈尔民俗文化》，华艺出版社2009年版，第80页。

② 访谈对象：罗璐玛·苏荣，女，察哈尔蒙古族服饰传承人；访谈人员：李洁；访谈时间：2019年11月15日；访谈地点：镶黄旗罗璐玛服饰有限公司。

③ 拍摄时间：2018年7月11日；拍摄地点：察哈尔右翼后旗察哈尔民族服装服饰有限责任公司；拍摄者：李洁。

④ 拍摄时间：2019年11月20日；拍摄地点：镶黄旗职业中学蒙古服饰教学基地；拍摄者：李洁。

（2）夹袍（特日丽格）

夹袍是指绱一层里衬的蒙古袍，厚薄适中，在夏季和不太寒冷的晚春、早秋季节都可以穿，时效性长。它一般用绸缎作袍面，棉布做里。据记载，即使在物资紧缺的 20 世纪 60 年代，察哈尔地区的棉布和绸缎的年销量仍十分可观。[①] 党的十一届三中全会以后，随着商品经济的迅速发展，面料的种类也日益丰富，出现了如人造棉、咔叽布、华达呢、涤咔、涤纶、腈纶、天鹅绒、麂皮绒、毛料等新材质。察哈尔人在袍服色彩和图案的选择上一直都比较稳定，喜欢用颜色统一、色调典雅、花纹不显的面料作袍面。夹袍的镶边有一道边的、两道边的，还有三道边的，用的材料多为丝绸，数量和扣袢相等，色彩与袍身形成强烈对比，以更加醒目明亮为标准。蒙古人把这种装饰艺术称作"德勒，各各如勒胡"意思是"亮化"或"光化"服饰。[②] 袢是手工盘成的蒜头疙瘩扣，也有使用金、银、铜、宝石等作扣砣的。男子夹袍和女子夹袍，如图 1－9 和图 1－10 所示。

（3）棉袍（棉特日丽格）

棉袍与夹袍形制相似，区别在于棉袍需要在夹层中填充棉花。根据棉花填充的重量和厚度不同又分为薄棉袍和厚棉袍，两种棉袍适宜穿着的季节也不同。薄棉袍填充棉花一斤以内，适合春秋、初冬季节穿着；厚棉袍填充棉花一斤以上，适宜严冬季节穿着。吊面多用绸缎、棉布、毛料、呢子等厚重挺拔、防风耐磨的面料，里子基本上都是纯棉。为了让吊面、里子与填充物之间固定，棉袍不论薄厚都用棉线手工竖向绗缝成行，行间距一般为 2—4 指宽。绗缝是察哈尔地区棉袍制

---

① 镶黄旗志编纂委员会编：《镶黄旗志》，内蒙古人民出版社 1999 年版，第 325 页。
② 乌云巴图、格根莎日编著：《蒙古族服饰文化》，内蒙古人民出版社 2003 年版，第 42 页。

图 1 – 9　男子夹袍①　　　　　　　图 1 – 10　女子夹袍②

作颇具特色且极为讲究的一道工序，要求针线均匀，横竖对齐。当地人将棉袍绗缝工艺分为三种，分别叫作"豁休（做法）""努度太（眼镜）"和"撒黑尔（盲人）"，主要区别在于针脚的密度："豁休"间距最小，整齐细密、做工精湛；"努度太"两两成组，形似眼镜而得名，密度较前者略显松散，但颇具韵律；"撒黑尔"间距最大，常以针线绗缝能达到的最大程度为限，俗称"盲人"。这三种名称反映出做工的精细程度是当地人评价服饰制作工艺好坏的重要尺度。显然"豁休"是最为推荐的做法，展示了一个手工艺人高超的技艺和严谨的态度，而"撒黑尔"以戏谑的手法暗喻了制作者的做工粗糙。衣襟和下摆边缘处的绗缝工艺与袍子内部整体的绗缝工艺有所不同，针法更为细密，且不再要求横竖对齐，而是注重错落有致。这种做法巧

---

① 拍摄时间：2018 年 7 月 9 日；拍摄地点：察哈尔右翼后旗马头琴广场；拍摄者：李洁。
② 拍摄时间：2019 年 7 月 8 日；拍摄地点：呼和浩特市莫尼山非遗小镇；拍摄者：李洁。

妙地利用差异化的针法，在距离衣襟边缘10厘米左右的位置，留出袍子的边缘空间，体现出察哈尔人"因布制宜，经营位置"的朴素设计思维和民间智慧。棉袍和棉袍工艺示意，如图1-11和图1-12所示。

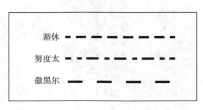

图1-11　棉袍①　　　　　　　图1-12　棉袍绗缝工艺示意②

（4）皮袍

皮袍是察哈尔地区冬季袍服的首选，具有良好的保暖性、抗污性、牢固性的特点，且作为畜牧副产品既经济实用又方便取材，在手工业不发达的蒙古族地区，极大地满足了广大牧民的穿着需求。察哈尔地区位于内蒙古自治区中部，拥有草甸草原、典型草原、沙地疏林草原等多种草地类型，可畜养五畜（牛、马、骆驼、绵羊、山羊）。据地方志记载，在五畜中绵羊的饲养比例一直居高，其次是山羊。③　与其他畜皮相比，羊皮柔软、保温、吸湿、透气、高弹，更适合制作皮袍，因

---

①　拍摄时间：2019年1月2日；拍摄地点：正蓝旗桑根达来镇朝孟鲁家中。

②　笔者根据实物自绘。

③　如1949—1992镶黄旗畜种结构情况图显示，绵羊占总数比重一直居于榜首。参见《镶黄旗志》编纂委员会编《镶黄旗志》，内蒙古人民出版社1999年版，第205—206页。

此，察哈尔地区的皮袍多为羊皮袍。根据制作工艺不同，皮袍又可分为吊面皮袍和无面皮袍两种，如图1-13和图1-14所示。

图1-13　吊面皮袍①　　　　　　图1-14　无面皮袍②

　　吊面皮袍（卓布查德勒）是用毛皮做里子，外面挂一层纺织面料做面的冬季袍服。其款式外形与夹袍类似，都是一件式立领、圆襟、右衽长袍，但袍身较夹袍更肥大。皮袍里面的材质多为羊皮，外吊面材质选用薄厚适中的锦缎、棉布等天然面料或纯纺、混纺等化纤面料，颜色多为青、灰、深蓝等暗色调，常用库锦、绸缎镶三条边。成衣外沿自然地露出一圈洁白卷曲的羊毛，名曰"出锋"，极为美观。

　　羊是牧区生活的主要来源。长期的畜养经验，使牧民具备了丰富的地方性游牧文化知识。在文化他者眼中看似相同的羊，牧民却可以根据羊的品种、年龄等信息将其细分为不同的类型，因此，羊皮也有

---

①　拍摄时间：2019年11月20日；拍摄地点：镶黄旗职业中学蒙古服饰教学基地。
②　拍摄时间：2019年11月20日；拍摄地点：镶黄旗职业中学蒙古服饰教学基地。

许多种类。胎毛皮包括象羔皮（刚出生后就死亡的绵羊幼崽皮）、羔皮（断乳前或一岁以内的绵羊幼崽皮）、猾子皮（山羊幼崽皮）。这类皮的共同特点是张幅小，皮板薄嫩，皮纤维细韧、弹性好，绒毛很少、针毛短、光泽较好，毛皮表面多带自然的花纹和花弯。[①] 草原上的牧民十分爱惜牲畜，重养轻售，从不轻易杀幼崽，出生后自然死亡的幼崽才可获取其毛皮，因此，胎毛皮产量少而珍贵。大羊皮是指3—4年出栏的成年绵羊皮，经过夏季剪毛，皮板轻薄，手感柔软光滑而细腻，制成的皮革特别松软。这些不同皮质缝制的吊面皮袍，其叫法也不同：象羔皮做里子的称作"羔皮袍"，羊羔皮做里子的称作"森森德勒"，猾子皮做里子的称作"依希格德勒"，大羊皮做里子的称作"乌久森德勒"。羊皮的制作过程相当烦琐，要经过剥皮、去脂、鞣制[②]、钉板、晾晒等多道工序，牧民在使用时也非常惜物和节约，几乎毫不浪费。剩余的下脚余料也常常弥缝起来做里子，如用羊皮余料做里子的袍子作"豁得森德勒"，羊腿皮做里子的袍子做"巴希格德勒"。由于使用者的体型不同以及各种羊皮的大小不同，制作吊面皮袍所需羊皮的数量也不相同。一般的吊面皮袍所需胎毛皮30张左右，大羊皮6—7张。[③] 不同察哈尔皮袍所需，见表1–7。

---

① 周刚：《改良羔皮加工工艺实例》，《中国皮革》2017年第10期。
② 察哈尔地区鞣制皮革的方法有缸里鞣制、用手鞣制和土埋鞣制三种。缸里鞣制是在制作奶制品时剩下的酸性溶液中倒入少许硝水，再将皮张浸泡在里面，过三日之后将皮张捞出来用水清洗绒毛，清洗完后放回缸内继续浸泡数十日。用手鞣制的方法比较适合羊皮或羔皮。鞣制时将皮张打开，先用酸碱性水浸泡之后再涂上盐和酸奶，每日用牛领骨或用手鞣搓，五到七日之后捞出来晒干即可。此种方法会使得皮张更有弹性、更柔软。土埋鞣制是一种将皮张埋在土中的一种鞣制方法。具体操作方法是先在皮张的里层涂上盐、酸奶等，两日后再涂上一点硝，之后将皮张埋在阴凉潮湿的地方并每日在上面撒一点水，七日之后即成。转引自山丹《蒙古族皮革造型艺术研究》，硕士学位论文，内蒙古大学，2010年，第7页。
③ 访谈对象：罗璐玛·苏荣，女，察哈尔蒙古族服饰传承人；访谈人员：李洁；访谈时间：2019年11月17日；访谈地点：镶黄旗罗璐玛服饰有限公司。

表1-7　　　　　　　　　　　察哈尔吊面皮袍

名称	皮子	特点	数量	吊面及装饰材质
羔皮袍	象羔皮	皮毛长度适中，有光泽、保暖性强，穿着柔软舒适，花纹美观，稀少且珍贵	30张左右	一般用绸缎、棉布等天然面料或纯纺、混纺等化纤面料做吊面，越是珍贵的皮毛，吊面、镶边、扣子的材质越高档
森森德勒	绵羊羔皮			
依希格德勒	猞子皮			
乌久森德勒	大羊皮	皮板轻薄，手感柔软光滑而细腻，保暖轻便，防潮性能好	6—7张	
豁得森德勒	各种下脚余料	节约材料，但舒适性、美观性不足	数量不等	
巴希格德勒	山羊、绵羊、黄羊的小腿皮			
珍稀动物皮袍	貂皮、狐狸皮、河狸皮、沙狐皮、水獭皮等	保暖性强，色泽光亮、美观，皮毛稀少且珍贵	数量不等	

　　察哈尔地区除了草原，还有茂密的天然林区，栖息着丰富的野生动物，如红格尔山天然林有狼、鹿、狍子、貂、狐狸、沙狐、旱獭、野兔等。以前人们打到什么动物就用其皮做衣服。中华人民共和国成立以后，由于草原退化、人口增多、滥捕滥猎等原因，动物种类逐渐减少。[1] 野生物种的减少使一些珍贵的动物皮毛更加稀缺，其皮毛制成的衣服也会配以最好的丝绸、锦缎、贡缎做面，用金、银、铜、珊瑚、玉、玛瑙等昂贵的金属珠宝做扣砣。

　　无面皮袍（温根德勒）分为白茬皮袍和熏皮袍。这两种袍子外形相似，袍身比布面袍子更显肥阔，领子用黑锦缎、黑大绒或黑布制作，镶一条稍宽的黑边或一宽一窄两条黑边，材质与领子相同，

-----
　　① 镶黄旗志编纂委员会编：《镶黄旗志》，载《内蒙古自治区地方志丛书》，内蒙古人民出版社1999年版，第139页。

一般都缀錾刻花纹的铜扣子。二者的差别在于白茬皮袍用鞣制好的羊皮直接缝制，保留了羊皮的本白色；熏皮袍用特殊熏制的皮子缝制，色泽呈金黄色。白茬皮袍皮面柔软，但容易污染破损，不易保养。经过熏制工艺的皮袍，皮板结实，防潮防湿，不爱招虫蚀，更经久耐用。熏皮子工艺复杂，需要2—4天时间才能完成。秋末冬初的时候是熏制皮子的最佳时间，温度、湿度都比较适宜。方法是将硬木鼎足而立，皮板朝里固定，中间放置燃料（榆木、树根、马粪、牛粪），① 用烟均匀熏制。察哈尔熏皮袍的颜色普遍较浅，与相邻的乌珠穆沁熏皮袍有明显区别。为了增加皮袍的使用寿命，有些白茬皮袍也用火撑子点牛粪，在户外作短时间轻轻熏制，颜色不会起变化，只是利用气味驱逐蚊虫腐蚀，效果类似于现在的卫生球，但更环保健康。传统的熏皮袍工艺只能依靠手工完成，现代技术无法代替，体现了察哈尔蒙古族基于草原生活实践的科学人文思想和传统智慧。

无面皮袍的拼接工艺直接展示在皮袍的外观上，皮料的处理情况决定了皮袍的美观程度。羊皮质地较厚，制作皮袍时需要用刀分割。一张羊皮被整齐地分割成十几块，袍身选用大料拼接，边角部位用碎皮拼接。缝袍子用棉线或动物毛制成的线，缝合时要求针脚匀称，羊毛朝向一致。无面皮袍从里到外所用的材料都可降解，大大降低了人类生活对草原生态的污染。

除上述皮袍外，还有用绵羊、山羊、黄羊的去毛皮板制作的"依力根德勒"皮袍，轻便美观，适宜春秋季节穿着。大山羊皮鞣制熟软

---

① 罗璐玛·苏荣介绍说，马粪燃烧后的烟雾轻薄、烟味小，熏出来的皮子颜色好看而均匀，但因为近年来马匹数量减少，故人们多用牛粪熏制。羊粪则不用，原因是羊粪燃后的烟不能着色。访谈对象：罗璐玛·苏荣，女，察哈尔蒙古族服饰传承人；访谈人员：李洁；访谈时间：2019年11月14日；访谈地点：镶黄旗罗璐玛蒙古服饰有限公司。

后也可制成答忽（搭护），是一种套在皮袍外面、类似半袖衫的皮衣。牧民常在冬季野外放羊或下夜时穿，天气好时毛朝外穿，冰冻严寒时毛朝里穿。答忽在元代就有，称为比肩。① 南宋郑思肖描写蒙古人的衣装诗句"骏笠毡靴搭护衣"，说的就是此种款式。

3. 靴子：皮毡两制

蒙古人称靴子为"古图勒"，男女老少都爱穿，足必踏之。我国西部、西北部、东北部的蒙古族、藏族、维吾尔族、乌孜别克族、锡伯族、鄂伦春族等，约有 16 个少数民族都有以动物的皮革作为制鞋主要材料的传统，而在农业或半农业牧区，这些少数民族还制作各种布面靴和毡靴。② 察哈尔位于内蒙古自治区中部的半农半牧地区，近代在牧地不断减少的压力下，人们就已经开始农牧兼营。该地区在汉族的影响下也曾一度流行布靴，但在田野考察中所见仍以具有草原特色的传统皮靴和毡靴为主。皮靴挺括有型，结实耐用，四季皆宜；毡靴取材方便，保暖轻便，适宜冬季穿着。

（1）皮靴（布里嘎尔）

察哈尔蒙古族尤其爱穿香牛皮靴，即革面上印有网纹的牛皮靴。《绥远通志稿·民族志》记载："各部服制，有官服、便服之分，仍沿用清制，不论男女老幼，贫富贵贱，足必踏靴……靴料贫者多用布，富家多用香牛皮。"③ 香牛皮靴的整体结构主要包括靴勒（图勒）、靴帮（卓拉格）和靴底（乌拉）三个部分，其中靴勒由口子、楞子、靴边、镶条构成，靴帮由帮子、靴尖、座条构成，靴底由盖板、千层和皮底构成。每只香牛皮靴均由两片靴勒和两片靴帮缝制而成，这样的

———————

① 邢莉：《蒙古族近代的服饰》，《中央民族学院学报》1993 年第 6 期。
② 李运河：《北方草原游牧民族传统鞋履技艺研究》，《中国皮革》2016 年第 8 期。
③ 内蒙古地方志编纂委员会：《绥远通志稿·民族志》，载《内蒙古自治区史志资料选编》第三辑，内蒙古地方志编纂委员会印，1985 年。

立筒靴不分左右脚，也无男女之分。靴勒和靴帮中间以靴夹条（哈布其亚日）缝接，称为分鼻靴。靴鼻上翘，蒙古语称为"乌格腾古图勒"。根据所翘程度有大翘尖（额腾）和小翘尖（带林）之分。"大翘尖靴靴尖上翘高度距靴底平面可达9厘米"①，小翘尖靴靴尖只微微上翘，呈船形。察哈尔地区一般穿小翘尖靴。传统的察哈尔香牛皮靴为棕黑色，墨绿色的靴夹条沿靴勒和靴帮勾勒出三道饰线。靴面素净，有的装饰少量云子（云纹、回纹、草纹等图案）。靴边（图瑞部奇）部分装饰二方连续花纹。皮靴，如图1-15所示。

图1-15　皮靴②

（2）毡靴（伊苏改古图勒）

毡靴俗称毡疙瘩，是牧民在冬天严寒季节常穿的便靴。它用羊毛毡擀制而成，取材方便，经济实惠。靴型特点是靴底、靴帮、靴筒浑

---

① 关晓武、董杰、黄兴等：《蒙古靴传统制作工艺调查》，《中国科技史杂志》2007年第3期。

② 拍摄时间：2019年1月2日；拍摄地点：正蓝旗桑根达来镇朝孟鲁家中；拍摄者：李洁。

然一体，靴头和后跟呈椭圆形，靴底随脚心弧度凹起，状似疙瘩，靴筒宽松长至小腿，没有靴边。这种毡靴穿起来柔软舒适，不论男女老少都能穿着，小孩穿的称作"布依特格"。羊毛的热传导率低，所以具有良好的保暖性能，还能防水防潮，不钻风，不进雪，不管是放牧、劳动或骑马都非常适宜，深受当地牧民的喜爱。毡靴，如图 1 - 16 所示。

图 1 - 16　毡靴①

（二）礼仪服饰

　　察哈尔蒙古族服饰依据穿着的场合不同可分为日常服饰和礼仪服饰。日常服饰便于生产劳动，礼仪服饰体现个人的身份、地位、角色等社会信息。一般来说，日常服饰的款式简单，材质朴素，色彩低调；礼仪服饰的款式复杂，材质华贵，色彩鲜艳。但是，二者之间并非泾渭分明。从本质上说，所有服饰都具有礼仪功能。即使一件最简单朴素的蒙古袍，只要符合礼仪场合的规范就属于礼仪服

---

　　① 拍摄时间：2019 年 1 月 2 日；拍摄地点：正蓝旗桑根达来镇朝孟鲁家中；拍摄者：李洁。

饰。是否合乎规范，是以礼仪场合的性质和穿着者在该场合下承担的社会角色而决定的。场合越隆重，穿着者的角色越重要，服饰的礼仪级别程度就越高，越需要借助标志性的礼仪象征物来实现。在察哈尔蒙古族服饰中具有代表性的礼仪象征物通常是冠饰、坎肩和佩饰。

1. 礼仪冠饰

察哈尔人十分注重"上下案头"，认为人首为智慧之源，格外珍惜和尊重自己所戴的帽子，平时要置于高处，妥善保存。除了实用性以外，帽子还具有装饰性和身份标识性，人们根据服装款式、身份场合来选择帽子的款式。在任何重要的场合，帽子都不能缺席，具有突出的社会礼仪功能。

（1）将军帽（敖布嘎玛勒盖）

将军帽也称王爷帽，帽式坚挺有型，色泽艳丽，装饰性强。帽体共由三部分组成：帽胎五瓣，中心聚合式；帽尖突耸，形成细柱状，上缀一颗吉祥算盘结；帽檐四片桃花瓣样，紧贴帽胎，均匀分布在四周。帽胎与帽尖都用彩色绒布或贡缎缝制，色彩强烈对比，交互辉映，从顶部鸟瞰犹如莲花盛开，造型精美，鲜艳夺目。帽檐一般是黑色大绒面，突出正中马形图案或刻字圆银牌帽正。帽顶扣结用鲜艳的金银色或红色贡缎缝制作为点缀，同色丝边如花叶经脉般蔓延，经帽胎间隙延至帽檐，勾勒出整个帽子的轮廓。有的还在尾部垂下半米长的红丝绸飘带，迎风招展，煞是好看。以前是贵族和上层人士所戴，如今已没有高低贵贱之分，普通牧民参加集会、庆典仪式均可戴，尤其受到年轻男女的欢迎。它象征勇敢、幸运与胜利，也是摔跤手出场时必戴的帽式。比赛时选手会把将军帽拿下来交给裁判，以免玷污。将军帽，如图 1－17 所示。

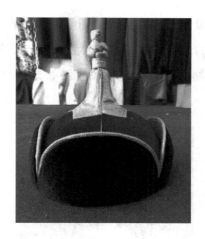

图 1－17　将军帽①

（2）女子圆顶立檐帽（尖塔耳帽）

女子圆顶立檐帽为冠状圆顶闭合式立檐帽，意喻蒸蒸日上、繁荣富强。此款帽式造型挺拔，色彩丰富艳丽，给人以雍容华贵之感，在察哈尔地区只有已婚女性佩戴，年长的女性（40 岁以上）一般不戴。帽子整体呈圆锥形，中间锥顶用红色绸缎吊面，顶部中心通常贴绣一幅吉祥寓意的黄色或蓝色库锦哈木尔纹，上面再缀一颗红色吉祥算盘节做装饰。帽子立檐朝天，用黑绒布或珍贵的貂皮、水獭皮等动物皮毛贴面。护耳两侧各钉有半米长箭头式红色飘丝带，佩戴时系于颌下以固定帽冠，帽冠以微微后倾为美。女子圆顶立檐帽的独特之处在于其华丽的冠状造型可以与察哈尔女性的全套头饰宝德斯一起佩戴，在重大场合显得十分端庄隆重。佩戴方法是先将头发盘梳成发髻，再依次佩戴头饰部件，最后戴上立檐帽，将飘带从头饰鬓角垂饰下穿过，掩于耳后。组合后立檐帽则成为头饰的一个新的组成部分——帽冠，

---

①　拍摄时间：2019 年 11 月 14 日；拍摄地点：镶黄旗罗璐玛蒙古服饰有限公司；拍摄者：李洁。

黑色立檐与头饰的黑色头箍衔接得恰到好处，二者融为一体。这种一物多用、化零为整的组合方式，具有经济实用且方便携带的优点，是游牧民族常用的构物方法，也是牧民生活智慧的展现。女子立檐帽，如图 1–18 所示。

图 1–18　女子立檐帽①

（3）男子立檐帽

察哈尔男子也戴立檐帽，款式与女子立檐帽不同，分尖顶和圆顶两种，帽檐有的前高后低，有的前后一致。帽顶装饰红樱穗，并缀有各色宝石。这种帽式在敦煌壁画和波斯史籍插图中均有描绘。帽顶装饰珠宝的多少是判断主人社会地位的重要标志。《草木子》中记载："北人革靡之服，帽则金其顶。"陶宗仪《辍耕录》中也记载了成宗大德年间商人将一块重一两三钱，估值中统钞十四万锭的红刺石"回回石头"卖于官，用于嵌顶的事。② 元代用于装饰帽子的宝石多达数十种，宝石称曰"剌子"，有红色、绿色、青色、猫眼、桦绿石等，其中

---

① 拍摄时间：2020 年 7 月 31 日；拍摄地点：正蓝旗蒙宇民族服饰店；拍摄者：李洁。
② （元）陶宗仪：《辍耕录》卷八，中华书局 1959 年版，第 27 页。

相当一部分来自海外。① 男子立檐帽后方垂有两条尺许长红色绸缎飘带，骑马时，随风飘动，十分潇洒。《呼伦贝尔志略》中记载的帽式与察哈尔地区男子所戴的立檐帽颇为相似："帽之形平扁，以毡为之，缘反折而上，亦有绸面尖形者，附以皮耳，顶缀红缨一撮，而圆形缎面饰以金边之便帽，尤喜冠之。"② 可见，男子立檐帽不仅历史悠久，而且在蒙古族中广为流传。男子立檐帽，如图 1-19 所示。

图 1-19　男子立檐帽③

（4）头饰

头饰也称头戴，是指戴在女性头上的饰物。察哈尔头饰"宝环珠串"，往昔无论贫富，家家必备，是女性接待客人、参加宴席的必备之物。察哈尔婚礼上全套的女性头饰称为"宝德斯"，是典型的发箍后屏组合式，由额箍、额穗、脑后饰、鬓角垂饰、大耳环等几部分组成。其用料名贵，有珍珠、红珊瑚、红宝石、绿松石、青金石、玛瑙、琥

---

① 乌兰：《论蒙古族栖鹰冠的起源和发展》，《内蒙古师范大学学报》（哲学社会科学版）2008 年第 63 期。
② 李萍：《蒙古族民族服饰的款式研究》，《总裁》2008 年第 6 期。
③ 拍摄时间：2019 年 11 月 14 日；拍摄地点：镶黄旗罗璐玛蒙古服饰有限公司；拍摄者：李洁。

珀、金银等材料构成；制作工艺精湛，结合了金银的錾刻、镂雕、拉丝编织、宝石镶嵌、串珠等多种工艺；饰件装饰以花卉、虫草、几何形等吉祥图案，富有地区特色。

额箍（塔图尔）：额箍是一种环状头饰，围额戴之。由宽约三指的黑绸、绒布或棕色锦缎双层缝制成两拃多长的箍带。上面缀有红珊瑚数颗，镶嵌在镂刻花纹的黄铜或白银底座上。当额居中的那颗最为硕大耀眼，称为如意，其余的从中间向两边依次排开，总数为奇数。额箍，如图1－20所示。

额穗（温吉勒格）：额穗是与额箍前侧相连的额头垂饰。额穗分两个部分，上半部分珠帘是用细珍珠交叉串成网状，下半部分珠帘是珊瑚珠和绿松石交替串成行。额穗长及额中，由两端延至眉尾。额穗，如图1－21所示。

图1－20　额箍①　　　　　　　　图1－21　额穗

脑后饰（锡力陶日）：脑后饰与额箍后侧相连，也叫"后屏"或"后帘"。脑后饰的造型分为有鳍和无鳍两种。有鳍是指脑后饰银板为半月状，微微上翘，支出脑后，形似鱼鳍。无鳍指该构件为长方形。不管哪种造型，银板都掐丝镂花，异常精美，花纹以云纹、蝙蝠、吉祥结、万字等吉祥图案为主，再点缀以红珊瑚和绿翡翠。银板下面垂挂珊瑚、珍珠、青金石、金星石等珠宝串联而成的垂穗，造型与前额额穗遥相呼应，上端是网状哈那纹，下端是珠状串束，底下缀有葫芦

_____

① 拍摄时间：2018年7月11日；拍摄地点：集宁市（今乌兰察布市集宁区）博物馆；拍摄者：李洁。

状小银饰，长达后颈。脑后饰，如图1-22所示。

鬓角垂饰（温吉拉嘎）：鬓角垂饰左右各一，对称缀于额穗两侧，与额箍连接。上端是一块半圆形镂花的鎏金银铜饰片，下面垂挂5条相同的长珊瑚链，长约20厘米，沿太阳穴、下颚骨一线并悬垂至肩，末端以红珊瑚、白玉、翡翠或青金石坠子收尾。鬓角垂饰，如图1-23所示。

图1-22 脑后饰

图1-23 鬓角垂饰

大耳环（绥赫）：大耳环左右各一，对称从双耳处下垂至肩部，像戴在耳朵上的耳环，故得名。实则它并非挂于耳后，而是中间由一根黑色的带子连接起来，固定在两耳上方头部。大耳环自上而下一共有5块牌饰，造型各不相同，最上面的是半圆形，第二块是月牙形，第三块是椭圆形或正方形，第四块是小圆形，第五块是大圆形。牌饰一块比一块大，中间用珠子有序串合，整体外形呈喇叭状。大耳环中间有一个连套，是用红珊瑚、绿松石、银珠链等串成的三条链子，末端两侧配有挂钩，钩连接在下端，连成一体，垂挂于胸前，不仅美观，还方便日常劳动。大耳环，如图1-24所示。

图1-24 大耳环

图 1 - 25　宝德斯　　　　　　图 1 - 26　宝德斯佩戴效果①

2. 礼仪坎肩

坎肩原名"半臂"，是套在蒙古袍外面的无袖短衣，起于元代，兴于明清。察哈尔坎肩有长、短两种。短坎肩男女都可以穿，以男性为主，唯未出嫁的姑娘不穿。长坎肩仅已婚妇女可穿，是辨别身份信息的重要标志。

（1）短坎肩（哈音甲日）

察哈尔青年男子喜欢穿短坎肩，长度及腰，不能遮臀，有领或无领，主要有大襟、琵琶襟两种样式。肩部一般较窄，袖窿口开口大，衣身较宽肥，下摆两侧开短衩，方便套穿长袍。坎肩可四季穿着，具有保暖性和装饰性。根据穿着场合有日常坎肩和礼仪坎肩之别，以面料为区分。礼仪坎肩制作精美，用柞丝绸、丝绒、平绒、各色织锦缎等高档面料缝制。领口、领座、大襟、下摆、袖窿口之缘镶一指宽的锦缎边，里缘沿一道水线，缀五道银扣或铜扣。关于坎肩的起源有两种说法：一说是由男人们打仗时所穿之铠甲演变而来，另一说是根据

---

① 拍摄时间：2018 年 7 月 10 日；拍摄地点：正蓝旗蒙宇民族服饰店；拍摄者：李洁。

元代察必皇后设计的"无领、袖、衣襟，后背倍长于前片，前片用两襻结之"① 的比甲改进而成。与传统的十字形裁剪不同，坎肩是一类有明确肩点和腋下点的服饰，是中国服装设计史上首次出现有肩斜的裁剪。它的出现，说明裁剪工艺对服装合体程度的理解在意识层面又上升了一个新的高度。② 短坎肩，如图 1 – 27 所示。

图 1 – 27　短坎肩③

（2）长坎肩（奥吉）

长坎肩是察哈尔蒙古族已婚妇女必备的礼仪服饰，在仪式庆典时与头饰、袍子、靴子配套穿。察哈尔部的对襟四开衩坎肩最具特色，立领对襟，齐肩长裾，长度过膝，略短于长袍，左右有 4 个下摆和 4 个贴衩，装饰线沿领口边缘、前襟、肩膀、腋下、两侧四摆处镶金黄、浅蓝、大红 3 种颜色的锦缎库锦花边，之间还以金银色、细绦子间隔，

---

① 苏日娜：《蒙元时期蒙古人的袍服》，《内蒙古大学学报》（人文社会科学版）2000 年第 3 期。

② 唐仁惠、刘瑞璞：《清代宫廷坎肩形制特征分析》，《设计》2019 年第 3 期。

③ 拍摄时间：2020 年 6 月 26 日；拍摄地点：正蓝旗扎格斯台苏木阿拉腾珠拉家中；拍摄者：李洁。

层层叠叠约有4指宽，极其华丽。4个开衩口角上缝有四方形的"昭德旺"，是一种带双眼儿的图案。[①]腰线下缝制对称的兜盖装饰，叫作"宝格楚"。面料多用质地优良的黑色、褐色、深绿色的暗色缎面，色彩注重与里面衣袍协调，突出庄重典雅的审美情趣。从领口到腰线对襟处竖排5道扣袢，上部颇为严谨端庄，下部则显得灵巧飘逸。察哈尔长袍不系腰带，穿上长坎肩之后，大部分褶皱就可以被遮蔽起来，无论其合体程度，还是美观程度，都能够显而易见。[②]长坎肩，如图1-28所示。

3. 礼仪佩饰

蒙古族服装具有"少穿戴，多佩饰"的特点，这与其游牧生产方式有关。"逐水草而居"的生活，要求必要的生活用品能够随身携带。蒙古人非常珍惜这些物品，制作上也相当精美，既有生活功能，又有装饰和礼仪功能。与其他部族相比，察哈尔地区的佩饰无论从数量上，还是精美程度上都更甚，与简洁的服饰形制和单一的服饰色彩形成鲜明的对比。男女佩戴饰品也有所区别，反映出性别角色和社会分工不同。

图1-28　长坎肩[③]

（1）男子佩饰

银鞘刀：银鞘刀是察哈尔男子必备的佩饰六宝之首，由刀鞘和刀子两部分构成，刀子由刀柄和刀体组成。刀鞘和刀柄用檀木、红木、乌木等较为坚硬的木材或牛羊角、牛骨、驼骨制作，上面镶嵌着复杂

---

①　樊永贞、潘小平编著：《察哈尔风俗》，内蒙古教育出版社2010年版，第57页。
②　唐仁惠、刘瑞璞：《清代宫廷坎肩形制特征分析》，《设计》2019年第3期。
③　敖其：《蒙古族传统物质文化》，内蒙古大学出版社2017年版，第69页。

精美的银饰图案，极贵重的还镶嵌宝石、填烧珐琅、使用错金银等工艺。刀体用优质精钢锻造，直刃，刀锋锋利，上有血槽，全长30—40厘米。有的刀鞘上带有筷壶，有两个孔用来放置象牙筷，形成套件。银鞘刀有挽缰结绊、修鞍换辔、削柳绑杆、宰杀牲畜、防兽护身等多种用途。男子佩饰，如图1－29所示。

火镰（何特或格特）：火镰是游牧民随身携带的打火工具，造型多样。察哈尔火镰"形似镰刀背略小"①。火镰长约10厘米，高约6厘米，小巧精致，携带方便，上半部分为香牛皮长方形套囊，称作火镰包，外镶银制图案，用银丝镶边，内装燧石和白山蓟草加碱捣制好的火绒，下半部分为弧形钢片刀。取火时，将引火绒撕蓬松状放在燧石边，用火镰在燧石上擦打，溅出的火星将会把引火绒点燃，叫作"坐火"②。在蒙古高原高海拔严寒之地，火种是生存的关键，可满足日常炊煮、抽烟、取暖、照明及外出用火等多种需求。后来随着火柴的使用，火镰从原来的生活必需品变成了做工精致的装饰品。火镰，如图1－30所示。

图1－29 银鞘刀③　　　　　　　　　　图1－30 火镰

---

① 华夫：《中国古代名物大典》下，济南出版社1993年版，第100页。
② 潘小平、武殿林主编：《察哈尔史》，内蒙古出版集团、内蒙古人民出版社2012年版，第1034页。
③ 拍摄时间：2018年7月9日；拍摄地点：察哈尔右翼后旗马头琴广场；拍摄者：李洁。

银坠子（陶海）：银坠子成对出现，是用来固定银鞘刀和火镰的物件。上面是皮套环，连接腰带。中间串联两个嵌有珊瑚珠的银制镂花图案装饰物，造型有圆形、半圆形、莲花形、叶子形等，镶嵌在牛皮或银底上。下面缀有索链式银链子，分别连接银鞘刀和火镰上面的挂钩。银坠子，如图 1－31 所示。

图 1－31　陶海①

鼻烟壶（呼祜日）：鼻烟壶小巧玲珑，方便盈握，里面盛有珍贵草药精制而成的烟粉或药粉，有提神醒脑预防感冒的功效。交换鼻烟壶是见面时互致问候的一种传统礼节。例如，用现代医学知识解释，交换吸用鼻烟还可防止因常用一种药而导致的机体耐受。② 鼻烟壶种类繁多，从材质上可分为玛瑙鼻烟壶、玉石鼻烟壶、木质鼻烟壶、角质鼻烟壶、珊瑚鼻烟壶、金属鼻烟壶、松石鼻烟壶等。从造型上可分为瓶壶式、肖形壶、随形壶、连体壶等。如今，人们已不再吸食鼻烟，鼻烟壶只作为精美的装饰品而存在。

---

① 拍摄时间：2019 年 1 月 2 日；拍摄地点：正蓝旗桑根达来镇朝孟鲁家中；拍摄者：李洁。

② 参考察哈尔文化研究会首席专家钢土牧尔老师的观点。

褡裢：褡裢是装鼻烟壶、哈达、银钱等杂物的口袋，挂在男子左侧的腰带上。整体长 40 厘米，宽 20 厘米，用蓝色或棕色的绸缎缝制，角上刺绣花草、猛兽、法轮、方胜等图案，边缘装饰彩色几何纹绦子。年轻人用的配色绚丽，年长者用的配色暗淡。口袋一面中间长开口，两端封闭盛放物品，方便取用。褡裢，如图 1－32 所示。

图 1－32　褡裢

烟袋（甘斯）、烟袋袋子、烟荷包（哈布塔盖）：烟袋是由烟锅、烟杆、烟嘴组成的抽旱烟用具。烟锅用铜、铁、青铜或银铸成。烟杆用硬质木材、动物骨头、藤竹等制成，上有细孔。烟嘴用白玉、翡翠、玛瑙、珊瑚、琥珀等贵重玉石制成。烟袋的价值依材料而定，烟嘴最为讲究，要求绵软细腻，一个好烟嘴的价格甚至超过一匹骏马。为了保护烟袋，人们缝制精美的烟袋袋子套在外面。装烟叶也有专门的袋子，叫作烟荷包。烟荷包造型各异，有葫芦形、茄子形、桃形和长条形，上窄下阔，袋口抽细绳，方便保护和掏取烟叶，还配有珊瑚珠、翡翠银夹子，连着抽烟用的扣烟盅、烟签、小槌子等物件。烟荷包虽使用者是男性，但多由手巧的女性缝制赠送。烟袋、烟袋袋子小及烟荷包，如图 1－33 和图 1－34 所示。

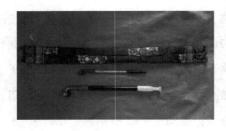

图1-33 烟袋、烟袋袋子

图1-34 烟荷包

（2）女子佩饰。

察哈尔妇女所戴耳饰按造型可分为耳环、耳坠、耳钉。按材质可分为金银耳环或珠宝耳环。其中银耳环最为常见，银片镂刻或掐丝法轮、花草图案，镶嵌红珊瑚，下面垂有珊瑚珠或珍珠坠子。

项链：察哈尔妇女喜欢戴珍珠和银饰件串成的项链。粒大的珍珠单串，粒小的珍珠两三个叠起来，与银饰件连接。银饰件是一对镶有日月成双珠宝的银垫子，下面有3—5个小环，吊着由红绿细珠相间

图1-35 戴耳环和
项链的姑娘[2]

的链子。富裕人家用金、绿松石、红宝石串成项链的也不在少数，珠光宝气，光彩照人。[1]过去蒙古族项饰与现在的项链不同，不是戴在脖子上，而是挂在衣领的外面，与胸饰连在一起，置于胸前。项饰体积大而厚重，平时不戴，只有在节庆时才戴。[3]项链，如图1-35所示。

胸饰：胸饰是垂于胸前的装饰物，戴在

---

① 潘小平、武殿林主编：《察哈尔史》，内蒙古出版集团、内蒙古人民出版社2012年版，第1045页。

② 拍摄时间：2020年6月26日；拍摄地点：正蓝旗扎格斯台苏木阿拉腾珠拉家中；拍摄者：李洁。

③ 樊永贞、潘小平编著：《察哈尔风俗》，内蒙古教育出版社2010年版，第44页。

奥吉外面，多由银质的法轮和一对蝴蝶构件组成，用银链子串接。法轮中间镶嵌一颗大宝石珠子，下面有不少耳子，挂有珍珠链，底端以珍珠或青金石坠子收尾。蝴蝶构件用银丝盘成，下面也有珍珠链，与头饰的大耳环连接。

　　腰饰：腰饰是垂于腰两侧的装饰物，左右对称，用于装饰和遮掩奥吉两侧的开衩，下垂至袍子的下摆上方。腰饰主体是镂刻花纹的半圆形银坠子，上面镶有大珊瑚珠，下面有 6 个小勾，悬挂鼻烟壶荷包、牙签、镊子等使用物件或装饰品。

　　手饰：最常见的手饰有银质手镯（孛高）和戒指。手镯上面錾刻花纹，对口两边镶有宝石。家境富裕的人家戴金手镯、玉石手镯、翡翠手镯。老年人习惯戴铜手镯，认为铜手镯对治疗筋骨疼痛有好处。戒指也錾刻花纹或以银丝掐花，中心嵌有宝石，做工精致。手镯和戒指，如图 1-36 和图 1-37 所示。

图 1-36　手镯①　　　　　　　　图 1-37　戒指

　　荷包：察哈尔妇女所戴荷包（哈布塔格）一般为半月形，有两个，一个装鼻烟壶、牙签、镊子耳勺，另一个为针线包。荷包是用两块浆

① 拍摄时间：2020 年 7 月 31 日；拍摄地点：正蓝旗蒙宇民族服饰店；拍摄者：李洁。

过的硬布，垫上棉花做衬，外面裹上绸缎，表面再用金银线刺绣花草鸟兽图案，色彩鲜艳，工艺考究，造型美观。荷包里面装置一个能活动的舌头（和乐）。舌头（和乐）的上端连着佩挂用的绳带，下端是穗带，上下抽动绳带，舌头（和乐）就可以从袋内向袋外移动。荷包一般挂在衣襟扣子上，垂于偏右侧。

二 变迁服饰

服饰总是处于不断变化之中。在纵向轨迹上，服饰受到时代变迁和历史发展的影响；在横向轨迹上，服饰变迁与周边民族的交往和处于全球化网络交流中有关。自改革开放以来，察哈尔蒙古族服饰逐渐走向改良和创新发展的道路，出现了许多新的样式。随着传统文化的复兴，又逐渐回归传统。所以，现在的察哈尔蒙古族服饰既有传统的，又有改良的，共同繁荣和丰富了察哈尔蒙古族服饰的内容。传统服饰与改良服饰的演化边界是模糊的，但在同一个时代又确切地存在着分歧。改良是在传统基础上的创新，人们以某些较为长期稳定的元素符号作为价值标准，衡量哪些是传统的，哪些是创新的。

（一）改良蒙古袍

察哈尔改良蒙古袍是以传统蒙古袍为原型，两者的区别主要表现在袍服的细节上，总结起来主要有四种款式变化。其一，改良短袍。察哈尔传统蒙古袍的长度一般在膝盖以下、靴筒以上的位置。改良后的短袍长度只及膝盖以上、臀部以下。干净利落的改良短袍是时下察哈尔男女夏季常穿的便服，当地人将它与传统夹袍一并称为"查姆奇"，即衬衫的意思。短袍被赋予"查姆奇"之名，透露出当地人对这款改良服装的接纳。其二，女式袍服变窄。察哈尔女袍历来就比其他部的袍服窄瘦利落，但受游牧生产生活的限制，区别也仅在相当有限的范围内。在现代审美的影响下，窄瘦的趋势更加明显，细长的袍服愈加凸显形体美。有的改良版女袍为了贴合身形，还增加了横断腰线，与之相应的腰带也由长约 3.4 米的整幅宽绸带，演变成仅 0.6667 米左右的装饰腰带。其三，采用立体剪裁的起肩袖。传统的察哈尔蒙古袍无论男女都是插肩袖，两臂伸展，一字平肩。现代改良版的察哈尔女袍采用西式剪裁的起肩袖，消除了上身因宽大而产生的褶皱，起到挺拔装饰的效果。其四，边饰复杂化。察哈尔传统蒙古袍崇尚简洁，边饰 1—3 条约 0.5 厘米宽的窄边，改良后的蒙古袍融合了其他族群的装饰元素和舞台风格元素，边饰复杂多样。

从以上察哈尔传统蒙古袍和改良蒙古袍的对比可以看出，男袍变化不大，女袍的改良款式式样较为丰富。改良蒙古袍追求舒适、美观，形制或变短、变窄，剪裁由平面过渡到立体，注重边饰的装饰效果。随着时代的变迁，改良创新还在持续发生演变。如果说传统蒙古袍是"过去时"，那么改良蒙古袍就是不断演进的"现在进行时"。改良服饰，如图 1 – 38 所示。

改良服饰（1）　　　　　　　　改良服饰（2）

图 3 – 38　改良服饰①

---

① 拍摄时间：2019 年 11 月 14 日；拍摄地点：镶黄旗罗璐玛蒙古服饰有限公司；拍摄者：李洁。

（二）改良饰品

察哈尔的头饰和佩饰以华贵繁丽为特点，是家庭财富和个人身份的象征。如今佩戴的饰品种类逐渐减少，形式也趋于简化，材料普遍被各种廉价的工业材料替代。讲究传统的人家结婚时还会找银匠为新娘打一套头饰，框架是银子的，但上面镶嵌的珊瑚、珍珠、宝石等材料几乎都是替代品，与过去的昂贵珠宝相去甚远，只追求形式上的逼真和装饰效果的美观。穿戴礼仪服饰时，有的男子还会佩戴银鞘刀、火镰、褡裢等物件，材料价值各不相同。在生活中，男女多戴戒指和项链，女子戴耳环，花纹图案都富有民族特色。改良头饰，如图 1-39 所示。

改良头饰（1）　　　　　　改良头饰（2）

图 1-39　改良头饰①

察哈尔蒙古族服饰的改良主要集中在上述所说的蒙古袍和饰品上，帽子和靴子的变化不大，但加入了新的内容。20世纪五六十年代，察哈尔地区受西风东渐和周边环境的影响，礼帽、鸭舌帽、前

---

① 拍摄时间：2018年7月9日；拍摄地点：察哈尔右翼后旗马头琴广场；拍摄者：李洁。拍摄时间：2018年7月12日；拍摄地点：察哈尔右翼后旗察哈尔民族服饰店；拍摄者：李洁。

进帽、火车头帽等逐渐成为男士日常佩戴的流行帽式，大众化的西式马靴也走进了人们的生活，受到青睐。在日常生活中，人们主要穿着现代服饰，与其他地区别无二致，察哈尔蒙古族服饰只在礼仪场合才穿戴。

本章小结

中国各少数民族文化与地缘有着无法割舍的联系，其服饰的形成往往与地域文化有着不可分割的关系。① 文化是一个功能性的整体，任何文化现象都不是孤立生成的。服饰是物，也是文化。从表面上看民族服饰展示的是直观的视觉效果，实际上是民族文化"小生境"的映射。察哈尔蒙古族服饰是以所处自然生态系统为底本，以并存的社会生态系统为参照，在草原独特的自然环境和地理区域、悠久的历史和民俗文化等多重因素的交织与积淀下孕育生成的。它以物化的形式向人们展示了浓厚的地域生态特征和地方性知识，传递出当地人特有的生活方式和审美态度，体现了人文与自然的有机融合。

斯图尔德提出"文化即适应"的理论，促进了对文化及其赖以生存的文化生态之间的互动研究。从整体而言，民族服饰的生存和发展主要依赖自然环境、社会环境和人文环境三个方面，而复杂的文化生态进一步催生了民族服饰内部的差异性。在当下，察哈尔蒙古族服饰一方面保持着自身独特的传统，另一方面随着社会的变迁而不断发生改变，基本形态可以分为传统型和变迁型两类。察哈尔地区的自然生态环境和社会文化传统是其传统服饰得以延续的基础，而社会文化的变迁又进一步促进了察哈尔服饰的改良和创新，体现出当地人对生态

---

①　李明章、李朝晖：《湘西土家族服饰地域性与艺术性研究》，《贵州民族研究》2017年第1期。

的适应性。

　　总的来说，生境、文化、民族是一个连环套。在这个连环套中，文化是最关键的环节。① 因此，本书以"文化生境"作为察哈尔蒙古族服饰这一地方性知识的研究起点，将"特定类型的现象放在能够引发回响的联系之中"②，其意义才能在随后的文化解释中逐渐显现。

_____

① 罗康隆、何治民：《论民族生境与民族文化建构》，《民族学刊》2019 年第 5 期。
② ［美］克利福德·格尔茨：《地方知识——阐释人类学论文集》，杨德睿译，商务印书馆 2016 年版，第 4 页。

第二章 察哈尔蒙古族服饰的
构成要素及历史叙事

质、形、色是服饰的构成要素，也是其符号表征。卡西尔认为，符号的功能是赋予对象以形式和概念，使对象能够比在纯粹的自然界中更容易被识别。察哈尔蒙古族服饰的质、形、色具有指示穿戴者的性别、年龄、社会地位等信息的物态功能，同时还传递着一个族群的历史文化、社会结构、生活方式、宗教信仰、族群意识等更深层次的文化内涵。在不同的历史时期和社会背景下，受到各种因素的影响和制约，察哈尔蒙古族对服饰的质、形、色的选择也是不同的，从而建构了独一无二的族群服饰文化体系。美国学者西敏司（Sidney W. Mintz）认为社会现象就其本质而言都是历史的，也就是说，在"某一时刻"，事件之间的关系并不能从它们的过去和未来中被抽象出来。①因此，当我们试图揭开察哈尔服饰文化这一现象时，就不得不重新回归历史文本中，从解构服饰的质、形、色入手，探寻这些符号是如何被叙述和建构成为族群文化的象征。

---

① ［美］西敏司：《甜与权力：糖在近代历史上的地位》，王超、朱健刚译，商务印书馆 2010 年版，第 2 页。

第一节　质：皮毛制品与稀有材质

材质是服饰构成的要素之一，它依存于服饰表面，与形制、色彩等其他要素相比，通常显得十分低调，常以"一种看似被支配的低姿态，静默地展开对世界的改造"①。游牧生产以"食畜肉，衣皮革，被旃裘"的畜产品为主，逐水草而居的流动性造成了游牧民族难以大规模地发展手工业，其结果必然导致不断地向外获取和扩张。在漫长的岁月里，察哈尔部通过生产、贸易、战争、掠夺、朝贡、赏赐等手段，追逐和占有维持生存、象征财富的物质材料，最终集结于服饰之上，将这些原本独立的外物内化为族群自身文化与信仰的标志物。材质不仅是一种用来制作服饰的物质，也集中地再现了物质背后错综复杂的社会结构和文化秩序。正如人类学家米勒所言："物质文化正是我们所研究的人群赖以创建他们自身真实世界的具体方式。"② 研究察哈尔服饰材质的发展变化，可以从一个侧面窥探族群的组织结构集结方式与行为抉择背后的历史动因。

察哈尔服饰的构成材质可谓丰富多样、琳琅满目，主要有羊皮、马皮、貂皮、狐皮、獭皮等牲畜毛皮，金帛、丝绸、锦缎、毛呢、毛毡、亚麻、棉布、天鹅绒等纺织品，金、银、铜等金属材质以及珊瑚、松石、玛瑙、宝石、珍珠等名贵珠宝。概括起来，可分为就地取材的皮毛制品和向外获取的稀有材质两种。

一　就地取材的皮毛制品

皮毛是察哈尔服饰的重要材料。从古代社会开始，皮毛就为人们

---

① 李溪：《内外之间：屏风意义的唐宋转型》，北京大学出版社 2014 年版，第 2 页。

② Daniel Miller, *Material Cultures: Why Some Things Matter?* London: UCL Press, 1998, p. 19.

的生存提供了保障。随着人类生产经验的丰富和科学技术的进步，察哈尔地区的皮毛制作工艺持续进步，皮毛制品的品类逐渐增多，皮毛贸易也随之发展起来。

（一）家庭手工业为主的皮毛制品

在人类由自然界索取物品的采集、狩猎经济转变为依靠生产来创造财富的伟大变革中，最重要的发明就是农耕与畜牧，由此开创了两种最基本的谋生手段，并支撑着人类文明的发展。[1] 远古时期，人类在跟随着野生动物移动的过程中，逐渐发展出适合高原环境下的游牧生活方式，将动物的皮毛骨肉与自己的衣、食、住、行紧密结成一体。[2]

管彦波认为："民族服饰的区域性特征，在总体上表现为处于同一生态位上的各民族服饰的质地、款式、色泽或工艺过程具有一定的同一性。"[3] 相似的北方生态环境造就了众多古代北方民族以游牧、狩猎、渔猎为主的生产生活方式，也形成了彼此间较为相似的衣冠服饰。不管是"皮毡裘"的匈奴，"以毛罽为衣"的乌桓，还是"身衣裘褐"的突厥，"衣羊裘"的契丹，都以畜兽皮革、裘毛为服饰的主要材质，形制上虽各有一定特点，但相互借鉴、相互交融，总的来说，又极为相似。蒙古族早期的服饰材质也主要来自动物皮毛，各部之间的服饰没有太大差别，就地取材的皮毛衣饰可以看作察哈尔服饰早期的雏形。《蒙古秘史》中也多处记载了不同动物皮毛制作的衣、帽、靴，如"破羊皮衣""金纤丝貂鼠里儿做的兜肚""黑貂鼠祅

---

① 史继忠：《世界五大文化圈的互动》，《贵州民族研究》2002 年第 4 期。
② ［日］七户长生、丁泽霁等：《干旱·游牧·草原——中国干旱地区草原畜牧经营》，农业出版社 1994 年版，第 1 页。
③ 管彦波：《西南民族服饰文化的多维属性》，《西南师范大学学报》（哲学社会科学版）1997 年第 2 期。

子""戴一个貂鼠皮""鹿蹄皮靴"等。① 当时的手工业以家庭为单位，因而发展缓慢。"妇女用羊毛织毡、捻线，用皮毛缝制衣帽，用皮革制作靴子、皮带和皮囊等物。男子则用皮革制造甲胄、鞍具、弓矢、车帐等。"②

(二) 皮毛业的发展兴衰

从元朝开始，察哈尔地区的皮毛业快速发展，到民国，历经 600 余年，逐步成为蒙古地区皮毛生产、加工、贸易的中心，为察哈尔服饰提供了丰富的物质材料。

12 世纪末至 13 世纪初，成吉思汗建立蒙古汗国后通过远征的方式打开了欧亚两洲的大门，从客观上促进了蒙古地区的生产技术和物质文化的交流，改善了蒙古族"百工之事，无一而有"③ 的落后局面。蒙古族的手工业生产、城镇建设及商业贸易进入新的发展时期。意大利人马可·波罗曾在他的游记中记载大都附近"处处都是手工作坊"④。元朝上都（位于今内蒙古自治区锡林郭勒盟正蓝旗草原）是当时皮革的主要生产基地，有貂鼠提领所、上都软皮局、上都异样毛子局、上都怯怜口毛子局等机构管理皮革制品。⑤ 各局管领的工匠少则上百人，多则上千人，可见当时对皮革业之重视。⑥

明万历年间，皮毛贸易转入民间马市，如来远堡马市（今张家口市桥西区北的上堡）是蒙汉互市之所，"西北诸藩往来市易者，皆由来

---

① 《蒙古秘史》，额尔登泰、乌云达资校勘，内蒙古人民出版社 1980 年版，第 954—967 页。

② 包铭新主编：《中国北方古代少数民族服饰研究（第 6 卷）：元蒙卷》，东华大学出版社 2013 年版，第 36 页。

③ 王云五：《丛书集成初编：黑鞑事略及其他四种》，商务印书馆 1937 年版，第 13 页。

④ 包铭新主编：《中国北方古代少数民族服饰研究（第 6 卷）：元蒙卷》，东华大学出版社 2013 年版，第 41 页。

⑤ 韩志远：《元代衣食住行（插图珍藏本）》，中华书局 2016 年版，第 78 页。

⑥ 山丹：《蒙古族皮革造型艺术研究》，硕士学位论文，内蒙古大学，2010 年，第 4 页。

远堡人，南金北跪，络绎交驰，盈其盛也"①。由这里出发的骆驼队有六条主要通道与各地贸易，分别可达恰克图、乌里雅苏台、包头以及西北各省、山西各地和京津一带。②

　　清康熙年间，废马市，张家口、多伦诺尔（今内蒙古自治区锡林郭勒盟多伦县）依托京畿重地的地缘优势、驿站交通发达等优势，成为远近闻名的中外毛皮交易基地。雍正六年（1728），中俄签订《恰克图条约》，促使旅蒙贸易进一步发展，"其内地至恰克图贸易者，由张家口贩运缎、布、烟、茶、杂货等前往易换皮张、毡毛等物"③。天下名裘经此中转输入海内外，四方皮市在此集结交易，一时间"商贾辐辏，市面繁荣，殷实商号麕集市圈"④。皮毛贸易的繁荣加速了行业和产品的细分。当地的皮毛商店有皮店、毛店、熟皮店三种：皮店专营生皮，毛店专营兽毛，熟皮店专营经过鞣制加工、缝缀的皮货，也叫皮货店。熟皮店又细分为专营珍贵毛皮的细皮行、专营老羊皮袄的老羊皮行和专营香牛皮、法蓝皮的皮革行。皮毛加工品种多样，粗皮有牛皮、山羊皮、绵羊皮、骡马驴皮、骆驼皮、狗皮、猪皮等；细皮有貂皮、獭皮、獾皮、狐皮、狼皮、灰鼠皮、银鼠皮、黄鼬皮、狸子皮、扫雪皮（又名石貂皮）、麝鼠皮、虎豹皮、猫皮、兔皮、生羔皮、猾子皮、猾叉皮、羔叉皮、猾流皮、羔流皮、滩羊皮、黄羊皮等；毛绒有羊毛、羊绒、驼毛、驼绒、猪鬃、马鬃、马尾等。随着鞣制、熟皮、制裘等技术的日趋成熟，皮毛制成品如皮袄、皮裤、皮统、皮褂、毡帽、毡袜、毡靴等通过皮毛商贩、旅蒙商行近销京畿，远销欧美日俄，

---

　　①　（清）左承业纂修：《（乾隆）万全县志》十卷首一卷，见《卷九·事纪》，转引自陈美健《清末民中的河北皮毛集散市场》，《中国社会经济史研究》1996 年第 3 期。

　　②　陈美健：《清末民中的河北皮毛集散市场》，《中国社会经济史研究》1996 年第 3 期。

　　③　何秋涛：《朔方备乘》卷 37，转引自陈美健《清末民中的河北皮毛集散市场》，《中国社会经济史研究》1996 年第 3 期。

　　④　史玉发：《近代察哈尔地区手工业、工业发展状况初探（1840—1952）》，硕士学位论文，内蒙古大学，2010 年，第 14 页。

在国内外都享有盛誉。①

民国时期察哈尔地区皮毛业依然繁盛。据 1949 年张家口商会《张垣皮毛业调查》中记载，1925—1929 年是张家口皮毛业最兴旺的时期，当时每年输入羔皮 300 万张、老羊皮 150 万张、山羊皮 100 万张、灰鼠皮 50 万张、狐皮 20 万张、狼皮 10 万张、猾子皮 50 万张、牛皮 150 万张、马皮 9 万张、羊毛 900 万斤、羊绒 20 万斤、驼绒 150 万斤、猪鬃 30 万斤。其中从蒙古输入之牛羊驴马皮价在 5000 万元以上。② 直到 1929 年中俄断交、1937 年"七七"事变等一系列社会剧变的爆发，察哈尔地区交通阻隔，市场萧条，皮毛行业急转直下，由盛而衰。皮毛行业的兴衰变化对该地区的经济和手工业发展造成了巨大的影响，但在牧区以家庭手工艺传承为主的各种皮质加工依然可以满足察哈尔皮袍、皮衣的基本制作需求，也一直是牧民服饰材质的主要来源之一。

二 向外获取的稀有材质

察哈尔服饰中汇集了大量珍贵奢华的外来稀有材质，这些材料来自何方？察哈尔部又是如何获得的？王明珂曾论述，草原游牧帝国的形成是向中原王朝获取物质资源、对抗中原王朝强大的实力而集结产生的社会组织。③ 掠夺和贸易，这两种方式看似不同方式，对游牧社会来说都是占有外部资源的主要途径，且在他们的观念中并不为此负有道德上的责任，常常是"无关市贸易，则有战争"。所以，游牧民族想要获得丰富的稀有材质，就需要组织起可与其他组织抗衡的军事力量

---

① 陈美健：《清末民中的河北皮毛集散市场》，《中国社会经济史研究》1996 年第 3 期。
② 陆庚：《绥察对蒙贸易（中国实业）》第一卷第六期，转引自陈美健《清末民中的河北皮毛集散市场》，《中国社会经济史研究》1996 年第 3 期。
③ 王明珂：《游牧者的抉择——面对汉帝国的北亚游牧部族》，广西师范大学出版社2008 年版，第 192—193 页。

作为后盾。在王朝更迭、政权兴替的历史进程中，察哈尔部对外来稀有材质始终抱有热情，并孜孜以求。他们以合作的方式参与统一的政治组织中，凭借军功来赚取利益。纵观察哈尔服饰材质的获取史，就是一部对外军事的征战史。

13世纪初，察哈尔部前身怯薛军跟随成吉思汗西征，横扫中亚诸国，跨越欧亚大陆。除了掠夺之外，强迫被征服者的朝贡也一直是蒙古帝国统治者维持其奢侈生活的一项重要手段。1209年，吐鲁番的畏兀儿人主动归降蒙古人，成吉思汗要求其进献纳石失、丝绸和缎子作为贡品。1232年，元帝国要求东北的朝鲜人进贡一百万套军服、一万匹紫纱以及两万张上好的水獭皮。总之，蒙古人对他们征服的地方和人民搜罗最多的，也是他们最乐于搜罗的，就是好的战马以及精美的服饰，这在蒙古人的历史记载中随处可见。① 对于英勇的怯薛军，成吉思汗也用"衣人以己衣，乘人以己马"② 来奖赏他们的忠诚和勇敢，使怯薛享受种种贵族的特殊优待，从而获得更多的物质财富。游牧民族以军功大小来分配掠获物的形式，也促使察哈尔部形成了尚武善战的族群特性，即使在后来的明朝和清朝，他们也依然凭借卓越的战功来获取族群生存和发展所必需的外来资源，在客观上为察哈尔服饰提供了充足的物质材料，因而形成了华贵的宫廷风格。

（一）元朝的外来稀有材质

1. 怯薛仪卫服饰材质

作为蒙古集团开疆辟土的重要军事力量和成吉思汗的贴身护卫

---

① Thomas T. Allsen, *Commodity and Exchange in the Mongol Empire*，1997，p. 28. 转引自赵旭东《侈靡、奢华与支配：围绕十三世纪蒙古游牧帝国服饰偏好与政治风俗的札记》，《民俗研究》2010年第2期。

② ［法］勒内·格鲁塞：《成吉思汗》，谭发瑜译，国际文化出版公司2004年版，第99页。

军，怯薛享受着统治阶层的种种优待，服饰材质用料奢华。《元史》对不同执事的怯薛仪卫服饰做了详细的记载，涉及锦、绚、① 罗、帛等多种外来纺织品，如锦制的锦帽、红锦衬袍、红锦控鹤袄、红锦质孙袄、绯锦质孙袄、青锦质孙袄、青红锦质孙袄、红锦质孙控鹤袄、绯锦宝相花窄袖衫、青锦宝相花窄袖衫、大团花绯锦袄、青锦缘白锦汗胯；绚制的绯绚销金襆衫、绯绚生色宝相花袍、绯绚生色凤花袍、红绚生色宝相花袍、黄绚生色宝相花袍、青绚生色宝相花袍、青绚衫、紫绚生色宝相花袍、紫绚生色花袍、紫绚生色龟云花袍、二色绚生色宝相花袍、五色绚生色宝相花袍、五色绚生色瑞鸾花袍、五色绚生色云龙袍、五色绚巾、红绚巾、黄绚巾、青白二色绚巾、青朱二色绚巾、青紫二色绚巾、朱白二色绚巾、朱青二色绚巾、绯绚绣抹额；罗制的绯罗绣抹额、紫罗绣辟邪裲裆、紫罗绣瑞鹰裲裆、紫罗绣瑞马裲裆、紫罗绣瑞牛裲裆、紫罗绣瑞麟裲裆、紫罗绣狮子裲裆、紫罗绣白泽裲裆、紫罗绣雕虎裲裆、紫梅花罗窄袖衫、紫罗团花窄袖衫、紫罗辫线袄；帛制的红勒帛、黄勒帛、青勒帛、紫罗勒帛、五色勒帛等。② 从以上描述可以看出，元朝怯薛服饰大量使用了从中原、西域地区传来的绫罗绸缎等外来材质，并且其手工艺水平达到前所未有的高度。蒙古帝国的征战，不仅输入了大量精美的手工制品，也"进口"了第一代的手工艺人，到 13 世纪下半叶，元朝可以尽情地享用自己出产的高级织物了。

2. 最具代表性的外来材质——纳石失

在社会科学界，最近的物质文化视角引导我们开始重新注意在人

---

① 一种粗绸或绢的别称。
② 根据（明）宋濂等《元史》，中华书局1976年版，舆服志二、舆服志三整理。

们使用和消费物质之时，背后所体现出来的社会结构与社会区分的象征性支配究竟是在哪里。① 服饰历来就有区分社会阶层的功能。元朝蒙古人的社会地位，从服饰的面料材质上就可以区分出来，越是用稀有珍贵的材质制作的服饰，其穿戴者的社会地位就越高。怯薛出席质孙宴所穿的质孙服是用一种叫作纳石失的材质制成的。纳石失（nasich），又写作纳失失、纳赤思等，意为织金锦，是用金缕或金箔切成的金丝织成的布料，从西亚的波斯传入中国，极受蒙古人的喜爱和推崇。质孙（jisun），意为颜色，也写作只孙、济孙等。穿质孙服参加的宫廷宴会，被称为质孙宴或诈马宴。元代的周伯琦在《诈马行序》中记录了诈马宴上怯薛宿卫所穿的服饰："宿卫大臣及近侍服所赐济孙珠翠金宝衣冠腰带。"这种用奢华的纳石失面料制作的袍服是元代最具特色的服装，它既是蒙古贵族的礼服，也是身份和地位的象征。马可·波罗生动地记载了宴会上大汗颁赐"怯薛歹"质孙服的宏大场面，并为价值如此昂贵的服饰感到震惊："君主颁赐一万两千男爵每人袍服十三袭，合计共有十五万六千袭，其价值甚巨，大汗之颁赐诸物着，盖欲其朝会之灿烂庄严……"② 怯薛得到的赏赐是一种可宣示的荣誉，而大汗的施予是至高权力的展现。例如，有幸得到了成吉思汗赠予的质孙服，那就意味着你将成为成吉思汗政治家族中的一员，由此而仪式性地获得了一种认可。③ 这种奢侈性的物质消费仅限定在社会的上层使用，其流动代表着一种权力及政治合法性的传递。④ 元朝政府通过官营的方式控制纳石失的生产和流通，

① 赵旭东：《侈糜、奢华与支配：围绕十三世纪蒙古游牧帝国服饰偏好与政治风俗的札记》，《民俗研究》2010 年第 2 期。

② 《马可波罗行纪》，[法]沙海昂注，冯承钧译，中华书局 2004 年版，第 360 页。

③ Thomas T. Allsen, *Commodity and Exchange in the Mongol Empire*, 1997, p. 94.

④ 赵旭东：《侈糜、奢华与支配：围绕十三世纪蒙古游牧帝国服饰偏好与政治风俗的札记》，《民俗研究》2010 年第 2 期。

通过法律的形式规定质孙服只有皇帝赏赐才有资格穿着,① 而参加诈马宴者必须穿着得体且符合身份的质孙服出席,否则将会受到严厉的处罚。② 通过一系列的政治操作,纳石失、质孙服、诈马宴作为社会上层才能享受的奢华符号链条与怯薛蒙古贵族的身份地位、政治权力牢牢绑定在一起。

明代的叶子奇在《草木子》中言:"衣服贵者用浑金线为纳石失,或腰综。然上下均可服,等威不甚辨之也。"③ 事实上,它并非"上下可服,不辨等威",大汗赏赐的质孙服也并非完全一样,服饰材质实则精粗有别,价值也大相径庭,反映了穿戴者与至高权力者之间的亲疏远近和社会身份地位的高低。"有些衣服饰以华贵的宝石和珍珠,价值一万金币,这是大汗赐给最亲信的贵族的,并且规定只有一年中的十三个节日才能穿此衣服。所有能穿这种衣服的人都是真正的忠臣贤良。当大汗更换衣服时,朝中的贵族也要换上同样的,但为比较廉价的衣服,这些都是平常准备好了的。"④ 正如马歇尔·萨林斯(Marshall Sahlins)所说的那样,一套服饰以及它的穿戴场合在较高层次上陈述着社会的文化秩序。⑤ 服饰是权贵彰显奢华的载体,同时也折射出统治阶级内部地位层次的划分。国家制定了公服服色的等级,⑥ 并

① "与燕之服,衣冠同制,谓之质孙,必上赐而后服焉",参见任继愈主编《中华传世文选》,吉林人民出版社 1998 年版,第 704 页。
② 《元史·太宗纪》记载:"诸妇人制质孙燕服不如法者,及妒者乘以骟牛徇部中,论罪,即聚财为更娶。"参见包铭新主编《中国北方古代少数民族服饰研究(第 6 卷):元蒙卷》,东华大学出版社 2013 年版,第 58 页。
③ (明)叶子奇:《草木子》,中华书局 1959 年版,第 61 页。
④ [意]马可·波罗:《马可·波罗游记》,陈开俊等译,福建科学技术出版社 1981 年版,第 1 页。
⑤ 转引自周莹《民族服饰的人类学研究文献综述》,《南京艺术学院学报》(美术与设计版)2012 年第 2 期。
⑥ 元代官服:"一品二品用犀玉带大团花紫罗袍,三品至五品用金带紫罗袍,六品七品用绯袍,八品九品用绿袍,皆以罗。流外受省札,则用檀褐。其幞头皂靴,自上至下皆同也。"转引自(明)叶子奇《草木子》,中华书局 1959 年版,第 61 页。

且规定"上得兼下，下不得僭上"。这就表示身份越尊贵，服饰材质越华丽，官阶品级越高，服饰穿着的自由度就越大。皇帝赏赐怯薛的昂贵服饰，已经宣示了他们被纳入统治集团的核心利益范围之内，从而拥有了特殊的权力。怯薛除了不允许穿带龙凤图案的衣服外，其他一律不限。① 鲜衣怒马的华丽与耀眼标志了他们物质上的富庶与政治上的成功，稀有材质的大量使用则轻易地将他们与普通人群划分开来。

（二）北元时期的外来稀有材质

北元时期，时局动荡不安，蒙古内部四分五裂，各自为政，诸侯国"枝分类聚，日益盛强，画地驻牧，各相雄长"②。察哈尔部与统治者的合作关系却得到进一步稳固和提升，成为历代大汗驻帐的中央万户。察哈尔汗逐渐成为汗中之汗，其他蒙古大汗依然需要向其缴纳实物贡。在北元与明朝的对抗中，明朝长期闭市拒市，整个蒙古地区普遍物资匮乏，贫富差距进一步拉大。除贵族领主的服饰华丽，衣服用料一般是丝绸、锦缎和羔皮、貂、獭、海狸等兽皮之外，贫民则一律以老羊皮制衣袍，常常破陋衣不遮体。③《北虏风俗》记载："近奉贡惟谨，我恒赐之金段文绮，故其部夷抑或有衣锦服绣者，其酋首愈以为荣也。"④ 可见，纳石失等贵重的服饰材质在北元已十分稀少，贵族也只是作为装饰用在袍服的镶边上，并以此为荣。直至"隆庆和议"后，汉蒙双方开通互市，蒙古人才能从内地易得大量丝、绸、缎、棉、布等制衣原料。《万历武功录》记载："市，我以段

---

① 韩志远：《元代衣食住行（插图珍藏本）》，中华书局2016年版，第51页。
② （明）翁万达：《北虏求贡疏》，载《明经世文编》卷224，第2350页。
③ 刘艺敏、何学慧、孙艳：《察哈尔蒙古族的服饰演变及其文化价值研究》，《集宁师范学院学报》2018年第1期。
④ （明）萧大亨：《北虏风俗》，载《明代蒙古汉籍史料汇编》第2辑，薄音湖、王雄点校，内蒙古大学出版社2006年版，第244页。

绢、布绢、棉花、针线索、改机、梳篦、米盐、糖果、梭布、水獭皮、羊皮盒，易虏马牛羊骡驴及马尾、羊皮、皮袄诸种。"① 在林丹任察哈尔汗时期，每年从明朝获得大量物质赏赐，后金也极力笼络察哈尔部。这时期的物质材料不仅是北元、后金、明朝三者之间经济关系的纽带，也是维系彼此政治关系的重要信物，在与谁联盟或与谁敌对的此消彼长中，发挥着推波助澜的作用，不断推动着历史的前行。

（三）清朝时期的外来稀有材质

进入清朝以后，清政府通过联姻政策怀柔蒙古上层贵族，完全掌控了蒙古皇室以及察哈尔部众，并通过"邀宴和赏赐，使他们衣食无愁，建立起亲善的情感和明确的上下身份秩序"②。在展现亲善和睦的关系中，赠予衣物和珍宝是必不可少的手段，这些物品更直接地传达了清政府对察哈尔部贵族阶层的接纳态度和再次将其划分至利益群体的信息。例如，天命七年（1622）四月，察哈尔部诸贝勒来归时，爱新觉罗·努尔哈赤赐给每位贝勒金五两、银二百两、蟒缎四匹、羽扇一把、缎十四、毛青布二百匹、绵索子貂皮袄一件、黑貂皮钝子一件，赏二等者金三两、银百两、蟒缎二匹、羽扇一把、缎七匹、猞猁皮钝子一件、毛青布一百匹、貂皮钝子一件、貂镶蟒缎皮袄各一件，赏三等者金二两、银五十两、蟒缎一匹、羽扇一把、缎三匹、毛青布五十匹、狐皮钝子一件、诸申貂镶补子缎皮袄一件。共计金八十七两、银三千四百两、大蟒缎六十二匹、小蟒缎二十五匹、蟒缎合计八十七匹。绸及纺、彭缎、绫、四色缎一百七十八匹，毛青布共三千一百匹，黑

---

① （明）瞿九思：《万历武功录》，中华书局影印明万历刻本 1962 年版，第 739 页。
② 聂晓灵：《察哈尔部归附后金与清朝的建立》，《内蒙古民族大学学报》（社会科学版）2018 年第 4 期。

貂绵索子貂皮袄九件、黑貂皮钝子九件、猞猁皮钝子十九件、貂镶蟒缎面皮袄十件、豹皮钝子十件、狐皮钝子六件、貂皮钝子十九件、诸申貂镶补子缎面六件。① 从文献描述的内容来看，清朝对前来归附和朝拜的察哈尔蒙古贵族赏赐的物品，除金银以外，清一色都是昂贵的服饰、纺织品面料和皮毛制品。可见，衣物布料在凝聚满人和蒙古人关系中起到货币财富不能代替的重要作用。这些贴身的日用之物，附加着赐赉者"无微不至的情感关怀"和新的身份关系的彼此认同。尤其是对于与清朝皇室联姻的察哈尔林丹汗的汗后、女弟和幼子这些黄金家族的核心成员而言，服饰相关的赐赉包含着极为复杂的情感因素。它们既是化敌为友、对国破家亡之悲惨与忧伤之下的蒙古皇室的情感安抚，又是化仇为亲、象征满蒙姻亲从此家国合并为一体的民俗物。皇太极及其汗室娶进林丹汗的汗后和女弟的同时，也将自己的二女儿玛喀塔公主嫁给察哈尔汗太子额尔克孔果尔，封其为固伦额驸，并"赐额尔克孔果尔染貂皮帽等物，令其穿戴"②。赏赐再婚的郭尔土门福晋（林丹汗的汗后）缝织捏折女朝褂朝衣、貂皮端罩、染貂皮二、银碗二、雕鞍马一等。③ 尊贵的服饰再次发挥了身份象征的功能，昭示着察哈尔汗直系亲属与众不同的地位。为了持续亲姻关系，巩固统治地位，清朝制定"北不断""备指额驸"等制度，每年还颁给联姻的蒙古贵族大量俸银和俸缎。

在等级森严的古代社会，这些令人羡慕的物质财富只限于贵族阶级内部流通，察哈尔的普通部众并不会受到这样的优待，他们需凭借

① 《满文老档》上，中国第一历史档案馆、中国社会科学院历史研究所译注，中华书局1990 年版，第 373 页。

② 中国第一历史档案馆：《清初内国史院满文档案译编》上，光明日报出版社 1989 年版，第 194 页。

③ 聂晓灵：《察哈尔部归附后金与清朝的建立》，《内蒙古民族大学学报》（社会科学版）2018 年第 4 期。

军功来赚取生存资本。清朝时期满蒙地区民间流传："有战事即有察哈尔，没有察哈尔就有索伦。"清代历次重要的对外征战都有察哈尔的参与，战后对英勇作战的察哈尔官兵赠予一些象征荣誉的服饰奖赏，如在征战准格尔的战役中，"察哈尔护军署章京扎布俱赏给孔雀翎，察哈尔护军车凌多尔济，俱奖赏蓝翎"①。但总体来说，清朝的察哈尔是军民一体制，自给自足。遇到战事，不仅听从朝廷调拨出征打仗，还要捐献马匹和衣物等军用物资。②自从布尔尼叛乱之后，察哈尔官兵的待遇不如其他蒙古八旗，物质材料缺乏，甚是清贫。

第二节　形：历史情境中的形制演变

形制是民族服饰符号体系中最显著的因素。它不是"为了形式而形式"，而是一种"活的形式"。在历史的流变中，为了适应社会环境，察哈尔服饰形制始终处于活态传承和持续演变中。元朝时期，察哈尔部长期位于国家政权中心，其服饰形制主要围绕政治制度进行改制；北元时期，元朝政权衰落，服饰形制转向了满足多元生活的需求；到了清朝，随着多民族的频繁交往，促进了服饰形制之间的互相交融。

一　以政治制度为中心的服饰改制

元朝是中国历史上第一个由少数民族建立的统一的多民族国家。

---

① 《清高宗实录》卷614，乾隆二十五年六月丙子条，第16册，第903—904页。

② 如道光年间的第一次鸦片战争中，八旗察哈尔官兵在征战中："均自备帐篷、吃食等行军物资，沿途无所扰民。""察哈尔蒙古兵丁前往天津防堵，转瞬秋寒，应备衣履，情愿捐银共六千两，作为衣履之资。"同治八年（1869）正月，"调察哈尔商都牧群驼三百只，解赴绥远、归化两城备用"。九年（1870）初，朝廷命令察哈尔都统于八旗及牧群军台官兵备大驼一二千只。战争期间，宁夏将军金顺先后调用察哈尔牧群战马一千四。察哈尔在战争全程中提供军备、保障供给，负担甚重。参见赵静雯《清代八旗察哈尔军事征战研究》，硕士学位论文，中央民族大学，2015年，第39、40、37页。

面对境内众多的民族和多元文化，尤其是人数众多且秉行"贵中华、贱夷狄"民族观和思想观的汉民族，如何实行有效政治统治，维护社会秩序，是蒙古统治者首要面对的现实问题。① 蒙古统治者因时变制，由"考之前代，北方之有中夏者，必行汉法乃可长久"② 的历史经验中吸取教训，从元世祖开始就一直推行汉法，到"英宗亲祭太庙，复制卤簿"③，建立了以蒙古族服饰形制为主、汉族服饰形制并用的新型服饰制度，有力地维护了元朝的统治，推动了民族文化的大融合，进一步巩固了中华民族我中有你、你中有我的多元一体化格局。这些政策的实施，自然离不开从成吉思汗时期就密切参与国家核心政治的察哈尔部。

（一）代表国家制度的皇家仪卫服饰

察哈尔服饰由怯薛服饰发展而来。《元史》以大量篇幅记载了怯薛仪卫服饰形制，并以制度化的方式做了严格的规定。《元史·舆服志二》"崇天卤簿"对皇帝仪仗队的人员及其服饰做了详细的规定。④《元史·舆服志三》"仪卫"对殿上执事、殿下执事、殿下黄麾仗、殿下旗仗、宫内导从、中宫导从、进发册宝、册宝摄官的服饰做了详细的规定。⑤ 怯薛仪卫服饰是元朝国家行政管理的重要组成部分，既吸纳了前朝的经验"近取金、宋，远法汉唐"⑥，同时保留了大量自己民族特色。它主要由头上戴的交角幞头、凤翅幞头、学士帽、唐巾、控鹤幞头、花角幞头、锦帽、平巾帻、武弁、甲骑冠、抹额、

---

① 段红云：《略论元朝的统治政策对中国民族发展的意义》，《贵州文史丛刊》2012 年第 4 期。

② （明）宋濂等：《元史》，中华书局 1976 年版，第 3718 页。

③ （明）宋濂等：《元史》，中华书局 1976 年版，第 1929 页。

④ （明）宋濂等：《元史》，中华书局 1976 年版，第 1957—1996 页。

⑤ （明）宋濂等：《元史》，中华书局 1976 年版，第 1997—2014 页。

⑥ （明）宋濂等：《元史》，中华书局 1976 年版，第 1929 页。

巾、兜鍪；身上穿戴的衬甲、云肩、裲裆、衬袍、士卒袍、窄袖袍、辫线袄、控鹤袄、窄袖袄、乐工袄、甲、臂韝、锦膡蛇、束带、绦环、汗胯；脚上穿的行縢、鞋、鞝鞋、云头靴等构成。主体袍、袄、帽、靴等属蒙古旧制，幞头、巾帻、行縢等属汉制。元朝统治者以浩大的皇家仪卫队向人们展示了多种服饰融合的文化新貌。这种对服饰形制的采纳与取舍，实则反映了蒙古族统治者以政治为中心的国家治理态度，宣告了在草原民族治理下的中原王朝的合法性和正统性地位。

交角幞头：其制，巾后交折其角。

凤翅幞头：制如唐巾，两角上曲，而作云头，两旁覆以两金凤翅。

学士帽：制如唐巾，两角如匙头下垂。

唐巾：制如幞头，而撷其角，两角上曲作云头。

控鹤幞头：制如交角，金镂其额。

花角幞头：制如控鹤幞头，两角及额上，簇象生杂花。

锦帽：制以漆纱，后幅两旁，前拱而高，中下，后画连钱锦，前额作聚文。

平巾帻：黑漆革为之，形如进贤冠之笼巾，或以青，或以白。

武弁：制以皮，加漆。

甲骑冠：制以皮，加黑漆，雌黄为缘。

抹额：制以绯罗，绣宝花。

巾：制以绝，五色，画宝相花。

兜鍪：制以皮，金涂五色，各随其甲。

衬甲：制如云肩，青锦质，缘以白锦，衷以毡，里以白绢。

云肩：制如四垂云，青缘，黄罗五色，嵌金为之。

裲裆：制如衫。

衬袍：制用绯锦，武士所以裼裲裆。

士卒袍：制以绢䌷，绘宝相花。

窄袖袍：制以罗或䌷。

辫线袄：制如窄袖衫，腰作辫线细折。

控鹤袄：制以青绯二色锦，圆答宝相花。

窄袖袄：长行舆士所服，绀緅色。

乐工袄：制以绯锦，明珠琵琶窄袖，辫线细折。

甲：覆膊、掩心、捍背、捍股，制以皮，或为虎文、狮子文，或施金铠销子文。

臂鞲：制以锦，绿绢为里，有双带。

锦螣蛇：束麻长一丈一尺，裹以红锦。

束带：红鞓双獭尾，黄金涂铜胯，余同腰带而狭小。

绦环：制以铜，黄金涂之。

汗胯：制以青锦，缘以银褐锦，或绣扑兽，间以云气。

行縢：以绢为之。

鞋：制以麻。

鞵鞋：制以皮为履，而长其靿，缚于行縢之内。

云头靴：制以皮，帮嵌云朵，头作云象，鞵束于胫。①

（二）怯薛儒化对服饰右衽形制的推动

察哈尔服饰早期以左衽为主，元以后逐步改成右衽。左衽在我国少数民族地区，尤其是北方、西北地区的游牧民族中最为普遍。② 左衽流行几千年之久，稳定的形制常常被用作华夷之分的

---

① （明）宋濂等：《元史》，中华书局1976年版，第1930—1940页。

② “其俗：被发左衽，穹庐毡帐。”（唐）李延寿：《北史·突厥传》，中华书局1974年版，第3287页。“（室韦）盖契丹之类，……其俗，丈夫皆盘发，衣服与契丹同……”（宋）叶隆礼：《契丹国志》卷26，上海古籍出版社1985年版。“羌胡披发左衽，而与汉人杂居。”（南朝）范晔：《后汉书》卷87，中华书局1976年版，第2878页。

重要标志，即所谓"四夷左衽，罔不咸赖"①。元朝初期"冠服车舆，并从旧俗"②，直到元英宗即位后明确规定了衣襟的叠压关系："公服，制以罗，大袖，盘领，俱右衽。"③ 至此，草原上延续了几千年的左衽形制以制度化的约束改变了原有的方向。前人研究普遍认为，改换右衽是受到中原农耕地区的影响，在文化接触中导致的涵化。④ 诚然涵化的作用不容忽视，但需要进一步从历史的角度来阐释引发其文化发生涵化的主要机制更为重要。涵化现象一般被认为是文化接触下自然发生的过程，但实质上都是在一定的"强制"状态下发生的。⑤ 蒙古袍改换右衽与元朝怯薛的深入儒化、汉化有关。

为了巩固元朝大一统的政治统治，尤其是为了赢得中原故地精英阶层儒士大夫的政治认同，元朝的历代皇帝都推行"以儒治国"的基本国策，而推行汉法主要依靠的力量是与之一直亲密合作、能够"密近天光"的怯薛群体。历史上，曾有多名怯薛入仕为宰辅。英宗是众皇帝中最锐意革新的一位，他自幼接受儒学教育，礼儒重学，登基后推行汉法新政。英宗的宰相拜住（木华黎⑥七世孙，袭怯薛长）就是著名的儒化宰相，辅佐其实行"至治新政"。中原王朝历来讲究"四夷慕化""至德无不覆载"，认为可以通过华夏的政教对四夷之人加以感化。在汉儒的观念中，对元朝的认同支持与否，核心问题在于元朝统

① 《尚书·毕命》，《四书五经》上，陈戌国点校，2002年，第275页。
② （明）宋濂等：《元史》，中华书局1976年版，第1929页。
③ （明）宋濂等：《元史》，中华书局1976年版，第1939页。
④ 在蒙古汗国建立以后，逐步扩大了活动范围，与周边地区各个民族的接触更为频繁，思想、观念都在发生变化，服装的形制也随之缓慢的演变。参见李莉莎《蒙古袍服前襟叠压关系的改变及其意义》，《内蒙古社会科学（汉文版）》2007年第6期。
⑤ 周大鸣主编，秦红增副主编：《文化人类学概论》，中山大学出版社2009年版，第420页。
⑥ 成吉思汗任命的世袭四怯薛长之一。

治者能否推崇儒术、践行汉法。即使是夷狄，只要它"以夏变夷"，践行儒家之道，便是汉族政权，与中原王朝无异。① 在这种民族关系思想的影响下，元代一些著名学者的观点颇具代表性，郝经曾言："今日能用士，而能行中国之道，则中国之主也。"② 杨奂也说："王道之所在，正统之所在也。"③ 许衡也持同样的观点："元之君，虽未可与古圣贤并论，然敬天勤民，用贤图治，盖亦骎骎乎中国之道矣。"④ 可见，汉儒认为区分华夏与夷狄，不在于地域、民族、血统，而在乎"道"。以孔子为代表的儒士对"披发左衽"⑤ 的蔑视，关键在于服饰掩襟"方向"的背后传达的文化不同，即其道不同。这也是为何历来中原地区的儒士将左右衽这一服饰细节看作划分夷夏分水岭的原因。因此，是否采用右衽，也是衡量元朝统治者是否践行儒道的标准之一。英宗迫切想要推行汉法新政，以国家法制的形式强调公服"俱右衽"，是其政治改革实施的一项必要举措。随着元朝怯薛整体儒化以及入仕为官，怯薛服饰改换右衽也就成为必然趋势。它并非简单意义上的汉化，而是出于加强元朝作为一个中原正统王朝形象的目的，它也并非被文化强者同化，而是统治者基于政治需求的自主选择。

在典章中，英宗只规定"公服俱右衽"，也就是说仅对社会上层做了强制，对其他群体并无严格要求。怯薛群体多为公职人员，他们接

① 姜海军：《蒙元"用夏变夷"与汉儒的文化认同》，《北京大学学报》（哲学社会科学版）2012年第6期。
② （元）郝经：《与宋国两淮制置使书》，载《陵川集》卷三七，见影印文渊阁《四库全书》本，（台北）商务印书馆1986年版，第432页。
③ （元）杨奂：《正统八例总序》，载《还山遗稿》卷上，见影印文渊阁《四库全书》本，（台北）商务印书馆1986年版，第228页。
④ （元）许衡：《郡人何瑭题河内祠堂记》，载《鲁斋遗书》卷一四，见影印文渊阁《四库全书》本，（台北）商务印书馆1986年版，第474页。
⑤ 《四书五经》上，中国书店出版社1985年版，第61页。

· 103 ·

受袍服右衽比其他群体更早、更彻底。这也佐证了右衽不过是蒙古统治阶级因势利导、迎合汉儒及赚取稳固统治的政治资本的用心，即借由元朝统治者对中原文化的认同来换取汉儒的政治认同。元朝社会一度出现了左衽、右衽并存的局面，也说明国家认同与文化认同之间并非完全统一的。"俗之相成，岁熏月染，使人化而不知。"① 自上而下的效仿和染化，使得"四海之内，起居饮食，声音器用，皆化而同之"②。从《北虏风俗》记载的"夫披发左衽，夷俗也。今观诸夷，皆祝发而右衽"③ 可知，到了北元，不管是官方还是民间，右衽已经相当普及。但是，时至今日，察哈尔地区民间依然保留着给身体虚弱和特别溺爱的孩子穿左衽袍子的习俗。④

二 以生活需求为导向的服饰改制

明朝时期，蒙古汗廷衰落，达延汗分封六万户，各领主享有领地、司法权和制定服饰制度的权力。新的统治秩序的建立，打破了元朝大一统局面下的服饰制度，服饰形制从中央集权的政治化向多元化转变，察哈尔服饰开始形成。这一时期，蒙古社会经济、政治衰落，物资匮乏，察哈尔服饰不复元朝的奢华富丽而朝着生活化、实用化发展，袍类、比甲、冠饰等在继承和保留原有形制的基础上有了新的变化。

察哈尔服饰按照场所用途分为日常生活装、节日礼仪装以及舞蹈

---

① （明）方孝孺：《后正统论》，载《逊志斋集》卷二，见影印文渊阁《四库全书》本，（台北）商务印书馆，第 725 页。

② （明）方孝孺：《后正统论》，载《逊志斋集》卷二，见影印文渊阁《四库全书》本，（台北）商务印书馆，第 725 页。

③ （明）萧大亨：《北虏风俗》，载《内蒙古史志资料选编》第 3 辑，内蒙古地方志编纂委员会总编辑室编印 1985 年版，第 144 页。

④ 乌云巴图、格根莎日编著：《蒙古族服饰文化》，内蒙古人民出版社 2003 年版，第 76 页。

装、骑马装等。日常穿着一般以方便劳作为主，面料廉价，通常是老
羊皮制衣袍或制成红、紫、藏青、绿等单色衣袍。长袍束腰带，便于
骑马和保暖，使用红、绿绸缎制作。① 节日穿制作精良、色彩艳丽、装
饰相对复杂的装束。形制变化最突出的是袍的领和袖。袍衣上常缀有
皮领，《夷俗考》载："别有一制，围于肩背，名曰'贾哈'，锐其两
隅，其式样象箕，左右垂于两肩，必以锦貂为之。"② 贾哈也就是云
肩，或源于佛教，元代流行于蒙古贵族阶层，后发展为比甲，明代依
然盛行。据说比甲是由元代皇后改制创新而成，是一种去掉袖子的半
袖和云肩缝制在一起，前面用两个扣襻连接在一起的形制，③ 妇女广
泛穿着于节日礼仪场合。袍袖则增加了用于防寒护手的马蹄袖，蒙古
语称"努达日嘎"。绘于明代的美岱召寺壁画中一女性所穿的袍服就
带有马蹄袖，并外套比甲，如图2-1所示。有的年轻女子还在长袍
袖肘处装饰花布，缝制特殊的环形花纹，称为"套海布其"。男性一
般戴瓜皮帽、卷檐帽、钹笠帽和直檐大帽，士兵"俱戴红缨帽"④。
为了维护统治秩序、安抚人们的生活，统治者还大力推行佛教，"崇
佛敬僧"是察哈尔百姓生活中重要的思想风尚和精神依托，"无论男
女老幼，亦往往手念珠而不释也"⑤。带有佛教特点的穿衣佩饰也开始
流行。⑥

---

① 刘艺敏、何学慧、孙艳：《察哈尔蒙古族的服饰演变及其文化价值研究》，《集宁师范学院学报》2018年第1期。
② 周锡保：《中国古代服饰史》，中国戏剧出版社1984年版，第361页。
③ 刘菲：《蒙古族服饰与早期满族服饰的形成》，《内蒙古大学艺术学院学报》2014年第1期。
④ 潘小平、武殿林主编：《察哈尔史》，内蒙古出版集团、内蒙古人民出版社2012年版，第175页。
⑤ （明）萧大亨：《北虏风俗》，载《明代蒙古汉籍史料汇编》第2辑，薄音湖、王雄点校，内蒙古大学出版社2006年版，第241页。
⑥ 刘艺敏、何学慧、孙艳：《察哈尔蒙古族的服饰演变及其文化价值研究》，《集宁师范学院学报》2018年第1期。

图2-1　美岱召壁画局部①

三　以民族融合为特点的服饰改制

清朝对蒙古族施行"分而治之"的盟旗制，进一步促进了包括察哈尔在内的各部族服饰的基本定型。民族融合是这一时期的主旋律，各民族都不断地从其他民族身上吸收养分，既保持本民族的服饰特色，又融入外来文化元素，形成了"和而不同"的服饰风格。察哈尔文化受到满族文化和汉族文化的双重影响，服饰形制方面也发生了新的演变，形成了具有地区特色和独特风格的部族服饰。

清代蒙古族服饰有官服和民服之别。官服样式以满族服饰为主体，融合了明代汉族服饰和蒙古族服饰元素。民服样式以蒙古族服饰为主，但受一系列对蒙政策以及周边汉族的影响，出现了满蒙汉服饰混杂的烦琐的服饰变化。② 清朝初期，察哈尔贵族与清朝贵族的联姻政策加

①　张程：《蒙古族文化在召庙壁画中的应用——以美岱召壁画为例》，硕士学位论文，华北理工大学，2017年，第22页。

②　内蒙古自治区民族事务委员会编：《蒙古民族服饰》，内蒙古科学技术出版社1991年版，第60页。

强了上层社会之间的文化融合，蒙古贵族女子嫁入满族皇室权倾后宫，蒙古王公也娶入身份高贵的满族格格、公主。女红是女性最重要的工作，这些特殊身份的后宫及贵族女性群体促进了满蒙服饰的交融发展。实际上，满蒙文化从 13 世纪起就在漠北大地上不断融合，两族地域上的天然联系和亲缘关系，使二者"言虽殊，其服发亦相类"①。由于政治上和经济上的优越条件，清代蒙古贵族服饰愈加种类繁多、面料华丽、色彩艳丽、装饰精美。尤其女性服饰、头饰十分奢华，立领大襟袍、长短坎肩已取代了元朝的交领式长袍和半袖长袍，比甲流行并不断改进，无袖服装"奥吉"在此基础上出现。② 内蒙古博物院馆藏一套清代察哈尔妇女服饰，头饰为全套宝德斯，内里是绿衣红袖的大襟袍，肘部用蓝、金多种精美花纹的袖箍做装饰，下挽蓝色马蹄袖，外搭黑底绣花对襟四开衩奥吉，脚蹬黑色花纹分鼻靴，展示出清朝察哈尔女性的盛装情况，如图 2 - 2 所示。从服饰史上来看，服饰往往都是自上而下的传播，上层贵族阶级主导了服饰的创新改革，再向下移至民间，成为老百姓在重大节日场合仿效的对象。而在平时的生产劳作中，平民服饰注重实用，极为朴素简单。由于清朝对漠南蒙古地区的开垦，到 18 世纪中叶，东起松花江、辽河流域经热河、察哈尔、归化、土默特西到河套平原的广大地区，几乎都成了农业或半农半牧业地区。③ 从事农业生产的蒙古人头挽短头巾、头身穿束腰大襟短袍短衣、脚蹬布鞋或短靴，与汉人服饰极为相似。

① 曹永年：《蒙古民族通史》，内蒙古大学出版社 2002 年版，第 11 页。

② 刘艺敏、何学慧、孙艳：《察哈尔蒙古族的服饰演变及其文化价值研究》，《集宁师范学院学报》2018 年第 1 期。

③ 李莉莎：《社会生活的变迁与蒙古族服饰的演变》，《内蒙古社会科学（汉文版）》2010 年第 2 期。

图2-2　清朝察哈尔女性服饰①

第三节　色：服色特征与色彩象征

"颜色是一种自然现象，但更是一个复杂的文化建筑，它不服从于任何一概而论的总结，抑或任何分析。颜色首先是一个社会现实。"② 每一个民族都有自己的用色习惯和搭配方式，从而创造出丰富多彩的服饰"文化读本"。与其他族群服饰的色彩相比较，察哈尔蒙古族服饰色彩给人的总体印象是简素，但这并不意味着色彩就不丰富，而是基于独特的色彩搭配形成的一种视觉和心理的感受。察哈尔蒙古族既崇尚带有光泽感的色彩，也崇拜五色，这是受当地地理环境、历

---

① 拍摄时间：2019年7月9日；拍摄地点：内蒙古博物院；拍摄者：李洁。
② ［美］肯尼思·R. 法尔曼、［美］切丽·法尔曼：《色彩物语：影响力的秘密》，谢康等译，人民邮电出版社2012年版，第2页。

史文化、风俗习惯和宗教信仰等诸多因素影响杂糅之后的一种折射。深入挖掘色彩背后丰富的文化内涵和象征寓意，可以溯源族群色彩观的深层意象，在光影交错中体会族群与众不同的审美心性。

一　服色简素

察哈尔蒙古族服饰色彩简素的特征主要表现在袍服上。这里的"简素"有两层所指：一是袍服多选择没有花纹的单色面料或花纹不明显、色调统一的面料；二是色彩搭配简洁，单件袍服的主体色彩面积大、配色少，袍服简洁的边饰为大面积的单色拓展了足够的色彩空间。察哈尔袍服色彩简素与元代的宫廷礼服质孙服有关。怯薛宿卫凭借与大汗之间家庭式的情感关系，获得穿着质孙服的荣耀，具有参加皇家宴会的资格。质孙服的穿着有一套严格的规定，每天穿的颜色都要与大汗服饰色彩相统一，并且需要配套穿戴，即"每宴必各有衣冠，其制如一"[1]。因此，质孙服也被汉人译作"一色服"[2]。例如，汉译本拉施特《史集》中记录元太宗窝阔台继承汗位时就称"全体穿上一色衣服"[3]。汉语语汇的翻译虽然失去了原文的语境，但在文化他者的眼光中抓住了质孙服最突出的特征——颜色统一。马可·波罗曾详细描述了大汗过万寿节的时候上下统一穿着"一色服"的盛况："大汗于其庆寿之日，衣其最美之金锦衣。同日至少有男爵骑尉一万二千人，衣同色之衣，与大汗同……每次大汗与彼等服同色之衣，每次各易其色。"[4] 文中提到的"男爵骑尉"即怯薛。马可·波罗毫不掩饰地表达

---

① （元）虞集：《道园学古录》，转引自王福利《辽金元三史乐志研究》，上海音乐学院出版社 2005 年版，第 271 页。

② 所谓质孙服，即"汉言一色服也，内庭大宴则服之"。参见（明）宋濂等《元史》，中华书局 1976 年版，第 1938 页。

③ ［波斯］拉施特主编：《史集》，余大钧、周建奇译，商务印书馆 2009 年版，第 72 页。

④ 《马可波罗行纪》，［法］沙海昂注，冯承钧译，中华书局 2004 年版，第 353 页。

了目睹宴会奢华景象所带来的视觉感官刺激，称赞"大汗的庄严伟大，是世上任何君主所不能及的"①。统一的服饰色彩，不仅使宴会看起来气势恢宏、震撼人心，更显示出这是一场精心组织的带有廷议性质的政治活动，具有明确的政治色彩。它包含了丰富的文化内涵，对内强调了个体对集体的统一服从，对外展示出一个国家富庶、军事强大的中央集权化国家的形象。因此，"一色服"的色彩特征被延伸为元朝服饰的代名词。察哈尔蒙古族服饰长期受到国宴及宫廷文化的浸染，至今仍保持着服色统一、简素典雅的宫廷服饰风格，以及在重要场合衣、帽、靴配套穿着的礼仪传统。

简素之所以能够成为察哈尔蒙古族服饰稳定的审美特征，还与族群生活的自然环境有关。察哈尔部生活在一望无垠的草原上，脆弱的游牧生产经济让他们形成了"每一个个体都只是大自然生态系统中微小的有机体"②的草原生态观，意识到"只有将单个成分的特征隐去才能使它们融入更大的单位中，形成整体秩序"③。这种尊重自然的谦卑心性反映在服饰上，就形成了关注整体，不事丰富个体，喜欢简洁色彩的审美心理，并在传承和发展中始终秉承这一特点。

二 崇尚光泽感的色彩

察哈尔蒙古族喜欢使用有光泽感的材质制作服饰，如金属、珍珠、丝织品、皮毛等。光泽感材质表面光滑并能反射出亮光，有熠熠生辉之感，其中以金银色、珍珠白为最。人类从事艺术活动的最初目的不

---

① 《马可·波罗游记》（蒙古文），转引自萨仁高娃《论清代伏尔加河流域土尔扈特蒙古汗王、台吉宰桑服饰》，《内蒙古艺术学院学报》2018 年第 1 期。

② 苏日娜、李洁：《游牧文明视域下蒙古族服饰的重复审美意识》，《西南民族大学学报》（人文社会科学版）2019 年第 11 期。

③ ［英］E. H. 贡布里希：《秩序感———装饰艺术的心理学研究》，杨思梁、徐一维、范景中译，广西美术出版社 2015 年版，第 175 页。

一定是审美，而可能是出于"实用"，把艺术品作为"富有威力的东西"去"使用"而不是作为"美好的东西"去"欣赏"①。察哈尔蒙古族服饰崇尚有光泽的材质，实际上是源于对金银、珍珠物品固有的实用属性以及对富有光泽的神圣物品的符号意义的崇拜，从而衍生出的审美观念，其象征意义归纳起来有以下四点。

第一，代表财富。

察哈尔部对金银、珍珠饰品钟爱有加，在服饰上用量之繁多、工艺之精湛，令人叹为观止，尤其以女性头饰最为突出，垂金挂银、披戴珍珠，显得异常华贵，属于蒙古族头饰中最为奢华的"鬓角垂饰类型"②。蒙古人常说："男人有钱用在马上，女人有钱戴在头上。"这种消费倾向，可以从游牧生活方式中得到解释。逐水草而居的游牧迁徙生活，只有携带价值高且不易损坏的物品，才能尽可能多地保存财富。因此，金银、珍珠饰品就成了首选。历代宫廷贵族、宫廷工匠的身份，也为察哈尔部享有较多的贵重材料和掌握精湛的工艺技术提供了便利条件。例如，1958 年，内蒙古自治区乌兰察布盟（今乌兰察布市）察哈尔右翼前旗土城子墓葬出土的如意头金簪、镶金花蕊形铜簪、嵌松石金耳坠，银簪、铅银合金钏、银胸饰珠络；1988 年，内蒙古自治区锡林郭勒盟镶黄旗乌兰沟墓葬出土的金镯、镂空花纹金耳坠等，③ 都证实了察哈尔头饰的华贵精美。一套传统的察哈尔头饰多则重达十多斤，少则三四斤，一些富裕人家甚至愿意花费几十头牲畜的价格来置办一件体面的头饰。与畜牧经济的诸多风险相比较，贵重的头饰具有稳定的货币存储价值和长久保存的优势，既是家庭固定财产的一部分，又

---

① ［英］E. H. 贡布里希：《秩序感———装饰艺术的心理学研究》，杨思梁、徐一维、范景中译，广西美术出版社 2015 年版，第 39—40 页。

② 此分类参见自朱荔丽《蒙古族女性头饰民俗学研究》，博士学位论文，中央民族大学，2017 年，第 96 页。

③ 张景明：《中国北方草原古代金银器》，文物出版社 2005 年版，第 226 页。

可以传承给子女作为下一代婚嫁的资产来源，体现了草原游牧家庭的多元经济分配理念。光泽感所代表的意义也植根在察哈尔人的观念中，成为象征财富的色彩符号。

第二，彰显地位。

"游牧文明更多的是把金子制作成精美的艺术品，而不是作为货币进行收藏。"① 如果说对金银饰品的喜好首先是出于保存财富的缘由，那么通过销金、捻金、织金、锤揲、铸压、镶嵌、雕刻等技术"反复改变形态以从时尚"② 的艺术品，就演变为一种带有狂热器物崇拜意味的社会行为。历史上"披金戴银"一直是贵族彰显社会地位、辨别身份、维持权威的标志物。为了迎合上层统治者的欲望，经唐至清一千多年的发展史上，中外能工巧匠不断创新和臻善金银器制作工艺，制造出美轮美奂、极为奢华的首饰、腰带、佩饰，并且创造性地将饰金工艺用于同样富有光泽感的丝织物上。"以著名的纳石失为代表的织金锦成为当时重要的工艺美术品种出现，使我国古代的丝织物织金达到高潮，用金工艺自此成为我国丝织品在装饰艺术表现上的重要手法之一。"③ 前文所述怯薛所穿代表身份地位的皇家宴会礼服质孙服，就是用纳石失制成。按照工艺，元朝的织金锦可分为两类：宋金传统的地络类和西域的特结类。前者是平纹地或斜纹地上络合的片金织物；后者用两组经丝，一组与地纬交织，起地组织，另一组用以固结纹纬。这种结构更能保持金线的平整，利于光泽的呈现，亦有助于大面积织金。典型的纳石失属于后者。④

元代是金属工艺发展的重要时期，蒙古统治阶级成立了官办手工

---

① ［法］勒内·格鲁塞：《草原帝国：记述游牧与农耕民族三千年碰撞史》，李德谋、曾令先译，江苏人民出版社 2011 年版，第 5 页。

② 扬之水：《奢华之色——宋元明金银器研究》第 1 卷，中华书局 2010 年版，第 2 页。

③ 李晓瑜：《新疆"金妆"文化的历史地位》，《艺术与设计（理论版）》2019 年第 3 期。

④ 杨印民：《纳失失与元代宫廷织物的尚金风习》，《黑龙江民族丛刊》2007 年第 2 期。

业作坊，进入"宫廷艺术"时期。① 元代从生产、消费、使用、支配等方面对纳石失进行了严格的把控与管理，更限制在统治阶级上层使用。织造纳石失的官营机构基本集中在大都、上都附近，说明这种纺织品主要用来供应宫廷皇室贵族使用。② 著名的荨麻林纳石失局，据考证就在今河北省张家口西洗马林。拉施特《史集》载："有另一城，名为荨麻林，此城大多数居民为撒麻耳干人，他们按撒麻耳干的习俗，建立起很多花园。"③ 可知察哈尔地区曾聚集了大量擅长"织金绮纹"的西域工匠。1978 年，在内蒙古自治区乌兰察布盟（今乌兰察布市）达尔罕茂明安联合旗（以下简称"达茂旗"）大苏吉乡明水村出土了一批金元时期的丝织品，其中不少为织金锦，④ 也印证了该地区织金工艺曾高度发达。

织金锦复杂的织造工艺，依靠国家力量的组织形式以及对使用阶层的限制，更加丰富了金色的象征意义——在财富价值以外，金色面料又附加了身份标识的功能。始终位于蒙古文化中心的察哈尔部，自然成为这种文化的认同者、使用者、持有者和传承者。元代以后，织金面料的热度逐渐回落，但光泽感面料所表达的身份地位的象征意义，在察哈尔人心中留下了不可磨灭的历史痕迹。

第三，象征光明。

色与光是紧密联系在一起的。现代色彩科学告诉我们：如果没有光线，色觉也就不复存在。⑤ 在人类认识色彩伊始就对最熟悉的日月自然光展开联想，并赋予文化意义。北方游牧民族很早就形成了日月崇

---

① 曹超婵：《金银细工的现状与传承研究》，《美术大观》2018 年第 9 期。

② 杨印民：《纳失失与元代宫廷织物的尚金风习》，《黑龙江民族丛刊》2007 年第 2 期。

③ ［波斯］拉施特主编：《史集》卷二，商务印书馆 1983 年版，第 324 页。

④ 夏荷秀、赵丰：《达茂旗大苏吉乡明水墓地出土的丝织品》，《内蒙古文物考古》1992 年第 1 期。

⑤ ［美］肯尼思·R. 法尔曼、［美］切丽·法尔曼：《色彩物语：影响力的秘密》，谢康等译，人民邮电出版社 2012 年版，第 20 页。

拜的宇宙观念，《史记》记载："单于朝出营，拜日之始生，夕拜月。"① 蒙古族的族源神话有祖先阿阑豁阿"感光生子"的神奇事迹。《黄金史纲》形容："身既降生于达延汗的黄金氏族，而今才将宗喀巴的宗教在蒙古之国显扬得如太阳一般。"② "颜色不是一个有形的物质，而是一个庞大的交互式观念。"③ 他们把日月的耀目光辉常与金银、珍珠的光鉴色泽相互比拟，从而引申出希望、胜利、成功、幸福、辉煌等符号语义。从考古发现的文物来看，佩戴有光泽感的金属饰品在游牧民族中颇为普遍，并且由来已久。在中亚地区，曾经以产金盛地阿尔泰山为中心铺就了一条到达古希腊以及黑海沿岸的"黄金之路"。从哈萨克斯坦的阿尔赞黄金古冢、阿富汗北部的西伯尔罕的黄金之丘墓地以及中国新疆乌鲁木齐阿拉沟黄金古墓，都能找到金饰工艺的脉络。与中原地区的崇玉文化不同，"金所具有的耀眼张扬色泽难以企及华夏农耕民族的文化情怀中，长期被世俗作为财富炫耀及装饰点缀使用"④，但在游牧民族看来，金属的光泽感甚至成为一种追求帝国事业成功与否的一种标志。⑤ 成吉思汗曾坐在阿勒泰山上发誓，要把妻妾媳女"从头到脚用织金衣服打扮起来"⑥。

察哈尔蒙古族服饰上环绕的金银、珍珠物件在光的照射下随着人体的动作而闪耀，给人以光润华美的视觉感受。穿着者也在这种情愫的萦绕下，借由物质材料引发出对幸福生活的想象。光泽感指代的不但是财富、身份，而且被赋予光辉前程的象征寓意，描绘出一幅具有辉煌未来的前景蓝图。显然，日月的持久光辉与金银、珍珠色彩之间

---

① （汉）司马迁：《史记》卷110，中华书局1959年版，第2892页。
② 李守华：《蒙古族与藏传佛教文化》下，《锡林郭勒职业学院学报》2015年第1期。
③ ［美］肯尼思·R. 法尔曼、［美］切丽·法尔曼：《色彩物语：影响力的秘密》，谢康等译，人民邮电出版社2012年版，第2页。
④ 李晓瑜：《新疆"金妆"文化的历史地位》，《艺术与设计（理论版）》2019年第3期。
⑤ Thomas T. Allsen, *Commodity and Exchange in the Mongol Empire*, 1997, p. 12.
⑥ ［波斯］拉施特主编：《史集》，余大钧、周建奇译，商务印书馆1983年版，第359页。

形成了可替换的关系名词，将无形的政治理想凝聚在流光溢彩的察哈尔蒙古族服饰之上。光泽感色彩蕴含的光辉寓意，时刻激励着察哈尔部众的斗志，并在艰苦的创业中不断付诸实践行动，一直忠诚地守护在被誉为"草原上的太阳"的成吉思汗及黄金家族的周围，成为蒙古统治者最忠实的合作伙伴和同甘苦、共荣辱的利益共同体。蒙古统治者也以大肆赐赍金银、锦缎、丝织品的方式，赞扬他们的勇猛忠诚以及金子般宝贵的品质，鼓励他们为充满光明的"从日出到日落之处，皆为天赐吾之大地"的宏伟事业而奋斗。

三　崇拜五色

"五色系统是中国文明的外表。"① 尽管人类能分辨的色彩多达上百万种，但都归于五色体系。五色是指青、② 赤、黄、白、黑。从广义上讲，代表了色彩的五大类；从狭义上讲，单指这五个具有代表性的正色。③《孙子兵法》说："色不过五，五色之变，不可胜观也。"在不同的文化背景下，每个族群对五色的解释不尽相同，披上了各自文化的外衣。蒙古族以"五色"青、白、黄、红、黑（绿）来指代多民族，形成了独特的五色文化体系，并体现在服饰上。察哈尔头饰色彩丰富，由五色构成，红色的珊瑚，黄色的玛瑙、黄金，蓝色的青金石，白色的珍珠、银饰，再以黑色的布衬和乌发衬托，分外美观。袍服颜色也可概括为五色，据地方志资料记载："（近代）察哈尔男子通常穿靛蓝色、蓝色、绛紫色长袍，女子则多穿绿色、暗绿色、蓝色、天蓝色和粉色长袍。夏天穿单

---

① 彭德：《中华五色》，江苏美术出版社2008年版，"引言"第7页。

② 现代汉语词典解释为深绿色或浅蓝色、靛蓝色、黑色，这里指和天空色接近的各种蓝色。

③ 五正色有具体的色彩指向。据研究，先秦五正色以"雉"为染色标准。参见肖世孟《先秦五正色考》，《2017中国传统色彩学术年会论文集》，文化艺术出版社2017年版，第135—160页。

夹袍，一般颜色较淡，如淡绿、粉红、浅蓝、乳白等颜色；冬季多穿老羊皮、羔皮做的袍子，颜色多为青、灰、深蓝等。"① 将这些色彩词汇加以归纳，见表2－1，发现色彩出现的频率依次为青色、绿色、红色和白色。黄色是古代封建统治阶级惯用的色彩，加之格鲁派（黄教）的神化作用，黄色并不流行于普通民众，在民俗生活中通常只作为点缀色出现。下面对四种常用色彩的意义和内涵展开解释。

表2－1　　　　　　　　色彩词汇反映的基本色相数量汇总

色彩词汇		靛蓝	蓝	绛紫	绿	暗绿	蓝	天蓝	粉	淡绿	粉红	浅蓝	乳	青	灰②	深蓝	数量
基本色相	蓝	1	1				1	1				1		1		1	7
	绿				1	1				1							3
	红			1					1		1						3
	白												1				1

（一）青白二色

青色和白色在察哈尔的民俗信仰中具有特殊的含义。罗布桑却丹在《蒙古风俗鉴》中说："论年光，青色为兴旺，黄色为丧亡，白色为伊始，黑色为终结。因此蒙古人把青、白两色作为头等重要的色彩来使用。"③ 原始宗教萨满教和后来传入的佛教，又为青、白二色赋予了更高层次的神圣象征意义。

察哈尔蒙古族服饰尚青，不管是仪式庆典还是日常生活，青色都是服饰色彩中的主旋律。人们对此现象的普遍解释为：蒙古人历史上

---

① 王树明主编：《话说内蒙古·察哈尔右翼后旗》，内蒙古人民出版社2017年版，第192页。

② 灰色在这里所指比较模糊、无法判断，所以归为无效词，不计入数量。

③ 罗布桑却丹：《蒙古风俗鉴》，赵景阳译，辽宁民族出版社1988年版，第227—253页。

信仰萨满教，而萨满教的最高神为长生天，天为蓝色，故有其俗。① 事实果真如此吗？众所周知，13 世纪时，蒙古人主要崇拜长生天，而在元朝时期的历史文献中，从未出现过关于蒙古人尚青的记录。② 元朝建立以后，详细地规定了官员服色等级，《草木子》记载元代官服："一品二品用犀玉带大团花紫罗袍，三品至五品用金带紫罗袍，六品七品用绯袍，八品九品用绿袍，皆以罗。流外受省札，则用檀褐。"③ 服色以红紫为上，青绿居中，檀褐为下。可见，青色对于当时的蒙古族来说，只是众多色彩之一，并未被列入至高地位，因"天"而衣青的观念是人们后来的主观臆断和附会。

实际上，察哈尔穿衣尚青是俺答汗皈依佛教后，吉祥五色观念在蒙古族流行的缘故。五色记载最早见于《十善法白史》跋文："五色四藩大国，即东方之白色莎郎合思、速而不思，南方黄色撒儿塔兀勒、兀儿土惕，西方红色汉儿与南家子，北方黑色吐蕃与唐兀惕，东北必贴衮，东南巴勒布，西南奇列惕，西北大食，中央之四十万青色蒙古与瓦剌。"④ 蒙古史家从藏文史籍里引入了"一个中心四边八族格局"的记载模式，又根据密宗曼陀罗佛教文化加以发展，⑤ 从而形成了五色以及众生之尊青色蒙古的概念。格鲁派还将萨满教的一些宗教内容和仪式，如对长生天的崇拜、祭敖包、祭火、祭山、祭水等活动纳入佛教中来，纳入佛教的万神殿和仪轨中，从而迎合蒙古民众的心理。⑥ 于

---

① 乌云毕力格、孔令伟：《论"五色四藩"的来源及其内涵》，《民族研究》2016 年第 2 期。

② 乌云毕力格、孔令伟：《蒙古文献中"五色四藩"观念的形成与流传》，《光明日报》2015 年 10 月 21 日第 14 版。

③ （明）叶子奇：《草木子》，中华书局 1959 年版，第 61 页。

④ 乌云毕力格、孔令伟：《论"五色四藩"的来源及其内涵》，《民族研究》2016 年第 2 期。

⑤ 乌云毕力格、孔令伟：《论"五色四藩"的来源及其内涵》，《民族研究》2016 年第 2 期。

⑥ 李守华：《蒙古族与藏传佛教文化》下，《锡林郭勒职业学院学报》2015 年第 1 期。

是外来的佛教密宗金刚部曼陀罗（青色）崇拜与本土的萨满教长生天（青色）崇拜融合，无形中就产生了蒙古族独特的尚青习俗。察哈尔部痴迷于崇佛、礼佛，16世纪察哈尔的阿穆岱洪台吉代表图门汗邀请索南嘉错前去传教，17世纪察哈尔的林丹汗组织了大批人力将108卷《甘珠尔经》译成蒙古文，佛教在察哈尔地区得到了积极推广和发展，寺庙林立，僧众遍地。在佛教"器世间（物质世界）"的观念下，察哈尔蒙古族服饰以青色作为最主要的服饰色彩就理所当然了。

白色也是察哈尔蒙古族崇尚的颜色。他们"食白食，衣白衣，住白帐"，有吉祥、美好、幸福之意。萨满教认为白色象征太阳的光芒，代表着西方55重天中的白色天，① 是正义的力量。蒙古语称白色为"查干"。在蒙古族的文化中凡是涉及白色的词汇都被赋予正面意义，如"纯洁的心灵、洁白似乳的心（查干赛特勒）""好心肠（查干沙那）"等。游牧民族自古就有"北族尚白""吉乃素服"的风俗。白衣是正月（查干萨尔，也称白月）参加庆典的袍服色彩，这一传统早在贵由汗时期就形成了。《多桑蒙古史》中谈道："元旦之日诸王贵人将帅等衣白衣，黎明入宫，按朝列四拜，已而在廷中坛上忽必烈碑位前焚香。是日诸城总管及诸省长官依例献白马予皇帝……"② 察哈尔长期服务宫廷，并以"大脚跟"的身份纳入贵族行列中。以"白衣"为贵的观念深刻地影响着察哈尔人，白色一直被看作神圣的色彩。

（二）红绿二色

在察哈尔蒙古族服饰中，红色和绿色的使用较为普遍，兼具神圣

---

① ［蒙古］色·杜力玛：《蒙古象征学》（蒙古文），内蒙古人民出版社2009年版，第216页。

② ［瑞典］多桑：《多桑蒙古史》，冯承钧译，中华书局2004年版，第213—257页。

性和世俗性。早在原始社会时期，先民就已经意识到火与植物是人类世界赖以生存的重要物质，在以"互渗律"① 为主要原则的原始逻辑思维的影响下，先民相信形态各异但色彩相近的事物共同拥有某种生命、本质和属性。因此，察哈尔蒙古人认为，穿戴红色和绿色的服饰会得到上天和祖先的庇佑，从而拥有坚强的意志和茁壮的生命力。

红色象征的火崇拜与绿色象征的植物崇拜，都是原始宗教信仰中自然崇拜的一种。火的出现，给游牧民族带来很大帮助，改善了他们的生活及环境。在古代蒙古人的心目中，火是上天的使者、生产生活的依托，也是精神支柱。② 察哈尔蒙古人至今仍保持着古老的祭火仪式，每年农历腊月二十三日（小）或二十四日举行。③ 他们祭祀的"火"有三重所指：一是天上"火"，即太阳，是一切"火"的来源；二是"氏族的火"，是祖先传给后人的"火"，由"火神"掌管；三是家庭的"火"，保佑全家幸福安康，牲畜兴旺。祭词里说道：

> 九十九天神创造的火种
> 也速该祖先打出的火苗
> 圣主成吉思汗燃旺的火灶
> 众蒙古部落承袭的遗产……
> 祈求火神保佑我们家
> 赐予健康、繁殖、财富和美好的前程！④

现在的祭火仪式逐渐发生了一些变迁，但祭日、祭祖、祈福的含

---

① ［法］列维·布留尔：《原始思维》，丁由译，商务印书馆1981年版，第78—79页。
② 乌仁高娃：《蒙古族祭火仪式的神话仪式分析》，《赤峰学院学报》（汉文哲学社会科学版）2016年第12期。
③ 纳森主编：《察哈尔民俗文化》，华艺出版社2009年版，第131页。
④ 乌仁高娃：《蒙古族祭火仪式的神话仪式分析》，《赤峰学院学报》（汉文哲学社会科学版）2016年第12期。

义始终不变，红色在服饰中也总是被赋予蒸蒸日上、吉祥如意等特殊的含义。绿色的草原是察哈尔蒙古人的生活家园和精神家园，植物本身为人们的衣食住行直接或间接地提供生活来源，并形成了"草木皆神、万物有灵"的植物崇拜观念，民间还有"树生神话"的族源传说。察哈尔蒙古人特别喜欢穿各种深浅不同、纯度不同的绿色，巧妙地利用相近的色彩在神与人之间建立起联系，将这些生存环境中与自己息息相伴的熟悉之物、自然中的可见之物、传说中的想象之物，转化为服饰的形式展现出来，使看得见与看不见的世界合而为一。① 自然界色彩的崇拜是"人类以虔诚的心理、炙热的情感谋求与强大而神秘莫测的自然和解，不断克服莫名的恐惧心理，进而谋求生存空间的扩大、生存技能的提高和种族的繁衍，以期不断探寻自然的奥秘，破解人类生存遭遇的种种窘境"② 的方式和手段。从认识论视角看，这是在生产力水平和人类认知水平较低的时代，人类屈服和崇拜自然的表现。从辩证统一的历史唯物主义视角看，又有着深厚的物质生产生活根源。

本章小结

民族服饰是一个有机的符号系统，质、形、色是其最基本的构成要素。正如不同的文字标点可以构成不同的语篇、不同的音乐符号可以构成不同的曲目，服装的各构成要素也可以组建成不同的服饰文本。它们除了具有"能指"的表现形式以外，还具有"所指"的意义功

---

① 梁劲芸、胡玉康、李纶：《德昂族传统服饰色彩及其审美文化探讨》，《西南边疆民族研究》2017 年第 1 期。
② 包桂芹：《蒙古族萨满教的历史文化根源》，《北方民族大学学报》（哲学社会科学版）2016 年第 5 期。

能。在历史发展的各个阶段，人们不是被动地接受这些形式，而是有意识地采借和选择意义，用来谋求族群的生存和发展。建构主义认为，事物的形式和意义都是在特定的历史条件下或社会背景中被各种力量的当事人选择、认定、分类、附会、粘贴甚至拼凑而成的。① 服饰作为一个社会文本，其意义自然也是在不同时代以及不同人群的解读中逐渐被附丽、追加或阐释的。正如历史学家钱乘旦所言："一切历史都是写出来的。"② 事实上，我们并不能揭示历史的真相，重要的是揭示作为"社会事实"所产生的意义，以及成为"社会事实"的原因、过程和影响。也可以说是为社会文本备注"解释的解释""意义的意义"。

　　察哈尔蒙古族服饰的质、形、色，是围绕社会政治、经济、宗教、技术等展开的家国叙事。当深入挖掘整理具体史料的时候，那个距离我们已经相当遥远的时代和遥远的人群以及他们所要展示的文化观念，便借助这些"物的构成要素"层层出在我们面前，再次鲜活起来。格尔兹提出，民族志属于地方性的艺术，是借用地方性知识建构出来的体系，其背后均以历史与文化为支柱。因此，在讨论察哈尔蒙古族服饰质、形、色的象征意义的同时，又不得不将目光投向符号之外更为宽广的历史文化图景。曾经处于脆弱的草原生境和严酷自然环境之中的察哈尔先人，通过与历代蒙古统治者的密切合作，凭借骁勇善战的军事才能，屹立于蒙古政治文化的中心，在财富和地位的再分配中赚取了丰厚的物质回报，构建了以政治制度为中心的服饰体系；而当政治凋零以后，在物质贫乏的艰难环境中，又因势利导地开拓出以生活需求为导向的多元服饰；即使附庸于他族统治之下，文化发展前进的

――――――――――――

　　① 周星：《本质主义的汉服言说和建构主义的文化实践——汉服运动的诉求、收获及瓶颈》，《民俗研究》2014 年第 3 期。
　　② 钱乘旦：《前言：解读时空——历史与写历史》，载《思考中的历史：当代史学视野下的现代社会转型》，北京师范大学出版社 2015 年版，第 3 页。

脚步也没有停止，反而形成了以民族融合为特色的部族服饰。他们还将自身的生活观念和宗教信仰投射到服饰的色彩上，既崇尚简素的色彩，又崇尚光泽之色，也崇拜五色，形成了独特的审美观念。在历史的进程中，为了赢得族群生存发展的空间，获得合法性的权利，他们始终赋予着形形色色的质、形、色象征符号的形式和意义，谱写出一部关于族群服饰生命的独特历史。而这部服饰史，对他们现在的生活又会产生哪些影响？在社会变迁的新语境又会有怎样的发展？笔者将在下文中详细阐释。

第三章 仪式场景下察哈尔蒙古族服饰的文化重构

由于生态、社会、文化、经济的变迁，现代察哈尔蒙古族服饰的生存空间和文化内容都发生了巨大的变化：一方面，传统服饰的穿着场合从广阔的日常生活浓缩到狭窄的仪式空间，退位为礼仪服饰；另一方面，察哈尔蒙古族服饰在仪式的场景下得以重构，展示内容和意义进一步丰富，传播范围也突破了族群边界的限制，扩展到更为广阔的国家公共领域，呈现出这个时代独有的多元和多彩。

"仪式"是一个具有理解、界定、诠释和分析意义的广大空间和范围，被认为是一个"巨大的话语（large discourse）"①。"所谓仪式，从功能方面来说，可被看作一个社会特定的'公共空间'的浓缩。这个公共空间既指一个确认的时间、地点、器具、规章、程序等，还指称由一个特定的人群所网络的人际关系。"② 仪式是各种象征符号共同建构的集合体系，通过符号秩序来实现仪式的社会化。服饰属于仪式符号系统中的一个单元，具有物质文明和精神文明的双重符号属性，被维克多·特纳称为"社会皮肤"（social skin）。仪式与服饰二者是共生

---

① 彭兆荣：《人类学仪式的理论与实践》，民族出版社 2007 年版，第 1 页。
② 彭兆荣：《人类学研究仪式述评》，《民族研究》2002 年第 2 期。

的关系，仪式的展演离不开服饰，服饰的存续也离不开仪式。近年来，人类学、民俗学者们将仪式符号系统中的民族服饰视为民族文化研究的新切入点。在现代语境下，察哈尔蒙古族服饰作为仪式中的显性符号，其展演行为和重构现象反映出当下察哈尔的社会文化现实和社会结构秩序。所以，探析察哈尔蒙古族服饰的仪式展演行为，是理解当下察哈尔蒙古族社会文化的重要途径。

第一节　传统仪式的变迁与重构

察哈尔蒙古族自古重视礼仪，有着丰富的集体性节庆仪式和个体性人生礼仪。目前，集体性节庆仪式以传统节日和公共集会活动为载体，① 包括集体性的祭敖包仪式、祭火仪式和耐亦日、那达慕集会；家庭内聚式的个体人生礼仪贯穿了人的一生，包括出生礼、成人礼、婚礼、寿礼、葬礼等。随着现代化过程中的全球化、社会转型等外来文化因子的介入，以及族群传统文化价值的本土化再开发利用，外来因素与传统因素的互动激发了仪式的重构，察哈尔仪式活动的形式和内容都呈现出越来越复杂多样的态势。但是，这些仪式的功能并未消失，仍然以民俗信念为基础，通过反复的操演不断强化着族群的集体记忆与价值认同。

一　传统仪式的变迁

（一）祭敖包仪式

察哈尔蒙古族祭祀敖包最常见的时间是在每年的农历五月初七或

---

① 关于集体性节庆仪式的分类参考了张曙光的观点。张曙光：《那达慕：蒙古族古老而现代的节日》，《内蒙古艺术学院学报》2011 年第 3 期。

十三，也有的敖包自己择日祭祀，因此，各地略有不同。敖包原意是指堆起来的石头，① 祭祀仪式表达了游牧民族崇尚自然、敬畏生命、感恩馈赠的朴素生态观念。敖包祭祀的传统早期结合了萨满教文化，后来由于佛教的盛行形成了萨满教（荤祭）和藏传佛教（素祭）相结合的祭祀形式，② 文化内涵也从原本单纯的自然崇拜逐渐演化成包含了祭祀自然、宗教习俗、精神寄托等意义于一体的复合概念。敖包祭祀的规格从大到小依次为皇家祭祀、鄂托克祭祀、苏木祭祀、浩特或户祭祀，多则上万人，少则几十人。现在的敖包祭祀多数以行政区域的旗县为单位，属于中等规格的祭祀活动，如位于察哈尔右翼后旗的汗乌拉敖包就是附近旗县共同祭祀。清朝时期，察哈尔八旗作为军政合一的重要机构，敖包祭祀还附带统计兵丁数目、检查武器装备、检阅军事训练等功用。③ 祭祀敖包仪式一直处于相对封闭的文化空间内，参加人员也集中在族群内部，因此，祭祀过程较完整地保持着先人留下的传统。祭祀当天，成年男子和儿童（妇女不参加）穿戴节日盛装携带哈达、奶酒等贡品在天亮前就开始登上敖包。祭祀仪式由俗人司祭专家主持和维持秩序，待众人到齐，仪式开始。司祭泼洒鲜奶，口诵母语桑，④ 喇嘛高诵祭文。祭文结束时，司祭带领众人一齐招福。参加招福的人们手持食物顺时针转动，齐呼"呼瑞"。而后，众人叩拜敖包，再有序地围绕敖包顺时针绕三圈，依次向敖包敬献哈达、奶食品、敬酒等贡品，祈福这一年风调雨顺、人畜兴旺。

---

① 斯琴格日乐、乌达木：《论察哈尔蒙古族传统节日的宗教影响》，《集宁师范学院学报》2019 年第 1 期。

② 荤祭献整羊、奶食、白酒、糕点，如那仁格日勒浩特的达希勒敖包；素祭献奶食、白酒、糕点、油饼、炒米。

③ 扎·普林嘎编译：《察哈尔东部佛教与敖包文化概况》，内蒙古高艺文化传播有限公司 2010 年版，第 141 页。

④ 不同的敖包有不同的母语桑祭词，如察哈尔左翼正白旗祭祀一位将军的祭词称为"朵颜敖包桑"。

（二）祭火仪式

察哈尔蒙古族崇尚火神，祭火仪式一般在腊月二十三举行，传说这一天是火神降生的日子，还有一说是火神上天庭汇报一年工作情况的日子。因为察哈尔先民有的在朝廷供职，赶不回来，所以个别家庭有在腊月二十四祭火。祭火仪式前，全家人穿上新衣服，妇女们戴上头饰，确切的时间是在傍晚太阳落山之后，晚上9点之前举行。首先，长者（必须男士）点燃象征火神居所的"图拉嘎"①，并诵念祭火经。其次，在男主人的带领下全家行三跪九叩之礼。礼毕，男主人诵念祝赞词，女主人于蒙古包东南角手捧盛满奶食、红枣、冰糖、羊胸叉、阿木苏粥的招福桶，口呼："呼瑞！呼瑞！呼瑞！"收集福气。再次，家中的长者出蒙古包为五畜涂抹酸奶鲜奶、戴色特尔②，祈祷来年五畜繁盛。最后，全家再聚回到包中，按照长幼秩序坐好，男主人给全家人分食祭品，长辈向晚辈送上祝福，饮酒娱乐狂欢至深夜才毕。祭火仪式并非单一的民俗事象，它归属于过年这一民俗系列构成中的一环。从祭火这天开始便正式进入了"查干萨日"③，即白月、正月共三十天左右的文化时间。祭火开始至除夕共七日称为"七日无主日"，也称"七日的聚福日"，也就是维克多·特纳说的仪式过程的阈限阶段，有去旧迎新之意。在社会变迁的影响下，察哈尔蒙古族面临传统大家庭的分化、居住条件的改变、牧民城镇化的迁移等诸多问题，祭火仪式也随之发生改变，家庭祭祀仪式逐渐减少，被各地政府主导的集体祭祀仪式取代。从2010年以来，察哈尔右翼后旗、正蓝旗、镶黄旗等地区已举办多届集体祭火仪式。为了适应集体祭祀的形式，仪式在户外

---

① 指火炉子。
② 用蓝、白、红、黄、绿五种颜色布帛制成。
③ "查干"意为白色，"萨日"意为"月"，查干萨日意为白月。

广场上举行，政府还订制了大型的"图拉嘎"营造气氛。伴随着古老经文的诵读，领导嘉宾、主祭师和群众点燃圣火，同时把祭献物放进燃烧的火灶里，祈求火神赐福，保佑国泰民安、五畜兴旺、无病无灾。

（三）耐亦日与那达慕集会

"耐亦日"在蒙古语中是聚会、集会、庆祝会、联欢会等一切节庆活动的统称。草原上地广人稀，耐亦日为不同角色身份的人群提供了欢聚交流的机会和实践族群身份的空间，是凝聚当地社群组织和身份认同的重要场合。自古以来，察哈尔蒙古族的"耐亦日"就是多元化的。由于民俗活动主题的不同，形成了形形色色的"耐亦日"，如"敖包因耐亦日（敖包会）""乌热本耐亦日（周岁礼）""纳森坦乃耐亦日（老人寿辰会）""呼训耐亦日（旗那达慕）""苏门耐亦日（庙会）"等。

"那达慕"一词在蒙古语中有"娱乐""游戏""游艺"之意，也做"戏弄、玩笑"解，① 是以摔跤、赛马、射箭（俗称"男儿三艺"）为核心的竞技活动。那达慕历史悠久，早期的那达慕活动总是依附于各种"耐亦日"节庆活动而存在，如在祭敖包之后，通常会举办不同规模的那达慕，也称敖包盛会。因此，从本质上说，那达慕可称为"那达慕耐亦日"。入清以后，那达慕开始有组织、有规模举行。中华人民共和国成立以后，那达慕在发展的过程中逐渐摆脱了节日的束缚，可以不依托于节日而单独举办，如正蓝旗举办的浑善达克冬季那达慕，就是区域性质的独立盛会。所以，现代意义上的那达慕实际上是一种相当晚近的新传统。

总之，耐亦日与那达慕集会都是可复合和再生的名词，具有复杂多变的特点，在与现代的政治、经济、文化相遇时，又可以结合并生出许多新的主题。

---

① 张曙光：《蒙古族那达慕辨析》，《大连民族学院学报》2008 年第 4 期。

（四）人生礼仪

人生礼仪是指人的一生从出生到死亡，每一个重要的变化节点所举行的仪式。伴随着这些仪式，人的自然年龄和社会角色也在不断发生着转化。察哈尔蒙古族的人生礼仪主要包括出生礼、成人礼、婚礼、寿礼和葬礼。

蒙古族的人认为出生是最重要的日子，《黄金史》中就记载了成吉思汗训诫儿子，让他记住父母给予生命恩典，生日才是最重要的日子的故事。① 察哈尔蒙古族的一个习俗是在孩子出生后要进行洗礼（出生三天）、满月宴、起名、周岁、认干亲、剪胎发（三岁）等一系列仪式，祝福孩子茁壮成长，同时也表达了家庭、社会对他/她的接纳。

成人礼预示着孩子进入成人社会，逐渐承担起社会责任，开始准备谈婚论嫁。

婚礼是个体建立家庭的重要阶段，是人生的大礼，因此，仪式也最为复杂和烦琐。结婚前要经过提亲、相亲、预订婚（放小哈达）、正式订婚（放大哈达）、祝福新房、开脸等仪式。出嫁前一天，女方家里设"姑娘宴"。婚礼当天有迎亲、祭祖、拜天、认亲、大宴等仪式。以前新郎、新娘两家路途较远的还有喝住宿汤的仪式。举行完婚礼，还要进行答谢亲友、回门等仪式。

老人的寿礼一般择 61 岁、73 岁、84 岁的本命年生日，或 60 岁、70 岁、80 岁整岁中其一的正月举行，有祝福健康长寿之意。

葬礼是人生礼仪的最后一个大礼，由听银魂铃、燃长明灯、报丧、准备后事、行善之礼、求缘、念玛尼经、更衣入殓、停灵柩、设供桌、居丧、出殡、招福、清扫、独括、② 善事回报、探坟、解孝等环节组

---

① 樊永贞、潘小平编著：《察哈尔风俗》，内蒙古教育出版社 2010 年版，第 24 页。
② 也称福膳，用大米、葡萄干、黄油、甜枣等煮熟的粥招待前来吊唁和帮忙的亲属。

成。例如，在今，现代语境下的人生礼仪也不可避免地出现了变迁，仪式环节在不同程度上趋于简化，仪式的内容融入许多新时代元素，体现出察哈尔蒙古族在文化传承过程中的自觉调适。

二　传统仪式的重构

（一）神圣仪式的世俗化

察哈尔蒙古族的祭祀礼仪源远流长，具有神圣意义。它最初源于宫廷，后来在发展中又与宗教有着密切的联系。察哈尔蒙古族早期信仰萨满教，祭敖包、祭火等仪式按照萨满教的仪轨进行，后来随着佛教的广泛传播，又重构了这些祭祀仪式的组织传统，并自成体系。中华人民共和国成立后，经过各种政治运动和无神论教育，宗教逐渐趋于淡化，祭祀仪式的组织行为逐渐被民间组织取代，从喇嘛组织仪式改为邀请喇嘛出席，[①] 从最初的神圣化逐渐走向世俗化。尤其是与之密切联系的那达慕，因其包含游艺性质的竞技活动，深受民众的喜爱，具有广泛的群众基础，而被当地政府有目的地发掘、提取，逐渐发展为一项脱离宗教仪式，集群体性的体育、娱乐、物资交流于一体的大型聚会。据学者调查，"那达慕"一词最早见于 1948 年 10 月 21 日《人民日报》，标题为《内蒙古呼伦贝尔盟"那达慕"大会的报道：宣传我党对游牧区政策，强调人畜两旺繁荣草原贸易》。[②] 可见，从中华人民共和国成立初期，那达慕就结合新时代的政治、经济、文化，形成了官方支持或主导、民间参与的新传统。实际上早在清朝时期，那达慕就已经开始了与商业贸易的广泛联系。如今，察哈尔地区的政府部门更加有意强化那达慕的商业功能，传播空间和参与人群辐射到周边、全国甚至世

---

① 邢莉：《当代敖包祭祀的民间组织与传统的建构——以东乌珠穆沁旗白音敖包祭祀为个案》，《民族研究》2009 年第 5 期。

② 张曙光：《蒙古族那达慕辨析》，《大连民族学院学报》2008 年第 4 期。

界,成为一项更为广阔的公共性的活动,使那达慕仪式传统通过不断世俗化的发展而得以维系。

（二）传统仪式的创新化

近年来,受到国家政策、市场经济、文化复兴的影响,察哈尔的传统仪式被赋予全新的意义和价值,出现了政府主办的服务于不同政治、经济、文化主题的节日庆典活动。例如,锡林郭勒盟正蓝旗2019—2020年政府组织的一系列节日庆典活动,见表3-1,出现频次最高的是各种主题的那达慕。那达慕传承久远,核心元素具有相对稳定性,而其娱乐、游艺的性质又能与国家提倡的体育竞赛、旅游发展的理念相契合,因而被持续创新和改造成为族群内外传播最广泛、最具群众基础的公共节庆活动。在仪式重构的过程中,察哈尔地方政府因时因地制宜地将那达慕这一"元民俗",在时间上与国家节日庆典相重合,地点上与自然景观等地方文化元素绑定在一起,形成形式多样的"异民俗",并频繁展演于旅游旺季,体现出国家权力主导下的民间仪式的时代创新和活力传承。

表3-1 正蓝旗 2019—2020 年节日庆典活动

庆典活动	活动时间	活动地点
国际儿童节文艺那达慕	2019 年 5 月 25 日	上都镇忽必烈广场
第十一届旗敖包祭祀活动	2019 年 6 月 8 日	上都镇西南侧的旗敖包
金莲川赏花节暨锡林郭勒少年那达慕	2019 年 7 月 18 日	元上都遗址
第十七届浑善达克冬季那达慕	2019 年 12 月 21 日	百格利生态旅游牧场
集体祭火仪式	2020 年 1 月 17 日	上都镇生态园
第十二届全民健身日系列活动	2020 年 8 月 8 日	上都镇忽必烈广场
第十一届察干伊德文化节	2020 年 8 月 26 日	上都镇忽必烈广场

此外，个体化的人生礼仪也随着人们生活习俗的改变而不可避免地出现了新的变化。现代居住空间、交通方式、生活观念、日常交往等各方面的变革，切实地影响着人们生活的方方面面。生根于民俗生活的人生礼仪，在文化的嬗变中融合时代因素不断地创新和重构，进而衍生出新的仪式传统。正如有的学者所说："现存的某些新的方面（至少是其中的一部分）必须被卷入传统意义的世界之中，而传统也必须被新的群体成员及其世界所理解。"①

第二节　仪式服饰的符号展演

　　察哈尔蒙古族服饰是察哈尔族群文化的重要象征符号。从历时的角度来看，察哈尔蒙古族服饰历经各种社会组织的形态变迁，依然活跃在察哈尔蒙古族人的生活中，通过仪式展演记载和传递着族群文化，既借用了传统，也重构了传统。从共时的角度来看，仪式是一种浓缩的社会场景符号，仪式中的服饰是浓缩的仪式符号，察哈尔蒙古族服饰以微观展演的形式再现了当下宏观的社会文化。

一　民族服饰展演活动的服饰符号

　　自 2017 年开始，察哈尔右后旗人民政府以庆祝内蒙古自治区成立70 周年为契机，在当地举办大型民族服饰展演活动。从政府副旗长的致辞中可以看出，该项活动有两个目的：一是传承和弘扬察哈尔文化，增强民族自信和文化自信；二是促进民族团结，推进民族文化事业的交流和繁荣。基于以上目标，察哈尔民族服饰展演活动开始以每年一届两季的形式固定下来，目前已举办四届。按照传统游牧民族以物候

---

① Victor. Wurner. Turner, *The Forest of Symbols*: *Aspects of Ndembu Ritual*, Ithaca, N. Y.: Cornell University Press, 1967.

循环周期来安排节日的规律，活动时间大致固定在水草丰美的夏季和白雪皑皑的冬季，① 这时候繁忙的牧区工作告一段落，牧民相对闲暇。夏、冬两季展演活动的形式和功能略有不同。夏季是草原旅游的高峰期，展演活动与察哈尔美食文化节、中俄蒙商品博览会合并举办，声势浩大，辐射范围广。展演团队以方队的形式在开幕式上进行服饰表演，除了地方团体组合、单位组合、家庭组合外，还有受邀而来的其他地区蒙古族服饰演艺团体。活动综合服饰表演、美食、商贸于一体，明确地指向文化旅游产业的融合发展，不仅扩大察哈尔文化产业的对外影响力，更突出了借助文化发展商业贸易的经济目的，因而吸引了全国各地众多的游客。冬季展演活动与祭火节仪式合并举办，参与展演的人员主要是当地民众自发组队，也有一些摄影爱好者、民俗文化体验者前来观看。活动的主要作用是加强当地政府与民众的沟通，凝聚群体成员，同时附带文化宣传的功能。正如高丙中总结的那样："民间仪式是否被国家部门及其代表所征用，主要取决于它们潜在的政治意义、经济价值。"② 虽然察哈尔民族服饰展演活动不是传统的民间仪式，但它所使用的服饰符号"暗含与过去的连续性"，强调了服饰符号与过去的历史和生活的联系，具有潜在的文化价值和经济价值。活动以平行展演的模式，即将传统的、改良的、贵族的、平民的以及各个历史时期的服饰一一呈现在族群内外的观众面前，对内起到文化传承和社会团结的作用，对外起到文化传播和经济营销的目的。

---

① 夏季活动举办于 2017 年 8 月 6 日、2018 年 7 月 9 日、2019 年 6 月 19 日；冬季活动举办于 2018 年 2 月 10 日、2019 年 1 月 28 日、2020 年 1 月 17 日。从 2017—2020 年，共举办四届。

② 高丙中：《民间的仪式与国家的在场》，《北京大学学报》（哲学社会科学版）2001 年第 1 期。

第一组服饰符号：艺术团展演元代宫廷服饰

内蒙古火雅艺术团方队模拟和再现了元代宫廷仪仗卫队。首先，一群手持苏力德的"怯薛卫队"簇拥着身穿大汗服饰的"成吉思汗"鱼贯入场。"成吉思汗"头戴织锦暖帽，留三搭头，身穿织锦袍，披答忽衣，腰悬佩饰，威风凛凛。"怯薛卫队"或头戴卷檐将军帽或头戴圆檐钹笠帽，身穿同色锦袍，脚蹬蒙古靴，护卫在"大汗"身边。接着入场的是一行头戴高耸罟罟冠，身穿华丽织金锦礼服，肩披贾哈的"贵族妇女"。"大汗""怯薛卫队"和"贵族妇女"的服饰是典型的元代宫廷宴会所穿的"一色服"，上下同质，颜色统一，但在服装的造型上更为夸张，颇具舞台表演的风范，如图3-1所示。演出成员介绍说："艺术团是2007年成立的，主要是公益演出，成员都爱好表演，自发参加，年龄40—70岁不等。今天30多人专门租大巴车赶过来，表演的节目叫《天骄礼赞》，是开场节目，很受重视，也很隆重，主要

图3-1　大汗仪仗服饰①

---

① 拍摄时间：2018年7月9日；拍摄地点：察哈尔右翼后旗马头琴广场；拍摄者：李洁。

是想给观众展现自己的历史文化。"① 火雅艺术团的表演不仅为观众展示了元朝精美的宫廷服饰，还用历史叙事的方式"再现"了察哈尔蒙古族服饰产生的历史语境，唤起察哈尔部昔日曾为大汗驻帐部族的辉煌，昭示了察哈尔部与大汗黄金家族的密切关系。团体成员用自己独特的方式传承着自身的传统文化，体现新时代民众的文化自觉和文化自信。

第二组服饰符号：民间乐团服饰

阿斯尔艺术团方队身穿艳丽的宫廷服饰，手持乐器出场，察哈尔是宫廷音乐阿斯尔的发祥地。据考证，阿斯尔最早起源于成吉思汗西征时征用的"西夏旧乐"，进入元代宫廷以后又发展出自己的特色，清朝以后逐渐流入民间。近年来，随着国家对非物质文化遗产的重视和保护，阿斯尔在察哈尔地区重现光彩，当地陆续成立了多个艺术团。锡林郭勒盟镶黄旗被国家文联命名为"中国阿斯尔音乐之乡"（2008），乌兰察布市察哈尔右后旗被文化部命名为"中国民间文艺之乡——阿斯尔音乐之乡"（2010）。阿斯尔艺术团女子分戴三种帽饰：罟罟冠、尖顶立檐帽和简单的头戴，袍服是具有舞台表演特色的改良蒙古袍，有的在外面加套一件奥吉以示隆重。男子服饰较为朴素，统一头戴礼帽，身穿蓝色蒙古袍，腰系橘色腰带。服饰虽形式多样，但整体呈现出"一色服"的宫廷服饰共性。与上一组展现元代皇室贵族的服饰相比，阿斯尔乐团服饰的华丽程度稍微逊色，体现了历史上阿尔斯乐工的职业身份和与皇室贵族之间的等级区分。

第三组服饰符号：服饰经营者展示的服饰

在服饰展演活动上，来自各服饰公司的方队最多，如2018年夏季展演的团队中服饰公司就超过团队总数的1/4。模特身穿各式精美的民

---

① 访谈对象：内蒙古火雅艺术团成员，男；访谈人员：李洁；访谈时间：2018年7月9日；访谈地点：察哈尔右翼后旗马头琴广场。

族服饰簇拥着设计师一同出场，将展演舞台变成一个大型的 T 台现场。
如图 3 - 2 所示。察哈尔蒙古族服饰传承人朝鲁孟说："我们这里举办
这么大的服饰活动，我肯定积极参加，一来是支持咱们政府和协会，
再就是这么好的文化要让人们知道。这些服装都是我新版做的，女性
戴的全套头饰、婚礼穿的奥吉，还有三道边的蒙古袍都是传统的。"①
三宝服饰有限公司展示的是保留了某些传统服饰元素的改良蒙古袍，
公司负责人阿力玛说："现在人们爱穿现代蒙古袍，我们的服装主要是
突出舒适、美观的特色，迎合时尚潮流。这些情侣装、亲子装都特别
受欢迎。"② 对民族服饰经营者和察哈尔蒙古族服饰传承人来说，一年
两度的察哈尔民族服饰展演活动是她们展示自己优秀作品和

图 3 - 2 服饰经营者展示的服饰③

---

① 访谈对象：朝鲁孟，女；访谈人员：李洁；访谈时间：2018 年 7 月 9 日；访谈地点：
察哈尔右翼后旗马头琴广场。

② 访谈对象：阿力玛，女；访谈人员：李洁；访谈时间：2018 年 7 月 9 日；访谈地点：
察哈尔右翼后旗马头琴广场。

③ 图片源于火元工作室：第三届察哈尔蒙古族服装服饰展演剪影，http：//www. mgl9.
com/post/3637. html，2020 年 2 月 23 日。

精湛技艺、提升知名度的重要场合。各公司的经营定位不同,展示的服饰也各不相同,有传统的也有现代的,有舞台的也有生活的,丰富多彩的服饰折射出当地人既追寻传统,又追求时尚的生活现实。

第四组服饰符号:政府团队服饰

代表地方政府参演服装表演的事业单位方队及社团组织方队有来自察哈尔右后旗民族宗教事务局、乌兰牧骑、察哈尔文化促进会等单位的人员。他们一般都统一穿着较为简单朴素的改良蒙古袍,装饰较少,戴简单的民族头饰或缠头,如图3-3所示。"我们穿的这个是单位统一的,就是蒙古袍,但不是察哈尔的。"① 团队成员介绍说。与其他团队穿着的各具特色的华装礼服不同,政府团队重点展示的不是某

图3-3　政府团队服饰②

---

① 访谈对象:察哈尔右翼后旗民族宗教事务局职员,女;访谈人员:李洁;访谈时间:2018年7月9日;访谈地点:察哈尔右翼后旗马头琴广场。

② 拍摄时间:2018年7月9日;拍摄地点:察哈尔右翼后旗马头琴广场;拍摄者:李洁。

一件衣服的样式、色彩、做工、裁剪，或者说不是服饰本身，而是整齐划一的国家行政区域的地方化身份。蒙古族小学方队和察哈尔右后旗民族幼儿园方队有的身着民族服饰，有的身着搏克服饰，有的携带弓箭，展示了少数民族地区学生朝气蓬勃的形象和当地政府推广民族传统体育教育的导向。可见，地方政府参演的潜在目的主要是宣传地区特色文化，弘扬民族精神，吸引旅游和商贸资源，从而完成脱贫攻坚、乡村文化振兴和全面小康等工作目标。

第五组服饰符号：地方特产经营者服饰

与察哈尔民族服饰展演活动联合举办的美食文化节上的产品经营者和祭火节上的"塔布嘎"奶食经营者，都是来自当地店铺的经营者，如图 3－4 所示。他们在进行方队表演后，守在自己的摊位前介绍产品、招揽顾客。经营者敖日勒坦言："要想多卖东西就得穿蒙古袍，身份很重要。人家外地来的游客就是想买当地特产，只有穿上袍子，人家

图 3－4　地方特产经营者服饰①

---

① 拍摄时间：2018 年 7 月 9 日；拍摄地点：察哈尔右翼后旗马头琴广场；拍摄者：李洁。

才知道卖的这个东西是当地人自己做的，是好东西。"① 经营者穿的蒙古族服饰既不是华丽复杂的宫廷礼服也非改良版的现代蒙古袍，而是察哈尔蒙古族最传统、最典型的三道边蒙古袍。这种传统袍服既可以在正式场合当成礼服来穿，也可以在平时当常服穿，是当地察哈尔蒙古族人手必备的代表性服饰。服饰符号既象征着他们的族群身份，也间接地为自己经营的产品打上"正宗地方特产"的品牌效应，从而赢得消费者的信赖。

二 祭敖包、那达慕仪式服饰符号

没有草原的生产生活，就不可能形成那达慕。没有宗教祭祀的推动，那达慕的娱乐化进程也不容易保持。② 牧民的一切生活都是"以五畜的需要出发"，祭敖包和那达慕都包含了对牧业生产的祈祷和祝福，不同的是，前者是神圣的祭祀仪式，后者是世俗的娱乐活动。当祭敖包仪式开始时，民众在喇嘛的带领下从世俗空间进入神圣空间，仪式结束后，民众又随着那达慕竞技比赛再次回到世俗空间，完成"世俗—神圣—世俗"的转化。维克多·特纳在《仪式过程：结构与反结构》③ 中将人的社会活动理解为结构与反结构（日常状态和非日常状态）两种类型，不管是神圣的祭敖包仪式，还是世俗的那达慕活动，二者同属于非日常行为，因此在穿着上也体现出非日常的节日特点，其中喇嘛僧人的神圣服饰、选手的比赛服饰和民众的礼仪服饰共同组成了祭敖包仪式和那达慕活动的符号体系。

---

① 访谈对象：敖日勒，男；访谈人员：李洁；访谈时间：2018 年 7 月 9 日；访谈地点：察哈尔右翼后旗马头琴广场。

② 张曙光：《蒙古族那达慕的符号化发展与族群认同》，《内蒙古大学艺术学院学报》2015 年第 1 期。

③ 维克多·特纳：《仪式过程：结构与反结构》，黄剑波、柳博赟译，中国人民大学出版社 2006 年版。

第一组服饰符号：喇嘛僧人服饰

祭敖包常邀请周边寺庙的喇嘛僧人来念诵经文，如察哈尔右翼后旗的祭祀活动会邀请阿贵庙或红旗庙的喇嘛僧人出席，他们不论何时何地，披单、法衣、丁瓦三件不离身。

熬日和木吉是喇嘛僧人穿的袈裟，亦称披单。它实际上是一块长约10米、宽约1米的毛料或布料制成。颜色有红、黄、紫三种，察哈尔地区的喇嘛僧人一般穿紫色，把它披在左肩，一角从右腋下围起，再从左肩上甩到背后，或者将甩后的一角再从右腋下或右肩上披起。[①]在他人家借宿时，披单或枕或铺地或加盖在身上。察哈尔地区的喇嘛与人行见面礼时，要将袈裟一角置于胳膊下，称为"卸袈裟"礼。袈裟禁止女性碰触。

法衣，蒙古语称"却高"，是用黄色的库锦布料制成的僧侣服饰，在经会上穿着。传统的法衣由7片布料缝合而成，缝合时专门缝出6条布棱子，象征经卷。[②]

丁瓦是喇嘛坐的小褥垫，有长方形和正方形两种。在经会时，喇嘛将皮靴、布靴脱掉，盘坐于丁瓦上。

第二组服饰符号：摔跤手服饰

在那达慕活动中，比较重要的一个服饰是摔跤服。察哈尔摔跤服由江嘎、昭德格、班吉拉、拉吉尔、陶浩和搏克靴子组成。

江嘎是摔跤手脖子上戴的项环，上面缀有蓝白红绿黄五色彩条，象征蓝天、白云、太阳、草原和大地，表达了尊贵、快乐、吉祥、平安、和谐的含义，[③] 它是摔跤手地位和荣誉的象征。摔跤手满达胡说：

① 潘小平、武殿林主编：《察哈尔史》，内蒙古出版集团、内蒙古人民出版社2012年版，第1028页。

② 樊永贞、潘小平编著：《察哈尔风俗》，内蒙古教育出版社2010年版，第62页。

③ 樊永贞、潘小平编著：《察哈尔风俗》，内蒙古教育出版社2010年版，第61页。

"选手每获得一次胜利就在江嘎环上系一彩条，彩条越多证明胜利的次数越多，越受人尊敬。江嘎是神圣的、洁净的，别人触摸会损坏自己的运气。"① 道格拉斯认为这种因接触而带来"危险"的观念，是古老巫术观念的体现。摔跤手将自己的人气、运气与江嘎紧密相连，反映了人类早期物我合一的思想。同样，退役的摔跤手将自己的江嘎传给有志于此的年轻摔跤手，也是巫术接触律的体现。当年轻的摔跤手戴上年老的摔跤手赠予的江嘎时，意味着能量、好运就会随着江嘎传递过去，其中包含着上一代对下一代的期望和祝福，也是蒙古社会文化传承的一种方式。

昭德格是摔跤手比赛时所穿的皮质短坎肩。它分为封闭式和敞开式两种，察哈尔蒙古族选手比赛时穿敞开式坎肩。昭德格是用香牛皮制作的，也有少数用鹿皮或驼皮制作，里面贴一层棉里子。其款式特点是无领、无襟、短袖，平铺开来形似蝴蝶或翅膀，因此又分为蝴蝶坎肩和翅膀坎肩。穿着时，从后向前披在两肩上，船形领口横跨于肩膀下方，袖口至肘臂上方，后背呈"X"形，两侧切边自腋下到腰部结束，下边顺腰间围到腹部，用腰带缠于肚脐位置。摔跤手体格健硕，身形高大，坎肩短小精干仅能遮住背部，前身赤裸。察哈尔摔跤选手的昭德格装饰十分简单，一般仅沿领口、袖口、侧切面、腰部装饰一圈铜质或银质的镶包，也有的在背部饰有圆形吉祥图案。从人体工程学和摔跤运动的性质来看，该坎肩的设计非常科学。在材质上，外皮料结实耐用，内棉料柔软吸汗。在造型上，上松方便胳膊活动，下紧收紧腰部力量，背部贴合皮肤，保护关键部位。在装饰上，既增加了坎肩的耐磨性，又美观大方，简洁粗放、古朴庄重的设计衬托出选手的威武勇猛。

---

① 访谈对象：满达胡，男；访谈人员：李洁；访谈时间：2020 年 10 月 4 日；访谈地点：察哈尔右翼后旗满达胡家中。

班吉拉是摔跤手穿的白色长裤，最主要的特点是裤型肥大。一条班吉拉往往要耗费20—40尺长的绸布料。腰围13尺、裤长4尺、裆深2尺，穿在身上松松垮垮，布满褶皱，使选手绕旋、跳跃、摔绊等灵活的腿部运动不受限制，并且有遮挡动作、迷惑对手的作用。

拉吉尔是摔跤手围在腰间的带子。它是用天蓝、金黄和草绿三种颜色的绸缎制成，有固定和装饰的作用。在摔跤运动中，随摔跤手的动作迎风飘动，灵活的气息反衬出摔跤手的坚定威猛，也为沉闷的摔跤服增添了亮丽的色彩。

陶浩是套在班吉拉外面的护膝，也称为"套裤"。它既保护膝盖，又有美观装饰的作用。陶浩以锦缎制成，上面绣出猛兽图案。年轻选手穿的陶浩一般颜色鲜艳，随着年龄的增长，逐渐趋向素雅。

搏克靴子是专门给摔跤手穿的靴子，特点是厚重。摔跤运动需要下盘腿脚的有力支撑，因而靴子要用结实的香牛皮制作，且靴筒粗大，除了要将长裤、套裤收于筒内之外，还为半蹲时腿脚的活动留有空间。靴筒、靴跟、靴底之间绑有皮绳，称为"靴笼头"，以免剧烈运动或潮湿导致靴帮开裂、走样。

第三组服饰符号：民众礼仪服饰

在祭敖包仪式和那达慕活动上，察哈尔民众一般都穿戴礼仪服饰，形式多样，绚丽多姿。夏季男性最典型的穿戴是蒙古袍、礼帽、腰带和靴子。蒙古袍一道边、两道边、三道边的都有，色彩不限，但还是以蓝色居多。礼帽具有防晒防风的实用功能，是夏季帽式的首选，年轻人也有的选择色彩、式样更突出的将军帽。腰带有布料、绸料缠腰和皮质镶银卡扣的两种。靴子也分微翘尖和不翘尖的两种。相较于男性，女性的夏季服饰更加丰富多彩，传统的和改良的款式都有，且五色俱全。女性传统的蒙古袍也是1—3条边，改良的蒙古袍有长款的也有短款的，综合了舞台风格、蒙古族各地的服饰元素，以美观时尚、

察哈尔蒙古族服饰文化研究

色彩艳丽为主要特色。头上戴礼帽、立檐帽或与服饰搭配的简单头饰。脚上穿靴子或各式皮鞋，衬托出窈窕挺拔的身姿。冬季那达慕在零下30—40 摄氏度的户外举行，服饰兼具美观和保暖遮风的特点，男女都爱戴保暖的草原帽，穿皮袍或棉袍。由于冬季袍服厚重，传统袍服一字肩的优势就凸显出来，所以冬季男女袍服都以传统样式居多，如图 3 –5 和图 3 –6 所示。

图 3 –5　冬季那达慕民众　　　　图 3 –6　冬季那达慕民众
　　礼仪服饰（1）①　　　　　　　　礼仪服饰（2）

　　周边地区来参加活动的其他蒙古族各自穿本部族的服饰。察哈尔服饰传承人乌云其木格解释说："锡林郭勒盟有四个部，每个地方的服饰都不同。我们这举办活动，他们也都来。哪个地方的衣服你都能看到，乌珠穆沁的花纹多，苏尼特的四条边，阿旗②的大襟是直角的，我们的三条边、素气。自己都喜欢自己的，我们这儿就穿察哈尔的。"③ 有趣的是，即使存在姻亲关系的家庭，不同族属的成员也

---

①　拍摄时间：2018 年 12 月 29 日；拍摄地点：正蓝旗上都湖；拍摄者：李洁。
②　指锡林郭勒盟阿巴嘎旗。
③　访谈对象：乌云其木格，女，察哈尔蒙古族服饰传承人；访谈人员：李洁；访谈时间：2020 年 7 月 31 日；访谈地点：锡林郭勒盟正蓝旗蒙宇民族服饰店。

· 142 ·

各自着装，有着明显的区分。例如，在正蓝旗举办的冬季那达慕上，一位出嫁到乌珠穆沁的察哈尔妇女穿的是察哈尔服饰，她的女儿则随父亲穿乌珠穆沁的服饰；而另一位到乌珠穆沁工作并娶了当地媳妇的察哈尔男士因身穿乌珠穆沁服饰，反而遭到了察哈尔当地朋友的戏谑。

三　婚礼仪式服饰符号

察哈尔婚礼是在男女当事人及两个家族共同参与的基础上，向公众展示双方婚姻关系的活动，是由众多复杂的礼仪程序组合而成的一种"大礼仪"。婚礼服饰及相关物品是缔结姻亲关系不可缺少的物证和纽带，包含着吉祥美满、相互信任、尊敬长辈等礼仪文化，也是体现察哈尔蒙古族的社会行为规范和价值观念的关键象征符号。

第一组服饰符号：新人礼服及相关物品

（1）哈达

哈达是蒙古族的礼仪用品，多是蓝色，有吉祥和祝福之意，被广泛应用于各种场合。在婚礼过程中，哈达充当着重要的角色，是家族征信的象征，放小哈达、放大哈达的仪式代表着双方对婚姻契约关系的认可。当察哈尔蒙古族家庭的子女到了适婚年龄，就可以寻觅合适的对象，有的是家里的长辈张罗，有的是自主择偶。在过去，还有根据孩子的情况请先生占卜，找哪个方向、什么属相的做法。男方向女方提亲一般会邀请与女方家有交情且熟悉礼仪的人来担任媒人。媒人到女方家按约定俗成、世代相沿的一套说辞说明来意："绣花的原来在你家，编制马绊的在我家，看来孩子们有缘分，也许两家能结亲。"[1]随后，向女方敬献哈达。女方家若同意就会收下，若不同意就会找说

---

① 潘小平、武殿林主编：《察哈尔史》，内蒙古出版集团、内蒙古人民出版社 2012 年版，第 987 页。

辞礼貌拒绝。若无明确表示，则说明留有余地，越是矜持，女方越受到尊敬。《蒙古秘史》中，孛儿帖的父亲德·薛禅说："（向姑娘家）多次求婚才答应则显尊贵，刚一求婚便答应，而予之则轻贱。"① 男方继续派人向女方神龛敬献哈达，如果三天没有退回，则表示提亲成功，也叫作放小哈达。之后，男方再次委托媒人或孩子的舅舅、亲属拜会女方亲属，同时带去奶食、全羊、白酒、砖茶等礼品，并向在场的人赠送哈达，表示正式订婚，也称为放大哈达。

（2）彩礼、嫁妆

放大哈达后，双方就可以开始商定婚礼的时间和细节，进入紧张的婚礼前期准备中。根据家庭的经济情况，彩礼、嫁妆的种类、数目各有所不同，但婚礼服饰是其中必备的。在以前，缝制嫁妆是一项浩大的工程，全浩特的亲属朋友都来帮忙，包括缝制新人礼服、婚后替换的衣服、父母的袍子、新人的被褥等。察哈尔新娘戴的"宝德斯"头饰做工复杂，用料昂贵。父母一般在孩子幼年就开始积攒珍贵的宝石，待出嫁前交与银匠打造。这顶头戴寄托了亲人的思念和祝福，也反映了游牧民族独特的财产管理和分配制度。随着城镇化进程的发展，人们逐渐开始定牧定居，随身携带财产的习俗已经不再适应现代生活，大部分婚礼头饰趋于简化，材料直接在店里选购订制，也不固定由女方家做，而由双方商榷来决定。例如，察哈尔新娘乌云斯琴说："现在一般男女双方都会准备2—4套服饰应对婚礼上的换装、大宴、敬酒等场合，婚后不同季节的服装也要准备。亲朋好友们也会给我们添置些戒指、耳环、头巾、坎肩、衣衫做嫁妆。"② 迎亲当天，

---

① 《蒙古秘史》（现代汉语版），特·官布扎布、阿斯钢译，新华出版社 2006 年版，第20—21 页。

② 访谈对象：乌云斯琴，女，政府工作人员；访谈人员：李洁；访谈时间：2020 年10月 2 日；访谈地点：察哈尔右翼后旗乌云斯琴家中。

新郎和提着彩礼的伴哥、伴弟要进门完成叩拜女方的祖先神位的仪式，因此迎亲也称为"赴祭"。新娘的姐妹们不愿意新娘远嫁而与她们分离，于是极力阻止，俗称"拦门"。因为一旦完成了叩拜仪式，就代表这桩婚事无可挽回了。① 于是，新郎带礼物进门就会遭到一番阻拦和戏耍。婚礼仪式上插科打诨的"狂欢"行为使人们暂时脱离了日常生活，不仅增加了婚礼的仪式感，也为婚礼增加了欢乐的气氛。如图 3－7 所示。

图 3－7　拦门礼②

（3）新人礼服

新人礼服是在婚礼庆典中新郎和新娘穿戴的礼仪服饰。新人通过婚礼上的"换装仪式"来完成从未婚到已婚身份的转变。人类学家阿诺尔德·范热内普用过渡礼仪的观点解释了人从出生到死亡的一系列重要的生物学转折点的社会身份转变意义。过渡礼仪又往往通过显性

---

① 樊永贞、潘小平编著：《察哈尔风俗》，内蒙古教育出版社 2010 年版，第 8 页。
② 拍摄时间：2020 年 10 月 4 日；拍摄地点：察哈尔右翼后旗乌云斯琴家中；拍摄者：李洁。

的服饰变换来呈现，所以也称为"换装仪式"。婚礼是人生礼仪的重要节点，新人换装的过程象征着与原有家庭分离而与新家庭关系建立的过渡程序。随着人们生活条件的提高，庆典上新人一般都会展示两套礼服，一套宴会礼服（正式礼服），一套敬酒礼服。

婚礼当天，新娘早早地穿戴整齐，坐在床上或土炕上等待新郎的迎亲队伍。这时候穿的不是礼服，而是日常便装。待迎亲队伍到来，女方亲属热情地迎接一行人入内，敬茶、喝礼仪酒、吃下马饺子。同时，嫂子、伴娘众人从男方带来的彩礼中取出即将在大宴上穿的全套宴会礼服为新娘进行庄严的换装仪式。宴会礼服包括帽子、头戴、蒙古袍、奥吉、首饰和靴子，由于个人喜好不同，服装款式、帽式、色彩的选择上也略有不同。以察哈尔右翼后旗新娘乌云斯琴的宴会礼服为例：整套礼服以大红为主色调，孔雀蓝为次色，周围勾勒金边，既喜庆吉祥又端庄典雅。蒙古族婚礼服并不局限于哪种颜色，以前以绿色、蓝色、粉色或姜红色居多，但受中原文化的影响，红色吉祥的寓意和鲜艳亮丽的视觉效果也受到当下许多年轻人的青睐。乌云斯琴的宴会服里面内搭的蒙古袍是一件略有改良的红色高领起肩袖修身袍服，袖子肘部上方用花色锦缎袖箍隔开，下接孔雀蓝绸缎袖，袖口上翻小马蹄袖。袍服通体外沿一道孔雀蓝边，与袖色呼应。外搭的奥吉是传统的对襟样式，面料选用孔雀蓝、红、金三色织锦花纹缎面，外沿一宽两窄三条金边，异常华贵。帽子是红色顶缀金色如意算盘结的圆顶立檐帽，两边各垂五条珍珠耳饰做装饰。靴子是黑色皮革蒙古靴。这套礼服是近年来较为流行的礼服样式，虽然在细节上有所简化和改良创新，但整体上依然秉承了传统婚礼礼服的特点。过渡礼仪包括"分隔—边缘—聚合"三个明显的步骤要素，换装仪式属于过渡仪式的边缘仪式，换装后女性的社会身份彻底转换，正式成为新娘。如图3-8、图3-9和图3-10所示。

图 3－8　20 世纪 70　　　图 3－9　换装前的　　图 3－10　换装后的
年代的结婚袍①　　　　　　　新娘②　　　　　　　　　新娘

　　新郎换装仪式较为简单，在以往的婚礼研究中往往不被关注，但也具有身份角色转变的民俗含义。婚礼当天的早晨，新郎准备出发迎娶新娘之前就穿戴好宴会礼服，完成换装仪式。新郎的礼服包括帽子、蒙古袍、马褂、佩饰和靴子，与新娘礼服的面料、色彩一致，类似于现在的"情侣装"。以前并没有这个讲究，是现代审美文化下的产物。以新郎阿穆的宴会礼服为例：内搭是大红色的一道边蒙古袍，外套与新娘乌云斯琴奥吉同花色面料的对襟织锦缎面短马褂，头戴圆顶立檐帽，脚踏黑色蒙古靴，腰悬一套由蒙古刀、筷子、陶海、火镰组成的银佩饰。新郎在礼服的衬托下英姿勃发，正式成为新郎。

　　宴会礼服是大宴上的正式礼服，如图 3－11 所示。现在即使在牧区举行婚礼，于双方家里举行完祝福新房仪式和喝茶宴后，也都会在饭店举行大宴，请宾客观礼和宴请宾客。届时新人穿宴会礼服隆重登场，进行感恩天地、叩拜父母等重要的礼仪程序。当婚礼大

---

　　①　20 世纪 70 年代正蓝旗民族服装厂制作的结婚袍。拍摄时间：2020 年 6 月 22 日；拍摄地点：正蓝旗苏等摄影工作室；拍摄者：李洁。
　　②　图 3－9 和图 3－10，拍摄时间：2020 年 10 月 4 日；拍摄地点：察哈尔右翼后旗乌云斯琴家中；拍摄者：李洁。

宴的仪式部分结束后，新人换上敬酒礼服开始为宾客逐一敬献喜酒。敬酒礼服是近年来物质丰富条件下的一项新潮流，服饰的华丽程度不亚于正式的宴会礼服。新人乌云斯琴和阿穆的敬酒礼服是察哈尔常见的传统三道边蒙古袍，在颜色上比其他宾客的更鲜亮。新郎戴礼帽，新娘戴简单的大耳环头饰，既突出了地方文化特色，又符合礼仪传统，如图3-12所示。婚礼仪式像一曲绵长的歌，有开头、高潮和尾声。这次换装可看作从神圣仪式逐渐回归日常生活的过渡仪式。在经过一系列高潮部分的边缘礼仪后，新人走下象征神圣的舞台，与宾客尽欢，最终聚合到新的社会结构关系中。

图3-11　新人宴会礼服①　　　　图3-12　新人敬酒礼服

（4）腰带

腰带在游牧生产生活中具有非常重要的作用。俗话说："蒸蒸日上的帽子，成就礼法的腰带。"它不仅实用美观，还承载着丰富的礼仪文化功能。腰带是区分已婚与未婚的重要标志物，象征着新人身份

---

① 图3-11和图3-12，拍摄时间：2020年10月4日；拍摄地点：察哈尔右翼后旗福丽都大酒店；拍摄者：李洁。

的转变。

　　察哈尔妇女有结婚后不系腰带的习俗，称为"布斯贵洪"，意为无腰带的人。去腰带仪式是在出嫁前一天晚上，女方家庭的亲属和朋友为祝福姑娘婚礼而设的姑娘宴上举行。宴会前，姑娘穿上出嫁的衣服，去腰带，穿新鞋、新帽，[①] 解下的腰带不能带走，留在娘家。这与藏族女性婚嫁仪式中围绕自家顶梁柱顺时针转三圈仪式有异曲同工之意，即让家中的"福气"不会因女儿出嫁而流失。[②] 去腰带仪式属于过渡礼仪中的分离仪式，代表着姑娘与原生家庭分离即将过渡到新的家庭，也意味着姑娘从少女身份即将转变为妇女身份。这一仪式在现代生活中逐渐消失，可能由三个原因造成：一是腰带实用功能的退化，使附着在其上的约束功能也随之减弱；二是为了装饰美观，现在女性系的改良腰带与原来的腰带差别很大，失去了传统民俗象征物的特征；三是新旧家庭之间的情感联系增多，女性成家后也并非意味着与娘家的彻底分离，因此去腰带仪式的意义也逐渐弱化。

　　察哈尔地区称已婚男人为"布斯泰人"，意为"有腰带的人"。与新娘的"去腰带"仪式相反，新郎在迎亲时要举行"系腰带"仪式，如图 3－13 所示。女方家的嫂子们给新郎系紧腰带，通常还要借机戏耍新郎一番，直逼得新郎喘不上气。[③] 系腰带是一种聚合仪式，既表示女方家庭对女婿身份的正式承认，又象征新郎开始承担起新家庭的责任。

---

　　① 樊永贞、潘小平编著：《察哈尔风俗》，内蒙古教育出版社 2010 年版，第 5 页。
　　② 拉姆扎西：《拉卜楞塔哇藏族女性成人仪式研究》，硕士学位论文，兰州大学，2020 年，第 32 页。
　　③ 内蒙古自治区奈曼旗地方志编纂委员会编：《奈曼旗志》，方志出版社 2002 年版，第 152 页。

图 3 – 13　系腰带仪式①

（5）发式

察哈尔姑娘梳一条独辫，直至结婚才分发。镶蓝旗、镶红旗前山
一带分为两股辫。正红旗、正黄旗后山一带分发为二，盘于顶。② 分发
仪式和换装仪式都是由独身变成已婚身份的重要标志。分发的人是男
方家找的与新娘的生肖相生的梳头爸妈，一般是年龄较长且受人尊敬
的"全福之人"③。在传统的婚礼仪式上，梳头父亲用新郎佩戴的箭头
或银刀鞘上的细筷将新娘的头发分开，搭在新郎肩上梳理，意为"为
你分发，成你发妻"④。梳头妈妈将新娘的头发编成两股辫。分发仪式
使新娘与梳头爸妈之间建立起亲密的关系，他们在新娘婚后的生活中

---

① 拍摄时间：2020 年 10 月 4 日；拍摄地点：察哈尔右翼后旗乌云斯琴家中；拍摄者：
李洁。
② 内蒙古自治区民族事务委员会编：《蒙古民族服饰》，内蒙古科学技术出版社 1991 年
版，第 136—137 页。
③ 指父母健在、原配夫妻且儿女双全的人。
④ 潘小平、武殿林主编：《察哈尔史》，内蒙古出版集团、内蒙古人民出版社 2012 年
版，第 1008 页。

像亲生父母般照顾远嫁的姑娘，是对新娘脱离娘家的一种补偿机制。如今，新娘的妆容和发型都由化妆师和造型师来完成。根据婚礼礼服、头饰、帽子的款式和个人的意愿搭配不同的造型，但发型的样式基本延续了蒙古族的传统，或一股辫，或两股辫。从表层现象来看，分发仪式的衰落与城镇现代化分化出的化妆业和美发业有关，他们更能满足新娘的审美需求。从深层的社会关系来看，现代交通的便捷以及家庭观念的转变，使子女婚后与原有家庭仍然保持着密切的联系，梳头爸妈在婚姻关系中的纽带作用自然弱化，因而造成了分发仪式的衰退和消失。

（6）头盖

头盖是新娘覆面用的纱巾。据说察哈尔蒙古族以前是用蓝巾，[①] 后来多为红色，可能与察哈尔宫廷侍卫的身份有关。《蒙鞑备录》中曾记载："成吉思汗之仪卫帷伞亦用红黄为主。"[②] 也有人认为是受到汉族的影响。新娘换装之后，盖上盖头从母亲家出发往夫家。此时新娘的身份正处于过渡时期，并不稳定，为了保护新娘，遮挡的盖头阻隔了新娘与外界的联系，进入一个不同于日常的神圣空间。镶黄旗的新娘在进入新房喝完茶后，梳头父亲拿着新郎的箭问大家："我的闺女儿是明着好，还是暗着好?"大家说："好。"随后用箭挑开新娘盖头。[③] 有的地方是新郎用佩箭掀起新娘盖头。[④] 现在给新人认梳头父母和新郎佩箭的传统已经遗失，改为新郎亲手掀起盖头。

（7）结婚照礼服

从 2000 年前后开始，照结婚照也是婚礼的必备环节。在正式订婚

① 樊永贞、潘小平编著：《察哈尔风俗》，内蒙古教育出版社 2010 年版，第 17—18 页。
② 贺俊杰：《蒙古族婚礼服饰研究——以鄂尔多斯地区为例》，硕士学位论文，中央民族大学，2016 年，第 42 页。
③ 镶黄旗志编纂委员会编：《镶黄旗志》，内蒙古人民出版社 1999 年版，第 719 页。
④ 卓资县地方志编纂委员会编：《卓资县志》，远方出版社 2012 年版，第 140 页。

察哈尔蒙古族服饰文化研究

之后，准备聘礼、嫁妆的同时，新人会选择心仪的摄影公司拍摄结婚照。正蓝旗苏登摄影公司的摄影师说："蒙古族照结婚照和汉族的不一样，不穿西式婚纱，都穿蒙古袍。人们结婚虽然自己做衣服，但是没我这里的样式多。我这里的衣服从呼和浩特市买来的，更新快，流行什么就进什么，哪个部落的都有，人们都想尝试些不一样的，一般会选上2—3套不同风格的蒙古袍，价格也适中，当然经济好的也可以多选。不过这几年，人们开始注重传统的，正蓝旗这里结婚的蒙古族会要求至少有一套察哈尔袍子。前几年流行在摄影棚里拍，现在主要是出外景，拍草原风光婚纱照。"① 随着传统文化的复兴，在商业供需关系模式下，有实力的摄影公司还会邀请当地有名的传承人传授知识，和她们订购传统服饰，从而满足市场需求。数字媒体的发展也改变了结婚照的传统用途，除了制作成相册、相框外，在婚宴上还作为背景播放，以供亲友观赏，如图3-14所示。

图3-14 婚宴上，投射在大屏幕上的结婚照②

① 访谈对象：苏登，男，苏登摄影工作室；访谈人员：李洁；访谈时间：2020年6月22日；访谈地点：察哈尔右翼后旗苏登摄影工作室。
② 拍摄时间：2020年10月4日；拍摄地点：察哈尔右翼后旗福丽都大酒店；拍摄者：李洁。

· 152 ·

第二组服饰符号：亲友礼服

亲友礼服，指参加婚礼的亲属和朋友穿着的蒙古族礼仪服饰。察哈尔处于蒙汉交界地区，长期的民族交往，形成了复杂的社会人际交往关系圈。尤其是曾在外地求学和在城镇工作的年轻人，交往范围不再局限于浩特（城市）嘎查（村），因而在察哈尔婚礼上，人员成分相对复杂，穿着各异。服饰具有传达穿着者身份信息的功能，尽管亲友的着装多种多样，但都受到社会礼法的约束，从婚礼来宾的着装上依然能够大体区分出民族、身份、年龄、职业、性别以及与新人的亲疏关系、在婚礼中承担的角色等信息。具体可以概括为以下四点：第一，一般蒙古族亲友都穿蒙古袍出席婚礼，既表达了对婚礼的尊重，又体现了个人的民族身份，而汉族亲友不穿蒙古袍；第二，与新人关系密切的蒙古族亲友或在婚礼仪式上担任重要角色的蒙古族亲友必须穿着蒙古袍，并且服饰得体讲究，更趋向礼仪化；第三，年纪大的老人、牧区的牧民爱穿传统的蒙古袍，而年轻人、在城镇生活工作的人，尤其是年轻女性爱穿改良版的蒙古袍；第四，男性的服饰较为传统，变化不大，女性的服饰款式多样，色彩艳丽。

（1）双方父母礼服

双方父母是婚礼的主办方，在婚礼中承担着重要的角色。虽然现在国家实行婚姻自由的政策，但婚礼的举办和新家的组建依然需要双方父母帮忙操持。如果说婚礼是围绕新人众星捧月的仪式，那么父母就是群星中最闪亮的星星。双方父母的礼服都必须是新做的，一般也有两套，一套是宴会礼服用来登台参加仪式，另一套是敬酒礼服用来招呼亲友。礼服在款式上既要鲜艳隆重、符合婚礼场合吉祥喜庆的要求，又要端庄典雅、符合为人父母的长者身份。在色彩上，一般选择高纯度低明度、艳丽低调的颜色，如深红色、藏蓝色。在款式上，还是以察哈尔传统三道边的蒙古袍为主，帽子多选择礼帽，其他装饰尽量简化。双方父母的着装代表着身份上的过渡，也代表着家庭权力的让渡，儿女即将承担起家庭的主要责任，而父母退居其后，如图 3 – 15 和图 3 – 16 所示。

图 3 – 15　新人母亲①　　　　　　　　图 3 – 16　新人父亲②

（2）呼达、代东、伴郎、伴娘、嫂子的服饰

在婚礼仪式上与新人关系密切的亲友，一般都会担任重要的角色。他们根据自己的身份、年龄、角色穿着得体的礼服。除了新人和双方父母外，呼达（亲家代表）是整个婚礼中最重要的角色。定亲之后，男方和女方会各聘请两位能说会道、深明婚礼习俗礼仪，且酒量好的男性长者为呼达，代表双方亲家完成接亲、送亲等任务。新郎和新娘的叔叔或舅舅若是能胜任这一角色，自然是义不容辞的。若是家族中没有这样的人才，新人的父母就得拜托适合的朋友，不一定非得是亲戚，同嘎查（村）就行。③ 呼达是新娘、新郎的长辈，又是民俗传统的践行者，因此服饰突出传统庄重的特点，一般穿察哈尔蒙古族最典

---

① 拍摄时间：2020 年 10 月 4 日；拍摄地点：察哈尔右翼后旗光华大酒店；拍摄者：李洁。
② 拍摄时间：2020 年 10 月 4 日；拍摄地点：察哈尔右翼后旗阿穆家中；拍摄者：李洁。
③ 于倩：《东乌珠穆沁旗蒙古族婚姻习俗变迁研究》，博士学位论文，中央民族大学，2016 年，第 76 页。

型的深蓝色三道边袍服，并且讲究帽子、靴子配套穿戴。无论在男方还是女方的宴会上，还会指定四位男性，代表新人家庭给宾客敬酒，称为代东，如图 3 - 17 和图 3 - 18 所示。代东不论年纪辈分，须懂礼仪、能喝酒方能胜任。他们根据各自年龄特点穿着符合礼仪的传统察哈尔蒙古袍。男方迎亲队伍中伴哥、伴弟的主要职责是陪在新郎身边，也就是伴郎，帮忙携带礼物，在女方拦门、嫂子们刁难的时候保护新郎，如图 3 - 19 所示。他们一般戴将军帽，穿鲜亮的蒙古袍，可以戴佩饰，但不能穿马褂，色彩上与新郎的有所区别，起到陪衬的作用。同样，新娘身边担任伴娘一职的年轻姐妹、闺中密友着装也是以得体大方、衬托新娘为主。有的穿传统的察哈尔袍服，有的穿改良版的蒙古袍，色彩面料与新娘的有所区别，不穿奥吉以示未婚身份。男女双方的嫂子们是婚礼上最活跃的一群，共同的特点是热情大方、能歌善舞、泼辣幽默、进退有度。她们妆容齐整，身穿各式亮丽的蒙古袍忙碌地穿梭于婚礼的各个角落，打理新人的婚礼用品，帮新人换装，给呼达亲友唱歌敬酒。如图 3 - 20 所示。

图 3 - 17　结婚仪式总代东①

图 3 - 18　酒席上的代东②

---

① 拍摄时间：2020 年 10 月 4 日；拍摄地点：察哈尔右翼后旗阿穆家中；拍摄者：李洁。
② 拍摄时间：2020 年 10 月 4 日；拍摄地点：察哈尔右翼后旗福丽都大酒店；拍摄者：李洁。

图 3 – 19　新人伴弟

图 3 – 20　敬酒、唱歌的嫂子们

（3）宾客服饰

随着传统文化的复兴，蒙古族穿蒙古袍参加婚礼已经成为一种时尚，但也没有强制性要求。婚礼对于亲友来说，也是一次难得的聚会和身份关系的确认，所以一般都会自觉穿戴民族服装，拉近彼此的距离。汉族历来不穿蒙古袍，即使蒙汉结合的家庭，也是依据自己的民族身份各自穿戴，泾渭分明。例如，婚礼上的敖汉一家三口，蒙古族丈夫穿蒙古袍，汉族妻子穿西装，女儿随父亲是蒙古族，也穿蒙古袍。来自牧区的牧民普遍穿蒙古袍，这和他们的经历、习惯、生活环境有关。即使在文化中断的时期，牧区仍有相当一部分上了年纪的人坚持穿蒙古袍。受此影响，在牧区成长起来的察哈尔人对传统蒙古袍也有着深厚的感情，自然在穿着上相对传统。从小生活在城镇的察哈尔居民，接触的现代文化较多，更偏爱改良版的现代蒙古袍。不过近几年，在文化精英的引领下，穿察哈尔传统蒙古袍的人也越来越多。外地来的其他部的蒙古族，穿各自的部族服饰。例如，前来参加乌云斯琴婚礼的大学同学，有科尔沁的、有巴林的、有肃北的，单从穿着上就能分辨他们的族属，如图 3－21 所示。

图 3－21　酒席上亲友们①

第三组符号：婚礼司仪和表演者服饰

察哈尔蒙古族的现代婚礼要举办四场宴席，女方和男方各办两场，分别在不同的饭店举行。按照时间顺序，前两场是女方家办的预备宴和正式婚宴。女方的预备宴时间在男方婚礼大宴前两天晚上，目的是欢迎远道而来的亲友，以及感谢众人的帮忙。宴会结束后，还要邀请亲友去歌厅（KTV）狂欢至深夜尽兴方回。女方的正式婚宴时间在男

---

① 拍摄时间：2020 年 10 月 4 日；拍摄地点：察哈尔右翼后旗福丽都大酒店；拍摄者：李洁。

方婚礼大宴前一天中午，新郎新娘共同出席，昭告亲友，感恩新娘父母的养育之恩。其意义相当于过去的姑娘宴，属于分离仪式。当天晚上，轮到男方家举行预备宴，流程和目的与女方家的预备宴相同。第二天中午是男方家的正式婚宴，最为隆重，象征着女方正式嫁入男方家，属于婚礼的聚合仪式。这四场宴会均由司仪主持，他负责操控宴会的整个流程，扮演着赞者、主持人、歌手等不同的角色。以乌云斯琴和阿穆的大宴为例，宴会开始时，舞台进入神圣空间，司仪身穿传统的察哈尔蒙古袍，头戴礼帽，脚蹬蒙古靴，精神抖擞地开始唱诵祝赞词。语毕，邀请新人入场，并主持叩拜天地、父母的仪式。仪式结束后，司仪为来宾介绍酒宴代东，随后进入敬酒仪式。团队歌手为大家唱歌助兴，活跃气氛，意味着婚礼进入高潮。女性歌手的着装一般华丽夸张，适合舞台演出。察哈尔蒙古族能歌善舞，席间频频有亲友自发报名演唱、弹奏、歌舞助兴，宾主尽欢，凡上台者皆穿蒙古袍。同时，司仪也会换装加入表演的行列，如图 3 - 22 和图 3 - 23 所示。

图 3 - 22 婚宴司仪①　　　　　图 3 - 23 婚宴上献歌
　　　　　　　　　　　　　　　　　　　　　的亲友

---

① 拍摄时间：2020 年 10 月 4 日；拍摄地点：察哈尔右翼后旗福丽都大酒店；拍摄者：李洁。

四　出生礼、成人礼、寿礼、葬礼服饰符号

在人生礼仪中，出生礼、成人礼、寿礼、葬礼反映的是人的自然年龄变化以及与人生命有关的过渡。出生礼是生命的开始，成人礼到寿礼期间是生命的高潮，葬礼是生命的结束。察哈尔蒙古族在不同的年龄层次、生命过渡阶段穿着的服饰有着自己独特的礼仪规范，代表了各个生命时期扮演的社会角色，并以此来规范族群内部的社会行为，稳定社会秩序。

（一）第一组服饰符号：出生礼服饰

蒙古草原的自然环境恶劣，人们的生存条件极其艰苦。正因为如此，人们对生命越饱含敬畏，对生命的礼赞越充满热情。婴儿出生对于一个家庭来说是一件喜庆的事，察哈尔蒙古族将胎衣埋在大门外的灰堆南侧，表示香火有续之意。[1] 婴儿出生 3 天后举行洗礼仪式，蒙古语称"奥格雅浩"，是一种净化仪式，"洗净""除去污秽"代表着与彼世的分离。仪式由德高望重的老妇人主持，用温水或加盐的温水给婴儿洗澡，再用柔软的羊羔皮包裹全身。[2] 在温暖的襁褓之外，还要用领过牲的山羊皮条包扎起来加以祝福，后来人们用"皮条祭"[3] 的仪式纪念此事。如今，人们的生活水平大幅度提高，都选择在医院生产，现代医疗环境和护理知识能更科学地保证婴儿的健康，洗礼仪式也随之消失。

到了孩子满月的时候，家人会邀请亲戚举办满月宴。一是庆祝孩

---

[1]　樊永贞、潘小平编著：《察哈尔风俗》，内蒙古教育出版社 2010 年版，第 32 页。

[2]　樊永贞、潘小平编著：《察哈尔风俗》，内蒙古教育出版社 2010 年版，第 25 页。

[3]　每逢冬季正月初三，札萨克旗都要把忽兰哈屯的宫殿用新毡覆盖起来，将旧皮条换成新的，并举行祝福仪式，让成吉思汗圣主、哈屯母后在里面安然过冬。参见潘小平、武殿林编著《察哈尔史》中卷，内蒙古出版集团、内蒙古人民出版社 2012 年版，第 637 页。

子健康成长，祝福孩子长命百岁；二是对孩子正式加入家族表示接纳和认可，是人生第一次社会身份的确认。察哈尔服饰传承人罗璐玛·苏荣说："孩子满月时穿一件叫'巴林塔格'的衣服，是一件花色的短袄。这件衣服既没有领子，也没有扣子，扣子用带子来代替，直到孩子长大能开口说话，才穿系扣子的衣服。衣服的针脚都缝在外面，而且不能缝太结实。做领子挖出来的两片布料不能扔，缝在衣领的后面，看起来像舌头一样，预示着将来孩子口齿清晰，口才流利。"① "不结实"的衣服是人们出于对刚降临人世间的孩子的一种保护，认为他们的身份还不稳定，坚硬的事物可能会给他们幼小娇弱的身体带来威胁，影响健康，所以用（衣服没有人结实）来反喻衣服的主人身体健康长寿。用柔软的带子来代替扣子，也是对孩子现阶段身体和身份的保护。形似"舌头"的布料，代表着一个人的语言天赋，它往往和知识、社交能力联系在一起，是衡量一个人才能的重要方面。"这件衣服要找'全福之人'来做，做之前还要选定黄道吉日，有的人家专门去找喇嘛看日子，做衣服时制作者要穿戴整齐。给孩子穿这件衣服之前，家人要先在衣服里面包一把锤子，或者在狗的身上披一会儿，预示着主人身体结实，能够健康成长。衣服用旧了也不能随意丢弃，要送到寺庙里让喇嘛念经祈福，然后叠好拿回家保存起来，以祝福孩子将来后代繁荣，多子多孙。"② "找全福之人来做""放一把锤子""披在狗身上"都是古老接触巫术的遗存。满月宴上，老人将黄油抹在"巴林塔格"的带子上，保佑其健康长大。③ 亲友们也会为孩子准备衣服、玩具等礼

---

① 访谈对象：罗璐玛·苏荣，女，察哈尔蒙古族服饰传承人；访谈人员：李洁；访谈时间：2019 年 11 月 14 日；访谈地点：镶黄旗罗璐玛蒙古服饰有限公司。

② 访谈对象：罗璐玛·苏荣，女，察哈尔蒙古族服饰传承人；访谈人员：李洁；访谈时间：2019 年 11 月 14 日；访谈地点：镶黄旗罗璐玛蒙古服饰有限公司。

③ 根据罗璐玛·苏荣介绍的关于巴林塔格服饰的民俗知识整理而成。访谈对象：罗璐玛·苏荣，女，察哈尔蒙古族服饰传承人；访谈人员：李洁；访谈时间：2019 年 11 月 14 日；访谈地点：镶黄旗罗璐玛蒙古服饰有限公司。

物，以示庆贺。

孩子出生以后头发一直保留，直到 3 岁才第一次剪发。剪发宴是蒙古族三大宴之一，格外隆重。仪式上，由舅舅家的人执剪，剪刀上系哈达，同时唱祝词。男孩囟门处留一绺，称为"马鬃鬃"，女孩脑后还要留一绺，称为"后鬃鬃"。自出生以来，孩子一直处于无性别世界，剪发宴使其"聚合入有性别角色的社会"①。宴会上长辈会送给孩子礼物作为祝福，现在多是书本、笔之类，寓意长大有知识、能成才。② 牧区的孩子还能收到寄在名下的一些牲畜作为财产。书本、笔、牲畜等礼品是家族对其寄予众望的表现，也标志着孩子开始接受社会知识和礼仪的启蒙。

（二）第二组服饰符号：成人礼、寿礼服饰

蒙古人十分重视本命年，如《清稗类钞·蒙古婚嫁》中记载："蒙古婚嫁、礼聘、仓货皆以牲畜，牲畜之数尚奇，起一九至九九而至，如贫不能九数者，亦必三、五、七等数，与内地数取对偶之意相反。"③ 察哈尔蒙古人崇尚奇数、"以九为吉"，通常庆祝 13 岁、25 岁、37 岁、49 岁、61 岁、73 岁和 84 岁。④ 13 岁是人生的第一个本命年，也可以视为成年礼。过去察哈尔蒙古族姑娘 13 岁之后就逐渐可以谈婚论嫁了，所以从 9 岁开始就进入了成年的准备阶段，扎耳朵眼，梳独辫，穿花袍子，戴九颗珊瑚的项链，戴"小绥赫"耳环。随着年龄的成长，饰品渐次增多。这些珊瑚珠宝有的是继承父母的，

---

① ［法］阿诺尔德·范热内普：《过渡礼仪》，张举文译，商务印书馆 2012 年版，第 57 页。

② 根据乌云斯琴介绍的关于剪发宴的民俗知识整理而成。访谈对象：乌云斯琴，女，政府工作人员；访谈人员：李洁；访谈时间：2020 年 10 月 2 日；访谈地点：察哈尔右翼后旗乌云斯琴家中。

③ 徐珂：《清稗类钞》第五册，中华书局 1984 年版，第 2004 页。

④ 欧军：《蒙古族数字观念探微》，《黑龙江民族丛刊》1996 年第 2 期。

有的是家里重新购置的，积攒到最后演变成出嫁用的全套头饰。范热内普认为，成人礼的仪式进程表达的是儿童进入生理（青春）期和社会成熟期，而最明显的表现是建立家庭。① 但是，现在成人礼仪式庆祝的时间有了新的变化，如敖日勒所说："现在青年都上学，步入社会较晚，成人礼要是过的话就等高中毕业或大学毕业的时候再庆祝，一般是十八岁或本命年的二十四岁。"② 家人通常会给他们准备一身新袍子，代表着青年真正进入生理成熟期和社会成熟期，开始为成家立业做准备。

察哈尔蒙古族十分尊敬老人，在各种礼仪传统中都有敬老习俗。当老人到 61 岁、73 岁和 84 岁时，家里会选择其中一年为其隆重庆祝本命年。不过本命年的老人则过寿，寿礼一般在 60 岁、70 岁、80 岁时举行。不管是过本命年还是过寿，儿女们都要给老人准备一身质量上乘的新袍子以示祝贺。过寿当天，亲朋好友也会穿戴整齐来为老人庆祝，给老人敬酒、献哈达和礼品，祝福老人福寿长存。

（三）第三组服饰符号：葬礼服饰

葬礼服饰在察哈尔的不同区域也有所区别。正蓝旗牧区的习俗较为古老，是用白布包裹赤裸的尸体。《绥远通志稿》曾记载："埋葬用白布裹尸，殓以形如印匣之坐棺。"③ 清末及民国之后，随着蒙汉杂居的扩展，以农业、半农业为主的察哈尔右后旗等地区开始流行土葬，逝者穿蒙古袍寿衣，但不能有扣子，以三组布带系合。寿衣不系扣子而改用带子的形式与婴童时期所穿的"巴林塔格"相似，这是因为婴童与逝者的身份都与彼世相联系，处于不稳定的阈限期，布带既是对

---

① ［法］阿诺尔德·范热内普：《过渡礼仪》，张举文译，商务印书馆 2012 年版，第 87 页。
② 访谈对象：敖日勒，男；访谈人员：李洁；访谈时间：2020 年 10 月 4 日；访谈地点：察哈尔右翼后旗敖日勒家中。
③ 郭雨桥：《蒙古风俗》下，内蒙古出版集团、远方出版社 2016 年版，第 120 页。

逝者的保护，也体现了与生者服饰不同的反结构特点。正镶白旗的蒙古人父母或长辈去世还会请来喇嘛给死者脸上遮上哈达。① 遮面也是一种分离仪式，象征着逝者与亲人的告别，进入彼世。与蒙古族其他仪式上常用的蓝色哈达不同，察哈尔蒙古人葬礼仪式上用的哈达是白色的，这应该是和该地尊崇佛教的传统有关。② 哈达具有祝福之意，白色象征圣洁，是生者对逝者顺利进入彼世的祝福。

第三节　仪式服饰重构的文化意涵

服饰是一个可编辑的社会文本，不断地被社会文化重构。察哈尔蒙古族服饰在现代化的发展中经历了消弭、复兴与重构的过程，在仪式的展演中呈现出丰富的社会文化意涵。那么，在重构的过程中，人们选择了哪些服饰符号作为记忆的关联物？这些关联物体现了该族群怎样的心理模式和社会结构？社会的发展变迁又对该族群的服饰产生了哪些影响？

一　历史记忆的提取

记忆最初是心理学的概念，后来被广泛应用到社会学上。③ 在埃米尔·涂尔干（Emile Durkheim）"集体欢腾"概念的基础上，莫里斯·哈布瓦赫提出了"集体记忆"的概念。他认为集体记忆是"一个特定

---

① 正镶白旗地方志编纂委员会编：《正镶白旗志》，内蒙古文化出版社2004年版，第770页。

② 根据罗璐玛·苏荣、呢青格介绍的葬礼服饰的民俗知识整理而成。访谈对象：罗璐玛，女，察哈尔蒙古族服饰传承人；访谈人员：李洁；访谈时间：2019年11月20日；访谈地点：镶黄旗罗璐玛蒙古服饰有限公司。访谈对象：呢青格，女，81岁，牧民，访谈人员：李洁；访谈时间：2020年10月2日；访谈地点：察哈尔右翼后旗呢青格家中。

③ 心理学家巴特莱特对记忆的社会决定作用的研究，使人们开始意识到记忆的社会属性。

社会群体之成员共享往事的过程和结果，保证集体记忆传承的条件是社会交往及群体意识要提取该记忆的延续性"①。节日和仪式是集体记忆最重要的传承和演示方式，前文所述察哈尔仪式场景中展示的大量宫廷服饰和传统服饰，说明了该族群要提取和延续的集体记忆是以历史为基石的。这些服饰之所以称得上传统，是与察哈尔的历史文化联系在一起的，或者说在这些传统服饰上留存了察哈尔族群的起源发展、文化精神、价值观念等历史印记。一个族群在不同的历史时期穿着的服饰有所差异；同一个时期不同身份角色的族群成员穿着的服饰也存在差异。"何为传统服饰"，在不同时代、不同历史条件下也许有不同的理解。当前学术界对历史记忆的一个共同研究重点是：一个社会群体如何选择、组织、重述"过去"，从而创造一个群体的共同传统，来诠释该群的本质及维系群体的凝聚。② 如今，在察哈尔蒙古族仪式中，人为展示的各式各样传统服饰显然是经过集体选择的历史记忆，联结的层面包括游牧文化、军事文化和宫廷文化，强调了一个族群共同的根基性情感。

（一）游牧文化记忆

察哈尔蒙古族服饰是游牧生活的产物，具有典型的游牧文化特征，饱含着草原民族特有的生活经验和民间智慧，处处体现出对生态环境和游牧生产的适应性。

察哈尔蒙古族有三件服饰不离身：帽子、袍子和靴子，它们都具有突出的生态功能。首先，察哈尔地区昼夜温差大，牧民常年暴露在冷热不均的气温之下，服饰的热湿平衡、温差调节作用就显得尤其重

---

① ［法］莫里斯·哈布瓦赫：《论集体记忆》，毕然、郭金华译，上海人民出版社 2002 年版，第 335 页。

② 罗彩娟：《历史记忆与英雄祖先崇拜——以云南马关县壮族"侬智高"崇拜为例》，《广西民族研究》2010 年第 4 期。

要。夏季的帽子一般是高穹顶、薄材质，头顶与帽顶之间营造出一个类似"气囊式"的温控空间，具有保暖和散热的双向功能。冬季的帽子使用棉毛皮等高密度材料，保暖性能好。后檐式的设计既能包裹头部，又可覆盖颈部。后檐掀起系于头顶，可适用不同的季节和气候佩戴。蒙古袍立领紧贴脖颈具有防寒保暖的功能。领周设计最独特的地方，是立领下方连接一处约一寸长的小对襟，察哈尔人称为"恩姆斯哈"，意为呼吸的意思。可开合的小对襟具有散热通风的作用。炎热的夏天，在户外放牧的牧民可以敞开领口，运动产生的湿热空气会沿着小对襟的开口散出，促进了空气的流通。严寒的冬天，封闭式的立领斜襟与紧扎的腰带能有效保持袍身的热量不外流。香牛皮靴呈马蹄状，口子宽大方便将裤腿塞入靴内。靴靿长至小腿或膝盖，坚硬的香牛皮和前高后低的靴靿设计，起到防风御寒、防水防潮的作用。随着季节变化，靴内适时搭配单袜、夹布袜、厚裹脚、棉袜、毡袜、皮毛袜等物品，既保暖又吸汗。其次，游牧生产需要牧民服饰适应野外生活和马上运动等多种需求，察哈尔蒙古族服饰展现出人们在恶劣的自然环境下和长期的劳动生产中形成的朴素人体工程学的经验智慧。蒙古袍"行可当衣，卧可当被，内可置物"，一衣多能，能够满足野外生存的基本要求。骑马时，平肩袖的设计方便驯马、套马、狩猎等剧烈的上肢活动；系于腰腹的腰带可防止骑马颠簸对内脏的损伤；宽松肥大的下摆使骑马时腿部不受限制；马蹄袖放下护手保暖，卷起不影响工作；翘尖靴方便勾踏马镫实现"立马转身至顺"的高超骑乘技术，且遇到坠马危险可用靴尖钩住马镫，迅速脱靴从而化解险情。最后，草原上蓬草蒿莱，草长没膝，在跋草涉水时翘起的靴尖有分草的作用，可减少行走阻力和对草皮的损害，靴头也不易磨损。

近代以来，察哈尔地区单纯从事牧业的牧民逐渐减少，生产方式和生活方式都发生了很大的改变，但草原生活的记忆仍然存在于人们的集体记忆中，服饰也依然秉承着游牧文化的典型特征，昭示着他们来自何方和选择了何种生活方式。

（二）宫廷文化记忆

察哈尔部长期生活在汗帐周围，服饰受到宫廷文化的熏染，形成了典雅、高贵、庄重的宫廷特色。有元一代，从大汗身边的怯薛护卫，再到中央万户（包括后妃的私属人口），察哈尔蒙古族始终以服务宫廷为首要任务。他们轮番宿直禁庭，工作任务除了保护大汗及大斡儿朵的安全外，还分工负责宫帐内大汗生活工作的各种大小事务。即使入仕为官，"虽以才能受任，使服官政，贵盛之极，然一日归至内庭，则执其事如故"①，所以服务宫廷、守卫大汗曾是察哈尔族群获得极高社会地位的政治根本，这种辉煌的记忆至今仍然体现在服饰上。

察哈尔蒙古族的礼仪服饰以风格华贵和色彩统一为主要特色，并讲究在盛大的节日场合配套穿着，与元朝的宫廷宴会上所穿的质孙服一脉相承。蒙古宫廷生活以"宴飨"为主要特色，元人称："国朝大事，曰征伐，曰搜狩，曰宴飨，三者而已。"②《元史》曾记载怯薛参加"宴飨"之礼服为质孙服，曰："百官及宿卫士有质孙衣者，凡与宴飨，皆服以侍。"③马可·波罗还详细记录了大汗赏赐怯薛质孙华服的盛况："此种袍服上缀宝石珍珠及其他贵重物品，每年并以金带与袍服共赐此一万二千男爵。金带甚丽，价值亦巨，每年亦赐十三次，并附以名曰不里阿耳之驼皮靴一双。靴上绣以银丝，颇为工巧。"④大汗赏赐怯薛所穿的质孙服与大汗的款式相同，色彩相同，材质略逊，并规

---

① （明）宋濂等：《元史》，中华书局1976年版，第2524页。
② （元）王恽：《大元故关西军储大使吕公神道碑铭》，载《秋涧集》卷57。
③ （明）宋濂等：《元史》，中华书局1976年版，第812页。
④ 包铭新主编：《中国北方古代少数民族服饰研究（第6卷）：元蒙卷》，东华大学出版社2013年版，第95页。

定在一年中的十三个节日上穿着。如今，这些宫廷宴会礼仪的印记依然烙刻在察哈尔蒙古族的礼服上，展现在节日仪式和人生礼仪的重大场合。除了节日礼服外，察哈尔蒙古族女性日常穿的袍子"特日丽格"，也源于宫廷生活的记忆。有学者研究称，这种贴身、窄袖、无腰带的袍服，是汗帐中管理宫廷内务的侍女们在职业要求精干、利落、美观、简便的服装基础上发展起来的。清朝宫女们穿的旗袍也继承了这一风格。① 富丽堂皇、用料奢华的察哈尔蒙古族所戴的头饰，也具有华丽的宫廷美学特点。与汉族佩饰在服饰中的点缀作用不同，蒙古族女性喜欢用珠围翠绕装饰自己象征性的头饰，并视为富贵和美丽的象征。② 正如罗伯特·S. 洛普茨（Robert S. Lopez）强调的那样，我们不能以现代的功利主义的观念、生活必需品的概念以及铺张浪费的概念去套中世纪及以前的社会对于文化和经济价值的理解。③ 对察哈尔蒙古族而言，这些穿着在身上、可移动的财富是不可缺少的，并且这些炫耀性的物质消费象征着财富与力量，地位与荣耀。萦绕于身的珠宝玉翠彰显了他们曾经与宫廷文化相联系的贵族身份以及与黄金家族捆绑于一体的光辉历史，凝聚了他们对美好生活的想象，因而宫廷风格的历史符号也成为其区别于其他蒙古部族服饰的鲜明特色之一。

（三）军事文化记忆

察哈尔男子常佩戴蒙古刀、托海、火镰、银烟签、银钱等金属饰品，这一习俗在很大程度上是受到古代军事生活的影响，由行军打仗时佩戴的武器装备发展而来。《蒙古族全史·军事卷》归纳了成吉思

---

① 纳森主编：《察哈尔民俗文化》，华艺出版社 2009 年版，第 80 页。
② 范晶：《试论蒙古族传统妇女头饰之符号象征》，《内蒙古师范大学学报》（哲学社会科学版）2015 年第 3 期。
③ Robert S. Lopez, *Silk Industry in the Byzantine Empire*, Speculum 20, 1945, pp. 1 – 42；转述自 Thomas T. Allsen, *Commodity and Exchange in the Mongol Empire*, 1997, p. 103.

汗时期行军打仗的武器装备27种，包括：弓箭、箭筒、钢枪、铠甲、盾牌、大刀、大纛、战鼓、号角、斧子、锛子、锯子、凿子、镞子、筛子、棒子、锥子、针线、皮兜、皮甲、皮袋、铜锅、火镰、帐幕、军马、马鞍、骆驼。① 察哈尔蒙古族全民皆兵，战时出征，平时生产，日常也需要携带必要的武器和生活用具。随着历史的发展，有的物件退出了日常生活，有的物件演变成蒙古饰物。例如，板指是套在拇指上形似戒指的管状物，据说是由弓箭的配件发展而来，用于保护拇指不被箭杆划伤。后来演变成纯粹的装饰品，材质有玉石、翡翠、琥珀、金星石或铜铁等硬质金属，从而显示佩戴者的身份和地位。

察哈尔蒙古袍简洁的边饰或也和军事生活的记忆有关。在田野调查中，关于边饰的特点，当地人给出几种不同的解释：牧民乌云认为边饰简洁和以前物资匮乏有关；服饰传承人朝孟鲁认为镶边的数量与年龄有关，小孩镶得少，大人镶得多；服装店的萨仁从制作工艺的角度考虑，认为衣服面料薄的镶得少，厚的镶得多。以上说法都具有一定的根据和合理性，但都没有说明"为何察哈尔部的边饰是这样"的原因。笔者认为，当地著名学者夏·东希格老先生的说法更具解释力，他认为察哈尔服饰边饰简洁是为了适应行军打仗的需求，既体现了军事化的风格，也方便快速地系好衣扣（例如，一条边饰配一道扣子）。察哈尔蒙古族以其突出的军事职能受到历朝历代的重视，并且一直延续到近代。在抗日战争时期，察哈尔正蓝旗的"袍子队"就是当时有名的抗日团体。如今，察哈尔蒙古族衣饰的军事功能已经消失，但仍然保留了服饰边饰简洁最多不能超过三条边，并且窄而朴素，无刺绣、镂花、拼贴等复杂装饰手法的典型军戎服饰的特点。

---

① 胡泊主编：《蒙古族全史·军事卷》上，内蒙古大学出版社2013年版，第250—251页。

二　族群认同的标识

人类学研究普遍认同民族服饰具有向心排异的民族性,[①] 王明珂将其定义为"族群成员共同穿戴的,用于认同本族并区分他族的服饰"[②]。鉴于族群性的一些先赋特质,如祖先和亲属关系,为非社会公开性和不易察觉的,原生论认为,服饰以其强烈的视觉特征来区分族群并划分边界。[③] 尽管原生论遭到来自场景论和工具论的强烈批判,但服饰区分族群的功能和有效性依然被现代社会认可,人们习惯用它来识别民族身份,区分"我族"和"他族"。这也导致拥有族群服饰的群体在现代化的过程中不断理性地强化本族群服饰的鲜明特色,从而延续和重构在多民族的中华文化共同体中的生存价值。

(一)　原生想象与工具建构

从察哈尔蒙古族各类仪式活动的恢复和展演过程可以看到,察哈尔蒙古族服饰在近代发生了演变。他们提取历史记忆中那些自认为有价值的元素加以改造和再定义,形成了在田野中所见的服饰样貌,并有组织地、有意识地将这一成果通过仪式的形式集中展示出来,作为族群认同的标识。这一过程既包含对族群服饰的原生想象,也包含对族群服饰的工具建构。原生论强调族群认同的核心情感要素是"世系和血统",然而单纯生物意义上的世系和血统是不存在的,是模糊不清的。所谓"世系和血统"不过是族群一致性的对外宣称,更多只是一

---

① 管彦波:《西南民族服饰文化的多维属性》,《西南师范大学学报》(哲学社会科学版) 1997 年第 2 期。
② 王明珂:《羌族妇女服饰:一个"民族化"过程的例子》,《"中研院"历史语言研究所集刊》1998 年第 4 期。
③ 叶荫茵:《社会身份的视觉性表征:苗族刺绣的身份认同探析》,《贵州民族研究》2018 年第 3 期。

种文化观念传承的结果。① 实际上，族群的原生情感也是建立在工具理性的基础上。当察哈尔蒙古族开始从中断的传统中重拾服饰的历史文化特征，并将此标识为族群文化象征时，那些隐藏在其中的国家权威、经济利益、资源配置等也成为当下建构的来源。现代国家对社会经济文化资源的有效分配、对族群文化的重组、对族群服饰相关特征的提取，都有着重要的影响。比如，察哈尔民族服饰展演活动前台出场展演什么，怎么展演，都是国家、地方、民间三方在后台有序编排的结果。又如，那达慕活动创造性地将政治、经济、贸易融合为一个地方联动体，也是建立在现代社会结构的基础上，在国家的推动下形成的。所以，仪式服饰要传达的民族性、表现的认同感，一方面是来自原生情感的纽带，通过申述根基性的共同血缘和历史，来加强族群"团结"的向心凝聚力，维护族群的生命力；另一方面是作为服务族群的工具，通过对过去的建构来强化如今的地缘政治与社会文化。

（二）族际交流形成文化差异

在传统意义上，人们认为地理隔绝和社会隔离是导致族群文化差异化的原因。巴斯的族群边界理论对此提出了异议，他认为："族群差异并不是缺乏社会互动和社会接纳而产生的，恰恰相反，经常正是这一封闭社会系统建立的基础。"② 在全球化框架中，萨林斯也证明了这一现象，我们正在目睹一种大规模的结构转型进程：形成各种文化的世界文化体系、一种多元文化的文化，因为从亚马孙河热带雨林到马来西亚诸岛的人们，在加强与外部世界的接触的同时，都在自觉认真地展示各自的文化特征。③ 城镇化、现代化、人口流动，使察

① 佟春霞：《文化殊异与民族认同》，博士学位论文，中央民族大学，2010 年，第 141 页。
② 徐杰舜：《族群与族群文化》，黑龙江人民出版社 2006 年版，第 42 页。
③ 麻国庆：《全球化：文化的生产与文化认同——族群、地方社会与跨国文化》，《北京大学学报》（哲学社会科学版）2000 年第 4 期。

哈尔蒙古族与其他群体之间的交往互动逐渐增多，除了文化之间的互相融合外，更激发了他们对自身差异化的重视，重新思考在多元文化中的身份和归属问题，并通过强化某些服饰符号来表达思考的结果。同一个仪式活动现场，不同族群的成员穿戴不同，同一个家庭按照族属区分服饰的事实，都说明了族际之间确实存在文化的差异。与众不同的服饰，让他们从主观上相信，他们是有别于其他群体的一个群体。这些差异既是族群历史记忆的延续，也是文化复兴中主动寻找遗失的族群特征和强调区别性的一种手段。仪式展演的广大传播性和交流性，也使族群服饰这一纯粹的内部文化在比较中被更多的外部群体感知和接受，从而以更明确的特色成为中华大文化之中的一部分。

三　文化变迁的调适

人类学研究认为，文化的变迁是一切文化的永存现象。人类文明的恒久因素、文化的均衡稳定是相对的，变化发展是绝对的。影响文化变迁的因素有外因也有内因。外因包括自然环境的变化、社会环境的变化、政治制度的变化、民族交往互动等，内因包括群体内部的结构变化、意识形态变化等。社会与文化是一个联动体，社会变迁必然会导致社会成员以新的文化方式做出应对。在遭遇外来文化时，察哈尔蒙古族的传统仪式不可避免地发生着变迁，人们通过自觉调适和重构自身的服饰文化来适应仪式的变迁和时代的发展。

（一）发展趋势

当我们将察哈尔蒙古族服饰放在仪式的历史图景中来观测时，过去的仪式服饰和现在的仪式服饰之间存在很大的差别。古老的祭礼仪式对服饰的图案、色彩、形制都有着严格的规约，从而维持祭礼的神圣秩序。随着社会文化的变迁，带有娱神性质的祭礼仪式逐渐走下神坛，伴随着祭礼仪式的神秘性、魅惑性的减退，仪式服饰也消失在民众的视野之下。直到 20 世纪 90 年代前后，国家开始提倡复兴民族文化传统，重构的现代传统仪式和与之相协调的服饰才重新回归。在人类社会科学理性的意识形态之下，仪式的形式和内容变得更加丰富多彩，甚至扩展到日常生活的领域，并承认"身体既是社会实践的被动接受者，也是其所处情境的积极建造者"①。现代仪式服饰打破了神圣和世俗的空间界限，人们不再会因为穿什么样的服饰而受到严厉的身体惩罚，一切服饰的形式似乎变得可以商榷。察哈尔蒙古族将与其他文化交往的实践经验和复杂多元的现代生活嵌入传统仪式的再生产过程，对传统服饰进行重新诠释和再造，于是传统服饰、改良服饰、现代服饰同时出现在仪式的场合中。例如，察哈尔服饰展演方队可以同时展现各个时代的传统服饰和改良创新的服饰；婚礼仪式表演节目的亲友穿着传统服饰迈入舞台的神圣空间，下台后可以灵活变化地更换现代服饰重归日常；参加那达慕的姑娘可以混搭蒙古袍和高跟鞋、时尚的发型、首饰等。总之，社会文化的变迁及其结构性压力的影响永不停歇地推动着艺术的发展变换，"既可能改变艺术的社会文化作用和功能，也可能重构艺术的内在意义和表达方式，既可能改变日常生活与艺术、实用性艺术与非实用性艺术之间的关系，也可能促使艺术与非艺术相互转化。艺术本身的变迁，使得附着其上的社会文化的变迁交织构成了更为复杂的变迁图景"②。

（二）技术影响

面对全球化和现代化的交流发展事实，20 世纪 90 年代费孝通提出

---

① ［英］克里斯·希林：《文化、技术与社会中的身体》，李康译，北京大学出版社 2011 年版，第 22 页。

② 何明主编：《仪式中的艺术》，社会科学文献出版社 2011 年版，第 15 页。

了"文化自觉"的学术概念，并在《江村经济》等著作中论述了人们如何在现代科学技术的介入下主动适应社会变革。在察哈尔蒙古族的现代仪式活动中也明显地看到，即使号称"传统"的服饰也融合了现代技术痕迹。这说明察哈尔蒙古族应对外来文化的态度不是全部肯定或全部否定，而是有意识地采借和加以改造。他们的改良实践是基于生活实用性的原则，择选对自己有意义的内容而排斥意不明的内容。例如，改良的头饰、蒙古袍在保持原有框架的基础上纳入现代技术支撑的新型材质，头饰上的珠宝替换成工业制品，大部分服装的面料由棉麻丝毛等天然材料变为化纤、人造皮毛等人工材料；款式设计也更趋向于满足现代生活的需求和审美取向，如头饰简化、袍服收体、服装制作由手工缝制变成机器加工等。那些更便捷舒适、物廉价美的创新设计因具有明显的优势而被族群选择接受。相反，那些优势较弱的创新被阻止或延缓。

技术的"部分调整"不一定毁坏总体上的生活形式和社会形式。[①]改良的服饰并不影响仪式的稳定性和整体结构，技术调适的结果只是降低了仪式的神秘感，加入了世俗性。现代的察哈尔蒙古族仪式场域中往往同时并存两个对立的空间：神圣空间与世俗空间。神圣空间存在于婚礼舞台、敖包、灶火前、搏克比赛场等。世俗空间存在于仪式的主席台、展演方队、那达慕的观众席等。神圣空间是传统服饰上演的舞台，世俗空间是混杂着传统服饰、改良服饰和现代服饰的场域。从内部观者的视角看，仪式服饰的世俗化是日常生活中的新元素逐渐内化为本民族文化传统的过程，是"族群及其中个体对现代化的反思过程，并不断地将反思中形成的知识应用于社会生活的情境中，组成

---

① ［德］赫尔曼·鲍辛格：《技术世界中的民间文化》，户晓辉译，广西师范大学出版社2014年版，第34—35页。

社会生活及转型的建构性要素"①。从外部观者的视角看，那些被嫁接的日常艺术、展演艺术仍然具有文化隔离产生的原始神秘性。所以，"技术不仅创造了新的物质世界，而且带来了新的社会现实和精神现实，它使旧的视域变得模糊不清，而流传下来的民间文化财富在这里依然行之有效"②。

本章小结

仪式被喻为"传统的贮存器"，既可以装载变迁的历史内容，又在历史的变化中改变自己的形式和样态以适应历史的变化。③ 20 世纪以来，席卷全球的现代化风暴触及世界的每一个角落，改变着人们生活的方方面面。在此情境下，察哈尔蒙古族服饰从以往的生活领域退居于仪式场域中。与此同时，察哈尔蒙古族的传统仪式也随着社会变迁而发生改变，神圣仪式的世俗化、传统仪式的创新化等因素推动着察哈尔蒙古族服饰的进一步发展。

仪式是一个巨大的象征系统，察哈尔蒙古族服饰是其中的子系统。按照结构主义的观点，文化结构有浅层结构和深层结构之分。在现代仪式场景中，察哈尔蒙古族服饰的一系列符号展演行为，传达的是浅层结构的象征意义，生动直观地再现了察哈尔蒙古族的族群文化、规约秩序和审美心理。仪式服饰的重构行为，蕴含着更深层的文化意涵，揭示了隐藏于服饰表象之下的深层社会组织结构和现象之间的本质联系。社会变迁为社会成员注入了更大的能动性，他们选择性地提取那

---

① ［英］安东尼·吉登斯：《现代性与自我认同：晚期现代中的自我与社会》，夏璐译，中国人民大学出版社 2016 年版，第 9—22 页。

② ［德］赫尔曼·鲍辛格：《技术世界中的民间文化》，户晓辉译，广西师范大学出版社 2014 年版，第 79 页。

③ 彭兆荣：《人类学仪式的理论与实践》，民族出版社 2007 年版，第 237 页。

些历史记忆中对自己有意义的传统服饰符号，有意识地强化和区分与周边族群的服饰差异性，并自觉地利用技术手段调适现代化对服饰带来的冲击，从而达到对内凝聚族群文化、维护族群认同、对外应对社会文化变迁、促进族群长远发展的目的。正如钟敬文先生所言："民族文化是一面明亮的镜子，它能照出民族生活的面貌，它还是一种 X 光，能够照透民族生活内在的'肺腑'。它又是一种历史留下的足迹，能够显示民族走过的道路。它更是一种推土机，能够推动民族文化的向前发展。"①

　　本章所述的察哈尔蒙古族服饰的当代建构，是在特定时代和场景意义下建立起来的文化运作框架。它借用仪式的场域、物态的视角，来表述族群动态性地重构文化和建构社会秩序的行为。从微观意义上说，它是国家、族群、市场三方互动的社会事实认识；从宏观意义上说，是当下社会科学对于族群理论相关讨论的题中之义。

---

　　① 钟敬文著，董晓萍编：《民俗文化学：梗概与兴起》，中华书局1996年版，第194页。

第四章 察哈尔蒙古族服饰文化主体的身份建构

关于主体（Subject），福柯认为有两层意思："屈从于他人的控制和依赖关系，并通过良心和自知之明依赖他自己的身份。"① 阿兰·图海纳认为是"通过个人的自由和经验实现个体或群体作为行动者的建构和改变情境所做的努力"②。可见，"主体"包括了个体及个体意识、文化整体及权力归属等意涵，主体与权力的从属形式和行动者的主观性有关。③ 赵旭东认为，"文化主体"隐喻了文化的权力归属于谁的问题，是文化的承载者，可以定义为：生活在社会文化之中的有意识的个体或个体的自我意识，也可以是社会文化自成其类的社会整体或文化群体，以及在社会文化中文化"权力和话语"的持有者。④ 就察哈尔族群来说，群体内部成员都是族群文化的享有者、建设者和文化权力话语的持有者，他们都是族群文化的主体，也共同参与建构了察哈

---

① ［法］福柯：《主体与权力》，转引自［英］斯图尔特·霍尔编《表征——文化表象与意指实践》，徐亮、陆兴华译，商务印书馆 2003 年版，第 56 页。

② ［法］阿兰·图海纳：《民主是什么?》，法雅出版社 1994 年版，第 23 页。

③ 赵旭东、张洁：《文化主体的适应与嬗变——基于费孝通文化观的一些深度思考》，《学术界》2018 年第 12 期。

④ 赵旭东、张洁：《文化主体的适应与嬗变——基于费孝通文化观的一些深度思考》，《学术界》2018 年第 12 期。

尔蒙古族服饰文化。

身份是指"社会成员在社会中的位置，其核心内容包括特定的权利、义务、责任、忠诚对象、认同和行事规则，还包括该权利、责任和忠诚存在的合法化理由"①。身份不能被孤立地理解，只有置于一整套社会文化模式中，才能凸显其功能和意义。它反映了个体与社会、个体与群体、群体与群体之间的关系，是建构和系统理解公共政策框架的基础。②

在不同的社会情境下，文化主体对个体身份和群体身份有着不同的表述。以察哈尔蒙古族服饰为中心进行考察，在社会转型和技术更新的背景下，文化主体分离出制作者和穿着者两个概念群体。通过考察他们的身份建构过程，可以从文化持有者的内部视角，来理解、把握和研究察哈尔蒙古族在全球化、现代化语境中的族群认同、文化认同，以及社会组织的运行机制等问题。

第一节　制作者的身份建构

社会建构主义认为，身份在本质上是一种不断建构的社会过程。察哈尔蒙古族服饰制作者的身份随着社会的变化而持续演变。中华人民共和国成立后，察哈尔地区还延续着以家庭为单位的服饰手工制作，制作者通常是家里的成年女性。改革开放以来，随着现代工业文明的介入和市场经济的发展，出现了现代化的民族服饰工厂和个体裁缝铺，专门从事服饰制作的手工艺人从普通家庭中脱离出来，成为职业从业

---

① 张静主编：《身份认同研究：观念、态度、理据》，上海人民出版社 2005 年版，第 4 页。
② 王猛：《从单一身份到多重身份：身份视角下的我国民族政策反思》，《广西民族研究》2015 年第 2 期。

者。近年来，在国家非物质文化遗产制度的推动下，一些手工艺人的身份又发生了新的变化，被赋予"非物质文化遗产项目代表性传承人"（以下简称"传承人"）的称号。下面以"乌云其木格一家三代"家庭传承的服饰制作者和另外两位传承人的田野访谈资料为依据，探讨在社会变革、时代变迁的背景下察哈尔蒙古族服饰制作者的身份建构过程和建构机制。

一 家庭传承的服饰制作者

锡林郭勒正蓝旗是元朝文化的发祥地，位于内蒙古自治区中部，锡林郭勒盟草原东南边缘，著名的元上都遗址坐落于此。旗内总人口 8.4 万人，其中蒙古族人口占 35%，是一个以蒙古族为主体的多民族聚居地区。正蓝旗的民俗文化保存较为完整，是察哈尔蒙古族服饰的重要传承基地。2020 年统计数据显示，旗内有蒙古族服饰制作加工店 28 家，国家级传承人 1 名，自治区级传承人 3 名，盟级传承人 6 名，旗级传承人 12 名。① 乌云其木格是正蓝旗有名的服饰制作者、自治区级传承人，一家三代②的传承经历颇具代表性，如图 4-1 所示。

图 4-1 乌云其木格一家三代③

---

① 内蒙古自治区文化和旅游厅：《非遗：察哈尔蒙古族服饰》，https//baijiahao.baidu.com/s？id=1656330458410539169&wfr=spider&for=pc，2019 年 1 月 21 日。

② 传承是一个连续不断的过程，目前乌云其木格一家存续的传承关系为三代人。

③ 拍摄时间：2020 年 7 月 31 日；拍摄地点：正蓝旗蒙宇民族服饰店；拍摄者：李洁。

（一）制作者身份信息及整理归纳

陶格腾嘎，乌云其木格的母亲，1944 年出生，牧民，身体健康、性格开朗，小学二年级文化，基本不识字，喜欢接受新鲜事物，自己学会用手机、用微信。能用汉语进行简单交流，但有的意思表达不出来，需要女儿从旁翻译。

我小时候和妈妈学做衣服，5 岁就缝上了，撩边。我的两个妈妈（生母和养母）都会做，那时候不管做得好赖，（女的）没有不会做的。有的男的也会，但很少。以前一年就供应几尺布，做的时候都是拿手量，一尺正好就是两拃。做的时候把布铺在炕上，拿件旧衣服比着，先用（含画线粉的）绳子一拽一弹，画出样子。裁剪也是大概裁，在衣领上面扣个碗，比着点，过去都是那样。再就是让做活多的人看哪儿不合适改改。我结婚的袍子就是自己缝的，拆了旧衣服改的里子。到了婆家，自己拿个头饰戴上（丈夫入赘，所以头饰是自己准备的）。结婚后，家里的衣服都是自己做的，棉衣服、棉裤子、鞋子。白天干牧区的活，晚上黑更半夜地点着煤油灯做，熏得眼睛睁不开，后来有了蜡烛才好些。以前，袍子经常穿，在白旗穿得多，后来到蓝旗（锡林郭勒盟正蓝旗）人家都不穿，我也不穿了，也不做了，都给人了，就留下结婚的这个。①

乌云其木格，1971 年出生，自治区级传承人，经营蒙宇民族服装店。性格开朗、热情、健谈，蒙古语、汉语交流基本无障碍。

---

① 访谈对象：陶格腾嘎，女，牧民；访谈人员：李洁；访谈时间：2020 年 7 月 31 日；访谈地点：正蓝旗蒙宇民族服饰店。

我从小就喜欢做衣服，小时候看我姥姥、妈妈做。我的大娘、姑姑做得也都好，别人家结婚都找她们做袍子。她们还做过枕头、褥子，绣的花跟真的一样。我很小的时候就捡剩下的布头缝，一开始缝点简单的，自己玩的沙包什么的。我小时候在牧区念书，念到高二，不想在牧区待了，17 岁（1988 年）到白旗的絮片厂（在羽绒服、棉服中絮羊毛的工厂）上班。第二年又去了正蓝旗三八厂，由于技术好，做了西服裁剪师。我白天上班，晚上自己租了个 20 平方米的平房开始干个体裁缝，整整做了 9 年。一开始主要做流行的西服裤子，后来又做的民族服装。1995 年我开始带徒弟，正蓝旗蒙古族中学请我去兼职当老师，教职业班的学生缝纫。2002 年我买上了楼房，开了蒙宇民族服装店。①

木希叶勒，乌云其木格的女儿，2020 年毕业于内蒙古艺术学院。性格安静、羞涩，不爱说话，采访几乎是以一问一答的形式进行，妈妈从旁补充。

笔者：你是什么时候开始学做服装的？

木希叶勒：大学开始学的服装设计。

笔者：我听说你做过察哈尔头饰？

木希叶勒：做过，挺难的。

笔者：你会做察哈尔袍子吗？

木希叶勒：传统袍子和妈妈学的，大学毕业做过一个察哈尔袍子，三道边的，但是做得不好。

乌云其木格：那些小衣服（各种蒙古袍子的模型）都是她做的。

---

① 访谈对象：乌云其木格，女，察哈尔蒙古族服饰传承人；访谈人员：李洁；访谈时间：2020 年 7 月 31 日；访谈地点：正蓝旗蒙宇民族服饰店。

笔者：你觉得做传统察哈尔袍子哪里最难？

木希叶勒：缝包边。

笔者：做成什么样才算好？

木希叶勒：就是三个边缝的一样就好看，不一样就不好。

笔者：你觉得还得几年能做好？

木希叶勒：4—5 年吧。

笔者：为什么学做察哈尔袍子？

木希叶勒：我们这儿就是察哈尔，自己的文化。

笔者：你们同学毕业都从事什么工作？

木希叶勒：有的在牧区，有的打工，做袍子的很少。

笔者：你以后打算干什么？

木希叶勒：开店，做民族和时尚的，年轻人喜欢的服装。①

　　根据访谈资料，结合社会学家维克多·特纳的三种身份分类法、斯坦利·霍尔的先赋身份和后赋身份分类法、② 古迪孔斯的五种身份分类法，③"乌云其木格一家三代"的身份信息见表4–1。

表4–1　　　　　　　"乌云其木格一家三代"的身份信息表

姓名	民族身份	性别身份	年龄	代际关系	家庭身份	与内群体同代成员比较	文化程度	个体身份④
陶格腾嘎	察哈尔蒙古族	女性	76岁	第一代	姥姥、妈妈、妻子	家家都会做，没有不会的	小学二年级	牧民、家庭缝纫者

---

① 访谈对象：木希叶勒，女；访谈人员：李洁；访谈时间：2020 年 7 月 31 日；访谈地点：正蓝旗蒙宇民族服饰店。

② 霍尔根据个体在获得身份时出于自愿与否，把身份分为先赋身份和后赋身份。

③ 详见本书绪论。

④ 维克多·特纳认为个人身份产生于内群体成员之间的比较，如个体拥有内群体其他个体不具备的特性，从而使该个体具有某种区别于他人的特殊性。参见项蕴华《身份建构研究综述》，《社会科学研究》2009 年第 5 期。

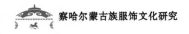

续表

姓名	民族身份	性别身份	年龄	代际关系	家庭身份	与内群体同代成员比较	文化程度	个体身份①
乌云其木格	察哈尔蒙古族	女性	49岁	第二代	妈妈、妻子、女儿	属于其中少数会做的	高中二年级	工人、裁剪师、裁缝、个体户、教师、设计师、自治区级传承人
木希叶勒	察哈尔蒙古族	女性	23岁	第三代	女儿	属于其中极少数会做的	大学本科	学生、裁缝、设计师
	先赋身份				先赋身份、后赋身份	后赋身份		

综合以上访谈资料和信息整理结果，对制作者的身份可以初步归纳出五点认识：第一，从三代人的民族身份和性别身份，可以看出察哈尔蒙古族服饰制作技艺具有在族群内部、家庭内部传承的特点，且以女性为主；第二，出生日期、传承关系、家庭身份呈正相关，反映了察哈尔蒙古族服饰是代际传承的模式；第三，将乌云其木格一家三代人分别与同时代的内部群体成员相比较，发现会制作察哈尔蒙古族服饰的人数正在逐代减少；第四，制作者的身份由单一化向多重化发展；第五，先赋身份一般来说是不可变的、固定的，如民族身份、性别身份、代际关系等，是维持察哈尔蒙古族服饰相对稳定和得以传承的关键因素。后赋身份受到社会环境和个人主观意愿的影响，常常会发生变化，如文化程度、个体身份等，在一定程度上会引起制作工艺的变化。

---

① 维克多·特纳认为个人身份产生于内群体成员之间的比较，如个体拥有内群体其他个体不具备的特性，从而使该个体具有某种区别于他人的特殊性。参见项蕴华《身份建构研究综述》，《社会科学研究》2009年第5期。

（二）社会转型背景下制作者的身份建构

费孝通指出，20 世纪以来我国社会发生了深刻变化，可概括为"三级两跳"。三级即乡土社会、工业化社会、信息社会，两跳即从乡土社会跳跃到工业化社会，再从工业社会跳跃到信息社会。① 虽然察哈尔地区并不是传统的乡土社会，但是发端于近代的经济全球化趋势，使半农半牧的察哈尔地区也迅速地融入了工业化社会和信息社会的洪流，察哈尔地区也经历了前工业化社会、工业化社会和信息社会的发展历程。乌云其木格一家三代人的身份变化过程，正是这"三级"社会发展的缩影。不同的社会背景构建了三代人不同的生活经历和社会身份，向我们生动地展现了社会变迁中察哈尔蒙古族服饰制作者的生活图景以及察哈尔地区的社会经济发展情况。

1. 陶格腾嘎：前工业化社会的家庭缝纫者

陶格腾嘎是一个典型的牧民妇女，生于牧区，长于牧区，主要从事牧业劳动。与同时代的牧区女性一样，她最主要的身份变化是来自婚姻。在结婚以前，她的生活内容是学习牧区生活知识，从而适应将来成家后的生活。家庭是传统牧区最基本的社会经济组织，一切生产活动几乎都是在家庭内部完成的。虽然游牧社会并不像农耕社会存在明显的"男耕女织"的性别分工界限，但在牧业生产劳作的配合上，女性还是更倾向于围绕家庭生活而展开，烧茶、挤牛奶、做奶豆腐以及给丈夫、儿女缝制衣物，几乎都是女性的活计。针线活是察哈尔女性从小必须学习的生活技能，这项技能是通过家里的长辈传授的。罗布桑却丹在《蒙古风俗鉴》中记录："（蒙古族）女儿学手工活儿一般都是母亲教给的。十来岁时要学会纳袜底和做各种荷包；十五六岁时

---

① 费孝通：《中国城乡发展的道路》，上海人民出版社 2016 年版，第 444 页。

要学会做裤子、纳鞋帮；母亲还要教会女儿拿剪子裁衣服……"① 手工活儿的好坏关系到一个姑娘的名声，也决定了她们是否能嫁到一个好人家。年轻的姑娘常在袍子上挂精美的针线包和绣花荷包，不仅是为了装饰美观，更重要的是为了显示自己的才艺。在察哈尔地区，有女性结婚三年内不穿夫家衣服的传统，结婚的嫁衣和婚后的衣服都要自己亲手准备。出嫁前不仅要亲自缝制结婚礼服，还要给父母弟妹等直系亲属每人做一件袍子或靴子，给亲朋好友缝制精美的褡裢、荷包、针线包等饰品作为纪念。这些习俗可以看作一种过渡礼仪，是从姑娘转换成妇女的必经之路。从小到大，手工活儿几乎伴随着女性的一生。结婚后，一位手艺精湛的女性能获得更多的人际交往和社会认可，也能给家里换取一些必要生活用品，还能为家族增添美誉。时至今日，乌云其木格回忆起自己的姥姥仍然满怀骄傲："我的姥姥手艺好，经常给人家做衣服，谁家姑娘出嫁，都请她帮忙做一套体面的嫁妆。人家都认识她，都说我是随了她。"②

　　中华人民共和国成立初期，牧区的姑娘大多在 17—18 岁左右结婚。陶格腾嘎在 20 世纪 60 年代结婚成家，作为家庭的主要劳动力与丈夫一起担负起牧区家庭生活的重任。20 世纪六七十年代的中国正是处于生产力低下、经济匮乏的年代。《锡林郭勒盟志》记载："1953 年起，国家实行统销政策（计划供应）。1954 年对棉布实行计划供应。1958 年，列入布票供应的有棉布服装、衬衣、运动衣、被单、被里及用棉纱织成的褥单。1960 年又增加卫生衫裤、棉毛衫裤、线衣、床单、被单、线毯、毛巾被、绒毯、浴巾、睡衣等 10 种针纺品。1961 年又增加毛巾、袜子、汗衫、背心、人造棉布、麻布、枕芯、枕套、风雨衣、

① 罗布桑却丹：《蒙古风俗鉴》，赵景阳译，辽宁民族出版社 1988 年版，第 124 页。
② 访谈对象：乌云其木格，女，察哈尔蒙古族服饰传承人；访谈人员：李洁；访谈时间：2019 年 1 月 2 日；访谈地点：正蓝旗乌云其木格家中。

蚊帐 10 种。同年 9 月,增加布鞋。"① 对于这段艰苦的岁月,陶格腾嘎记忆犹新:"那时候什么也没有,孩子们的衣服都是自己手缝的,棉衣、棉裤、袜子、棉鞋、花布、线都没有,都是白棉布自己染色,穿得白了再染。开始用茶叶,7—8 月用草煮颜色。后来用卖的(化学染料)。青的、黑的最多,黄的也有。" "一年就几尺布,不够用,攒着做袍子。结婚做的袍子,都是拆了旧衣服补上去的。"② 牧区妇女向来以吃苦耐劳著称,白天承担着牧区繁重的工作,是一名地道的牧民,晚上点着煤油灯为一家人缝制衣物,扮演着家庭缝纫者的角色。在日复一日地劳作中,技艺通过口耳相传和身体实践的形式不知不觉地传承到下一代。

正镶白旗是传统的牧业区,20 世纪 70 年代牧民们还延续着穿着传统察哈尔蒙古族服饰的习俗。据后来迁居到正蓝旗上都镇的陶格腾嘎说:"到了蓝旗,人家都不穿,我也不穿了,也不做了。"③ 乌云其木格的讲述也印证了这段历史:"我们小时候穿过袍子,后来没怎么穿,反正上学后是没穿过。"④ 这段口述内容表述的信息较为含糊,人们不再穿袍子的原因是由正白旗镶白旗、正蓝旗的地域差异造成的,还是由牧区与城镇之间的文化差异造成的,不得而知。后来就此求证过其他讲述人,均没有统一的说法。笔者更倾向于认为这是在社会交替下的一种自然的现象,袍子消失于当地人的生活之中是一个渐序的过程,虽然各地存在微小的差异,但在改革开放和现代化的冲击下,至 20 世

① 《锡林郭勒盟志》编纂委员会编:《锡林郭勒盟志》中册,内蒙古人民出版社 1996 年版,第 870 页。

② 访谈对象:陶格腾嘎,女,牧民;访谈人员:李洁;访谈时间:2020 年 7 月 31 日;访谈地点:正蓝旗乌云其木格家中。

③ 访谈对象:陶格腾嘎,女,牧民;访谈人员:李洁;访谈时间:2020 年 7 月 31 日;访谈地点:正蓝旗蒙宇民族服饰店。

④ 访谈对象:乌云其木格,女,察哈尔蒙古族服饰传承人;访谈人员:李洁;访谈时间:2020 年 7 月 31 日;访谈地点:正蓝旗蒙宇民族服饰店。

纪七八十年代察哈尔蒙古族服饰不再是当地人穿着的主流，而暂时退出了历史舞台。

2. 乌云其木格：工业化社会的裁缝

乌云其木格，出生于20世纪70年代，1989年高中辍学开始参加工作。她成长和生活的社会背景正是中国社会转型以及工业化、城镇化迅速发展的时期，身份也随之呈现出丰富和多变的特点。

自20世纪70年代开始，我国逐步进入工业化社会。工业化是一个源自西方，与自然科学和技术发展有着密切关系的术语。它所代表的先进生产力（以机器生产代替手工劳动），给中国社会产生了巨大的影响，也猛烈地冲击着传统的人文世界。在技术展现的巨大功用面前，他们产生了对技术及技术专家的偶像化崇拜。乌云其木格的学艺经过和从业经历，充分展现出对机器的迷恋和对技术的崇拜。"我在絮片厂学会了很多东西，蹬缝纫机、上拉锁、挖洞，①都是流水线，都掌握起来，就是不会裁剪。1年后，又专门和一位做中山服、西服有名的老太太学做衣服，挖扣、上袖子、上领子全套都会了。后来到三八厂上班，我做了西服裁剪师。做好的衣服在门市部卖，也有定做的，我给旗长和当地的名人都做过。当时流行的衣服就是西服、裤子、夹克衫。再后来，我自己干，最早就一台缝纫机、一把烙铁。攒了点钱我又买上了二层商铺，置办了6台电动缝纫机，一台锁边机。"②诚然，在工业化发展的道路上拥有一台先进的机器和一项高超的技能是值得炫耀的。缝纫机在服装制作中的优势显而易见，方便、快捷、省力，与过去烦琐、耗时的手工缝制形成了鲜明的对比。在工业性崇拜的时代，缝纫机好似家用设备领域的摇滚明星，被誉为"令人惊艳与惊讶的精湛技

---

① 服装裁剪的一个环节。

② 访谈对象：乌云其木格，女，察哈尔蒙古族服饰传承人；访谈人员：李洁；访谈时间：2020年7月31日；访谈地点：正蓝旗蒙宇民族服饰店。

艺"，甚至在 1851 年成果斐然的水晶宫博览会上被作为最值得炫耀的工业成就留下美名。① 它不但将女性从繁重的家务中解放出来，而且轻而易举地实现了人们在手工时代无限追求的线迹美观、整齐统一，因而得到了人们普遍的审美认可，并由此发展出更为极致的"工业美学"。技术的工具理性向人们展示出如同"巫术"一般的神秘力量，②成为新的膜拜偶像，被贴上"科学"与"进步"的标签，而传统的手缝技艺被认为是"落后"和"需要改造"的对象。孙中山曾主张："中国今尚用手工为生产，未入工业革命之第一步，比之欧美已临第二革命者有殊。故于中国两种革命必须同时并举，即废手工采机器，又统一而国有之。"③ 1953 年，中共中央正式提出过渡时期的总路线："要在一个相当长的时期内，逐步实现国家的社会主义工业化，并逐步实现国家对农业、对手工业和对资本主义工商业的社会主义改造。"④在技术世界里，传统手工缝制技艺像个难登大雅之堂的门外汉，面临着被遗弃的境地。

技术不能脱离人而单独存在，在关注技术的同时，更应该关注使用技术的人。"缝纫机集合了男女两种性别气质：它由男性工程师发明、设计、制造、生产以及销售，同时其主要消费者与使用者皆为女性；它的金属质地以及复杂结构带有典型的阳刚之气，而其曲线造型及其表面附带的装饰纹理又毫不掩饰地透露出女性气息。"⑤ 显然，

---

① 张黎：《双性的隐形记忆：家用缝纫机的性别化设计史，1850—1950》，《装饰》2014年第 1 期。

② ［德］赫尔曼·鲍辛格：《技术世界中的民间文化》，户晓辉译，广西师范大学出版社 2014 年版，第 45 页。

③ 孙中山：《建国方略之二·实业计划》，载《孙中山全集》第六卷，中华书局 2011年版，第 250 页。

④ 中共中央文献研究室：《建国以来重要文献选编》第四册，中央文献出版社 1993 年版，第 701 页。

⑤ 张黎：《双性的隐形记忆：家用缝纫机的性别化设计史，1850—1950》，《装饰》2014年第 1 期。

缝纫机本身带有性别的隐喻：它是专门为女性制造的器物，缝纫是女性的工作。它一方面将女性从烦琐、耗时的传统手工缝制中解脱出来，另一方面通过职业身份将女性牢牢固定在机器上。"那时候（20世纪90年代）生意特别好，忙不过来，一做就是半夜1—2点，白天收活儿，晚上干活，也不觉得辛苦。"① 作为职业裁缝的乌云其木格，每天花在服装缝纫上的时间几乎占据了她的全部生活，但是遵从内心的自主选择，让她乐在其中。与上一代人不同，伴随着工业化的发展，城镇化给牧区女性提供了多元选择的机会。中华人民共和国成立以前，锡林郭勒地区基本上都是牧区，1947年②城镇人口仅为17226人。③ 改革开放以来，内蒙古自治区在农区实行家庭联产承包责任制，在牧区实行草畜双承包责任制，农村和牧区的劳动生产率得到提高，剩余劳动力被解放出来。同时，二三产业的迅速增长以及户籍制度改革，吸引了大量的农村牧区剩余劳动力进入城镇。④ 据统计，仅1979—1990年锡林郭勒地区的城镇人口就增加了103351人。⑤ 城镇化加强了察哈尔地区与外部世界的联系，迅速解放了人们的消费观念。"消费"不仅是满足自身需要的手段，更是自我建构的重要途径。人们渴望表达自我和追求时尚的愿望，给服装制作者带来了充足的客源，也激发了她们创新设计的潜能。"人们要什么，我就做什么，我都能做出来"，"那会儿（2000年左右）的民族服装什么

---

① 访谈对象：乌云其木格，女，牧民；访谈人员：李洁；访谈时间：2020年7月31日；访谈地点：正蓝旗乌云其木格家中。

② 内蒙古自治区成立。

③ 《锡林郭勒盟志》编纂委员会编：《锡林郭勒盟志》上册，内蒙古人民出版社1996年版，第329页。

④ 李莹：《内蒙古城镇化发展历程与新型城镇化建设方向》，《实践》（思想理论版）2019年第6期。

⑤ 《锡林郭勒盟志》编纂委员会编：《锡林郭勒盟志》上册，内蒙古人民出版社1996年版，第329页。

样的都有，流行什么就做什么，都是我自己设计的，就是舞台上表演穿的那种"①。20世纪80年代，国家逐步取消各种票证，商品敞开销售。锡林郭勒地区的货源日益丰富。仅绸缎一项，1990年就销售了926700米，位居各种商品销售数量首位。② 物质和技术的双重支持，使女性服装制作者可以随心所欲地设计和制作各种服装。在传统裁缝职业的身份上，又冠以设计师和知识女性的光环。作为同代人中少数能掌握裁剪和缝纫的"技术专家"，乌云其木格凭借娴熟的技术和出色的能力赢得了声望和可观的经济效益，改善了整个家庭的生活条件，从最初租住的20平方米小房，搬进了上下两层的临街商铺。"2002年我买了第一套楼房，人们都说你怎么敢花那么多钱，还是借的贷款"，回忆当时的情境，她不无感慨地说，"后来我还完贷款，现在这个上下两层的商铺是2018年又新换的，有技术就不怕"③。

3. 木希叶勒：信息社会的设计师

木希叶勒是一名"90后"，2020年刚刚从内蒙古艺术学院毕业，学的专业是服装设计。她回忆学艺的起因说："小时候天天看妈妈做衣服，也帮着缝粘衬。"④ 乌云其木格说："她7—8岁见没人的缝纫机自己就去蹬，看人家（店里的学徒）做沿边啥的，自己就拿块布也跟着做。人家谁做错了她也能看出来，看得可明白。小时候做的东西我都帮她留着呢。"⑤ 从母女俩的叙述中可以看出，木希叶勒传承的起因与

---

① 访谈对象：乌云其木格，女，察哈尔蒙古族服饰传承人；访谈人员：李洁；访谈时间：2020年7月31日；访谈地点：正蓝旗蒙宇民族服饰店。

② 《锡林郭勒盟志》编纂委员会编：《锡林郭勒盟志》中册，内蒙古人民出版社1996年版，第872页。

③ 访谈对象：乌云其木格，女，察哈尔蒙古族服饰传承人；访谈人员：李洁；访谈时间：2020年7月31日；访谈地点：正蓝旗蒙宇民族服饰店。

④ 访谈对象：木希叶勒，女；访谈人员：李洁；访谈时间：2020年7月31日；访谈地点：正蓝旗蒙宇民族服饰店。

⑤ 访谈对象：乌云其木格，女，察哈尔蒙古族服饰传承人；访谈人员：李洁；访谈时间：2020年7月31日；访谈地点：正蓝旗蒙宇民族服饰店。

前两代人颇为相似，都属于家族亲缘式的传承。最初的传承行为或许只是无意识的日常模仿，但与后来的职业选择存在着极为密切的因果联系。幼年的耳濡目染让木希叶勒从小就有了学习服装设计的愿望，大学的学习生涯使她更加明确了这一职业发展方向。"我毕业不打算找工作，大学的时候就决定了，要自己开民族服装店。"① 木希叶勒坚定的选择表达出对自己的民族身份和成为一名服装制作者身份的极大认同。有学者运用传统的社会分层划分方法分析民族院校大学生的民族身份认同状况，通过检验发现：母亲的职业类别和文化程度与民族院校大学生的民族身份认同显著相关。母亲是行政或事业单位职工以及个体经营者的子女，民族身份认同程度高于农民和工人的子女。母亲的文化程度高，子女的民族身份认同程度也高。② 以上分析结果，清晰地展现出原初性和根基性的血缘和家族对身份认同的影响。美国社会学家爱德华·希尔斯最早提出原生情感的概念，他认为，"当一个人在思考家庭归属感和依附感的强度时，很明显，这种归属感和依附感不仅因为家庭成员是一个人，而且是因为其具有某种特殊的、重要的关系特征，这只能用原生一词来形容"③。美国人类学家克利福德·格尔茨也认为："虽然这些新国家建立了，但社会还是旧社会，因为这些国家的人民不是通过理性化社会的公民纽带连接在一起的，而是基于语言、习俗、种族、宗教以及其他既定的文化属性的原生纽带。"④ 木希叶勒对未来职业的规划和个人身份建构，在很大程度上是出于对原生情感的认同，家庭教育、文化传承以及母亲的职业等都润物无声地对她产生了深刻的影响。虽然在现代国家里公共的、公民

---

① 访谈对象：木希叶勒，女；访谈人员：李洁；访谈时间：2020 年 7 月 31 日；访谈地点：正蓝旗蒙宇民族服饰店。

② 梁莹：《民族院校大学生民族身份认同影响因素研究》，《新经济》2019 年第 12 期。

③ 高永久：《民族关系综论》，民族出版社 2015 年版，第 9 页。

④ 王琪瑛：《西方族群认同理论及其经验研究》，《新疆社会科学》2014 年第 1 期。

的纽带是主要的，但家庭、族群的原生纽带仍然是非常重要的，这种原生的情感具有"不可言说"的重要性。①

木希叶勒想要成为一名真正的服装设计师而非传统意义上的裁缝。那么，服装设计师和传统的裁缝到底有什么区别呢？服装设计师是由英文"fashion designer"翻译而来，指对服装的线条、色彩、色调、质感、光线、空间等，进行艺术表达和结构造型的人，② 需要具有想象力、创造力和绘画能力，并且掌握现代工业生产必需的款式、面料、色彩知识和结构设计、裁剪技术。裁缝俗称"一手落"。旧时缝制服装，大多是个体独自将量体、裁剪、缝纫、熨烫、式样等各项工序一人完成。总体来看，服装设计师与裁缝的区别表现在以下两方面。第一，服装设计师是个外来词汇，它与现代工业化的服饰制品相联系；裁缝是个本土词汇，与中国传统服饰制作有关。第二，裁缝是兼具服装设计和服装制作全部流程的手工艺人；服装设计师虽然也制作服装，但他更关注前期的设计、对时代潮流的把握以及对服饰的大众消费，以推动时尚和创新为己任。木希叶勒是现代教育体系下培养出来的新一代民族服饰制作者，她受过专业的绘画技能和设计理论的训练。在西方的教育理念里，受过教育的通才比掌握匠艺的专才更优秀。亚里士多德在《形而上学》里宣称："我们认为，在各个行业，设计师比工匠更值得尊敬，他们懂得更多，也更为聪明，因为他们知道从事这些工作的原因。"店里摆放的设计效果图和设计制作的服饰作品，向我们展示了她较之母亲更为专业的设计能力。"我专门学画画考上的大学，大一学缝鞋

---

① 左宏愿：《原生论与建构论：当代西方的两种族群认同理论》，《国外社会科学》2012 年第 3 期。

② 汤磊：《全攻略教学解析·设计考试全程指导》，吉林美术出版社 2014 年版，第283 页。

垫、枕套，大二学做衬衫、裤子，大三学的蒙古袍，还制作过姑姑冠。"① 她的成长环境和教育背景使她对成为"真正的设计师"有着独特的理解，目标是设计"民族和时尚的，年轻人喜欢的服装"。她的职业规划蕴含了将现代知识理论付诸传统民族服饰创新改革的愿望，以及展现现代多元审美的理想。约翰·洛克（John Locke）认为，身份是记忆行为进行建构和重新建构的结果，通过过去的自我，并在过去的自我和现在的自我之间建立某种关联。② 新一代察哈尔蒙古族服饰制作者通过重构民族服饰的目标愿景来镜像化重塑自身新的社会身份。这并不代表着对过去传统的否定，而是在全球化语境中更广阔地融合和认同发展。木希叶勒的生活经历和民族情感是她设计想象的基础和依据，她也深知凝聚于察哈尔蒙古族服饰中的文化记忆是她创新设计的源泉。在她看来，实现梦想的道路上第一步要做的就是和妈妈学做察哈尔蒙古袍，而这并不是件容易的事情，真正出徒得"4—5 年"。乌云其木格也认为："过几年这个学好了，她还应该出国去学一学，长长见识。"③ 步入信息化社会以来，知识所产生的强大能动力让每一个察哈尔蒙古族服饰制作者都意识到"知识"和"见识"的重要性，他们渴望汲取先进的知识来盘活自己的民族文化，利用知识话语塑造新文化身份和书写不同的人生轨迹，体现出新一代察哈尔蒙古族服饰制作者的文化自觉性。

---

① 访谈对象：木希叶勒，女；访谈人员：李洁；访谈时间：2020 年 7 月 31 日；访谈地点：正蓝旗蒙宇民族服饰店。

② Astrid Erll, *Cultural Memory Studies：An Introduction. A Companionto Cultural Memory Studies*, Ansgar Nünning（Eds.），SaraB. Young（Contributor），Berlin/New York：De Gruyter，2010，p. 6.

③ 访谈对象：乌云其木格，女，察哈尔蒙古族服饰传承人；访谈人员：李洁；访谈时间：2020 年 7 月 31 日；访谈地点：正蓝旗蒙宇民族服饰店。

二 非遗代表性传承人

2005 年 3 月 31 日，国务院办公厅发出《关于加强我国非物质文化遗产保护工作的意见》，由此拉开了声势浩大的非物质文化遗产（以下简称"非遗"）保护的大幕。与此同时，传承人的认定工作也开展。2008 年，蒙古族服饰被列入第二批国家级非物质文化遗产名录。2009 年，察哈尔蒙古族服饰制作技艺被列入第二批自治区级非物质文化遗产名录。按照联合国教科文组织《人类非物质文化遗产代表作申报指南》等文件的规定，各非物质文化遗产保护传承单位或个人申报各级非物质文化遗产代表作过程中，要按照申报表格的要求，确定该项目传承人谱系和主要传承人，然后由所申请相应级别政府部门组织的专家委员会在所申请项目的评审中对传承人的身份予以确认。① 一些察哈尔蒙古族服饰制作者被各级政府授予"传承人"的称号，从而纳入国家话语叙事体系中。这种新的社会身份是如何构建起来的？它对察哈尔蒙古族服饰的传承产生了哪些影响？这些服饰传承人又是如何使用这种身份的？以下我们以察哈尔地区不同地域、不同级别的三位传承人为例，分析非遗语境中察哈尔蒙古族服饰传承人的社会身份建构背景和过程，以及个人认同、社会认同、生产利用等问题。

（一）传承人身份建构的社会背景

察哈尔蒙古族服饰制作属于传统手工艺的范畴，在国家划分的非遗代表作名录的"十大门类"中归为民俗类。在过去，主要是家庭亲缘式传承，传承方式以口传身授为主。近年来，传承人的数量正在逐

---

① 宋俊华、王开桃：《非物质文化遗产保护研究》，中山大学出版社 2013 年版，第 122 页。

渐减少，从"家家都会做"的集体传承变成"只有少数人或极少数人
会做"的个体传承。英国人类学家罗伯特·莱顿（Robert Layton）在中
国艺术人类学学术会议上发言说，非物质文化与物质文化遗产是密切
相关的，它们可以被看作"一枚硬币的两面"①。察哈尔蒙古族服饰属
于物质文化遗产，但其制作工艺又属于非物质文化遗产。传承人和服
饰之间存在因变关系，传承人的减少与该服饰的穿着场合、日常需求
量变少有关，而形成这一现状的社会原因是中华人民共和国成立后至
今以改革开放为分界点的两次社会变革。

　　中华人民共和国成立后至改革开放前的三十年间，国家革命意识
的"大传统"瓦解了乡土社会的"小传统"②。察哈尔地区城镇和牧区
穿民族服装的人数大规模减少，而穿着现代服装的人数迅速增加。革
命和进步的观念持续强势渗透到地方文化中，对传统社会文化的否定
与批判逐渐形成一种风尚和思潮，其余波延续数十年而不断，③至今仍
然潜移默化地影响着人们的意识形态。穿着的改变，使人们不再制作
民族服饰，改为购买或自制现代服装。传统的技艺失去了"用武之
地"，几近消亡。

　　改革开放以来，随着经济的迅速发展，全球化、现代化对岌岌可
危的传统文化形成新的冲击。与西方文化捆绑在一起的西装，象征着
文明与进步。西装"适于卫生、便于动作、宜于经济、壮于观瞻"④，
这种大众文化产品的内容与形式趋向于某种同质化、普适性、泛众化，

---

①　麻国庆、朱伟：《文化人类学与非物质文化遗产》，生活·读书·新知三联书店 2018
年版，第 4 页。
②　雷德菲尔德将乡民的文化称为"小传统"，而国家层面制度化的传统称为"大传统"。
③　麻国庆、朱伟：《文化人类学与非物质文化遗产》，生活·读书·新知三联书店 2018
年版，第 121—122 页。
④　周星：《乡土生活的逻辑：人类学视野中的民俗研究》，北京大学出版社 2011 年版，
第 272 页。

更易于被民众接受，① 因此在中国各地区广泛流行。20 世纪八九十年代，察哈尔地区人们穿的主要也是西装。"八几年厂子派我去上海学习，学的都是现代的西装，那会儿流行穿这个。"② "一开始是中山服，后来是西服。1995 年我结婚穿的是西服、旗袍。20 世纪 90 年代我缝得最多的是西服裤子，一天就做 40—50 条。"③ "20 世纪 90 年代，军大衣、羽绒服都出来了，人们都不穿袍子了，家里活多了，就都不缝了。我姐姐1990 年结婚的时候穿的还是呢子大衣，去张家口买的，那会最时兴了。"④

外部环境在施加压力的同时，民间的传统文化正在经历新一轮变迁，凭借社会经济体制改革的契机，曾经隐匿在社会传统中的民间文化纷纷重新崭露头角，学界将这一过程定位为传统文化的"复兴"⑤。"90 年代以后，逐渐有人开始穿袍子，开始都是为了吸引旅游的表演比赛，要不就是政府组织活动用的。大家看穿的人多了，也都开始穿了，结婚、搞个同学聚会啥的都穿。"⑥ 国家层面也开始"有意识地"再造与重构传统文化，一场"政府主导，社会参与"的文化大戏拉开帷幕。21 世纪初，以文化部发布《关于实施中国民族民间文化保护工程的通知》和国务院办公厅《关于加强我国非物质文化遗产保护工作的意见》等政府文件为依据，传统手工艺开始焕发新的生机。以前被贴上"四

---

① 麻国庆、朱伟：《文化人类学与非物质文化遗产》，生活·读书·新知三联书店2018年版，第12页。

② 访谈对象：其木格，女，察哈尔蒙古族服饰传承人；访谈人员：李洁；访谈时间：2020 年 8 月 2 日；访谈地点：正蓝旗蒙元吉颂民族服饰服装店。

③ 访谈对象：格日勒，女，学徒；访谈人员：李洁；访谈时间：2020 年 8 月 2 日；访谈地点：正蓝旗蒙元吉颂民族服饰服装店。

④ 访谈对象：萨仁，女，学徒；访谈人员：李洁；访谈时间：2020 年 8 月 2 日；访谈地点：正蓝旗蒙元吉颂民族服饰服装店。

⑤ 麻国庆、朱伟：《文化人类学与非物质文化遗产》，生活·读书·新知三联书店2018年版，第136页。

⑥ 访谈对象：罗璐玛·苏荣，女，察哈尔蒙古族服饰传承人；访谈人员：李洁；访谈时间：2019 年 11 月 14 日；访谈地点：镶黄旗罗璐玛蒙古服饰有限公司。

旧""迷信"标签的民族用品和生活习俗，在政府的主导下重新定义为优秀传统文化。察哈尔蒙古族服饰拥有了"合理化""合法化"的外衣，被置于国家政策的保护之下。那些少数能够延续该项制作技艺的手艺人开始受到国家重视，在各种原有制作者身份的基础上，又新增了"传承人"的社会身份。

（二）传承人的身份认同

身份认同研究是西方社会学、人类学领域极为关注的话题，它被认为是寻找个人与社会的边界。乔治·赫伯特·米德（George Herbert Mead）将认同解释为主体选择与社会关系的互动过程，他认为主体只有融入社会团体并与该团体的其他成员进行交往，才能实现个人的认同。[①] 正如皮特·伯格在《社会学导论》一书中认为的那样，个体身份认同与社会是互相勾连的，并且认同是社会建构的，各种认同类型过程都不过是社会实在。[②] 由此看来，身份认同包含个体认同和社会认同两个层面，察哈尔蒙古族服饰传承人的身份是从"非遗"的语境中获得的，它的认同与非遗保护工作的过程密切相关。

从非遗保护工作的开展脉络来看，它是一场国家权力主导下自上而下的公共文化整合运动。宋俊华、王开桃著《非物质文化遗产保护研究》中将目前的非遗保护工作总结为三个阶段。[③] 第一阶段（2001—2005）属于起步阶段，主要体现在学者的重视和参与，成立相关研究机构和科研机构，举办研讨会，国家初步制定非遗相关的政策和法规，为非遗活动的全面开展奠定基础。这一阶段，民众普遍参与度低，在

---

① 孟樊：《后现代的政治认同》，（台北）扬智文化事业股份有限公司 2001 年版，第 312 页。

② 孙频捷：《市民化还是属地化：失地农民身份认同的建构》，上海社会科学院出版社 2013 年版，第 7 页。

③ 宋俊华、王开桃：《非物质文化遗产保护研究》，中山大学出版社 2013 年版，第 77—81 页。

被认定为传承人以前，大部分察哈尔蒙古族服饰制作者对"非遗"这个新发明的词汇并不熟悉，对相关工作也并不了解，均表示"不知道""以前没听说过"。第二阶段（2005—2008），保护工作开始全面展开。国家公布了两批国家级非物质文化遗产名录，各省、市、县的名录申报工作也相继启动，非遗开始在民间升温。一些察哈尔蒙古族服饰制作者获得了传承人的身份，从而步入国家搭建的非遗场域平台。"申请非遗是单位推荐的，文化馆长知道我做了多年，就给申请上了。完了一步一步地往上报，2014年认定的自治区级传承人，2018年申请下来的国家级传承人。"① 从最初的申报工作来看，传承人的身份是被动赋予，而非主观选择。虽然传承人对非遗的意义和内涵的理解还很模糊，或者说她们并不清楚这一身份将为她们带来何种利益，但是基于大众眼中国家在整个文化的语境中具有不可动摇的正统性地位的认识原则，② 主观上来说传承人对该身份都持积极认同的态度。第三阶段（2009年至今），规范化保护阶段。国家建立了四级非遗保护工作机构，并广泛开展非遗展演和展示活动，法律政策进一步完善。社会媒体的频繁曝光和宣传，使非遗和传承人得到社会各界认可。尤其是传承人可获得政府财政补贴的政策，使察哈尔蒙古族服饰传承人除了荣誉以外，还获得了实际的经济利益。"拿国家工资"在老百姓眼中更代表着一种官方认可的权力身份，象征着文化的正统性。"当某些群体对个体社会认同的积极方面有所贡献时，个体倾向于保持该群体成员资格或追求获得新的群体成员资格。"③ 一些未获得身份的察哈尔蒙古族

① 访谈对象：其木格，女，察哈尔蒙古族服饰传承人；访谈人员：李洁；访谈时间：2020年8月2日；访谈地点：正蓝旗蒙元吉颂民族服饰服装店。

② 金昱彤：《国家、市场、社会三维视角下的非物质文化遗产研究——以土族盘绣为例》，博士学位论文，兰州大学，2014年，第118页。

③ 王莹：《身份认同与身份建构的研究评析》，《河南师范大学学报》（哲学社会科学版）2008年第1期。

服饰制作者也开始认识到传承人身份带来的权利优势，开始主动追求。已经具有传承人身份的成员，则希望向上发展到更高级别。随着非遗保护工作的推进，目前传承人身份的社会认同度和个人认同度均已显著提高。

（三）传承人的身份建构

2011 年颁布的《中华人民共和国非物质文化遗产法》规定，传承人应符合"熟练掌握其传承的非物质文化遗产；在特定领域内具有代表性，并在一定区域内具有较大影响；积极开展传承活动"三项条件。上述规定的提出，是在借鉴国外先进经验以及本土实践调研的基础上产生的。察哈尔蒙古族服饰传承人其木格、罗璐玛·苏荣和乌云其木格三位，各自有着不同的学艺经历和传承实践，真实地展示了传承人身份建构的必备素质，以及非遗所蕴含的文化多样性。

其木格，蒙古族，1965 年出生，内蒙古自治区锡林郭勒盟正蓝旗人，国家级非物质文化遗产项目代表性传承人。

> 我的手艺来自家里，小时候在牧区，姥姥只给别人做，那时候就给一块茶叶或一斤糖作为报酬，已经是很贵的东西了。妈妈也时常在家做。我是念小学的时候来的旗里①，念的是汉校。我父亲说汉语用得广泛，不像蒙古语只能在这个地区用。我兄弟姐妹 5 人，我排行老三，服装只有我一个人会做。初中毕业后，父亲说做服装好，自己也爱这行，就送我到民族服装厂上班。当时厂子里有两个车间，一个做普通的，一个做民族的。我去的普通车间，民族服饰车间都是牧区来的不太会说汉语的。那时候克旗（克什

---

① 指锡林郭勒盟正蓝旗县。

克腾旗）、沙窝子①那边卖得好，他们还穿，正蓝旗这儿不太穿。厂子里那会儿做加工的，也做订制，人们一般是结婚才做个袍子。后来，我当了车间主任，厂子派我去上海学过，学的也是普通的，民族服装都是跟家里学的。1996 年，企业关停了，我就出来自己做。刚开始在家里做，人们知道了就找上门，都是做现代服装的多。后来，2000 年左右，现代服装买的人少了，人们开始穿蒙古服装，可蒙古服装买不着，都得订制，我就开了家"正蓝旗蒙元吉颂民族服饰服装店"。2004 年，锡林郭勒举办的《鑫泰杯》首届蒙古族服饰设计大赛，我的参赛作品荣获现代服饰一等奖、舞台服饰设计三等奖、传统服饰三等奖。此后，还参加了很多比赛都频频获奖，人家知道的也多了。店里现在有两个工人，一个做衣服，一个做帽子。我主要负责接活、裁剪和把关。以前有六七个工人呢，那会儿结婚的、旗里有活动的、政府的都来买，效益挺好，现在不好做，开店的人太多了。②

乌云其木格，蒙古族，1971 年出生，内蒙古自治区锡林郭勒盟正蓝旗人，自治区级非物质文化遗产项目代表性传承人。

我 12 岁就能自己做衣服，妈妈在旁边教教。高二毕业后，我最开始到絮片厂上班，当时我最小，厂里 60 个人，就 3 个蒙古族，大部分人学的都是流水线上的加工。后来又去了正蓝旗三八厂，那里做蒙汉衣服的都有。做蒙古族袍子的就几个人，在又一个屋，我有时候去看看，但是当时没想学。20 世纪 90 年代，我自己干个体，做的西服裤子最多。为啥呢？我们这里的人穿买的尺

---

① 指正蓝旗浑善达克一带较偏远的牧区。
② 访谈对象：其木格，女，察哈尔蒙古族服饰传承人；访谈人员：李洁；访谈时间：2020 年 8 月 2 日；访谈地点：正蓝旗蒙元吉颂民族服饰服装店。

寸不行，人们都爱穿做的。后来南方的人也知道了我们的尺寸，买的就合适了。我感觉裤子不太行了，就一边做裤子，一边做起民族服装。那会儿最主要是舞台表演用得多，1995—1996年我给正蓝旗去深圳演出的人做的民族服装，配的是巴尔虎头饰，因为这个夸张、好看、舞台效果好。舞台服装都是按图片上、电视上看的做，我再设计设计，怎么好看就怎么做。店里那些就是我设计的，比赛都得过奖。我后来买了楼房，开了蒙宇民族服装店，刚开始招了6个学徒（下岗职工和进城务工牧民），后来又招了不少，最多时候有12个。2000年以后，改良的民族服装样式好看，卖得好。我当时不太会做传统的，做的都是带肩的①，后来几年才做的传统的。哪里不会就问问老人们，都知道。现在就主要做察哈尔袍子了，我们的袍子主要是简单、素、三道边，和别处的不一样。②

罗璐玛·苏荣，蒙古族，1955年出生，内蒙古自治区锡林郭勒盟镶黄旗人，盟级非物质文化遗产项目代表性传承人。

我最早（1979年）是在蒙中教数学，1992年职高（镶黄旗职业中学）开设服装裁剪班，自己喜欢就去教学生。一开始家里都反对。以前我也有基础，小时候看老人们做衣服，奶奶是专门住在富裕的人家里给做衣服的，姥姥会绣花，她绣的绿度母、烟荷包、褡裢都特别好看。后来家里有了缝纫机，是妈妈把首饰卖了，50元买的，在当时很珍贵。毕业后学生们没有实习的地方，我就在政府修车的地方开了实习中心。后来，这个专业没有了，我就

① 传统的察哈尔袍服是插肩袖，"带肩的"指的是起肩袖的现代改良版袍服。
② 访谈对象：乌云其木格，女，察哈尔蒙古族服饰传承人；访谈人员：李洁；访谈时间：2019年1月2日；访谈地点：正蓝旗乌云其木格家中。

停薪留职了，自己招徒弟，带学生。2012 年办了"罗璐玛蒙古服饰有限公司"。2016 年，我的学生当了职高校长，当时服装（市场）好一点了，我俩就谈在学校办学习班和服装厂，建立民族服饰培训基地，主要是我也想为学校做点事。①

其木格、乌云其木格和罗璐玛·苏荣的主要传承经历，见表 4 – 2。

表 4 – 2　　　　　　　三位传承人的主要传承经历

时间	其木格	乌云其木格	罗璐玛·苏荣
20 世纪 60 年代			和妈妈学手艺
20 世纪 70 年代	和姥姥学手艺	和妈妈、姥姥学手艺	
20 世纪 80 年代	民族服装厂工人	絮片厂工人	蒙中数学老师
20 世纪 90 年代	裁缝、个体户，主要做西服—做民族服饰、带徒弟	三八厂流水线工人—裁缝、个体户主要做西服—正蓝旗蒙古族中学兼职教师—做民族服饰、带徒弟	镶黄旗职业高中服装裁剪班老师—办实习中心带学生—裁缝、带徒弟
21 世纪至今	创办"正蓝旗蒙元吉颂民族服饰服装店"—比赛获奖—评为国家级非物质文化遗产项目代表性传承人	去锡林郭勒盟学习民族服饰制作—创办"蒙宇民族服装店"—比赛获奖—评为自治区级非物质文化遗产项目代表性传承人	创办"镶黄旗罗璐玛蒙古服饰有限公司"—与镶黄旗综合高中民族服饰培训基地合作办学、办工厂—评为盟级非物质文化遗产项目代表性传承人

上述三位传承人的传承经历既有相似性又有差别性，相似的经历共同塑造了她们成为传承人的基本素质，而差别性又使她们形成了独

①　访谈对象：罗璐玛·苏荣，女，察哈尔蒙古族服饰传承人；访谈人员：李洁；访谈时间：2019 年 11 月 14 日；访谈地点：镶黄旗罗璐玛蒙古服饰有限公司。

具特色的技艺模式。

传承经历的相似性表现在传承故事的结构模式上。第一阶段，她们都自幼受到家庭的熏陶，从小接触传统服饰手工艺。第二阶段，长大以后，开始学习西方的裁剪、缝纫技术，一直从事与服装制作相关的工作，逐渐技术娴熟，传带徒弟或教授学生，成为行业中的佼佼者。第三阶段，通过向家人或师傅学习传统手艺，从西服制作转向传统的蒙古族服饰制作，开办公司、店铺，在当地具有相当的影响力，被评为各级传承人。传承人故事类型具有普洛普形态学功能结构序列模式的意味。普洛普认为功能指的是从其对于行动过程意义角度定义的角色行为。故事的角色是可变因素，不变的因素是角色的动作和行为，也即功能。① 虽然这四则叙事案例来自不同的传承人（可变因素），但是她们的传承经历有着普遍稳定的结构（不变因素），从而定义了她们"传承人"的角色身份。"从小接触传统手工艺""一直从事与服装制作相关的工作""向家人或师傅学习传统手艺""技术娴熟"，这些经历让传承人具备了"熟练掌握其传承的非物质文化遗产"这一能力；"比赛获奖""开办公司、店铺"使传承人"在特定领域内具有代表性，并在一定区域内具有较大影响"；"传带徒弟或教授学生"的行为是"积极开展传承活动"的表现。以上三个方面的行为，共同构成了国家认定察哈尔蒙古族服饰传承人身份的关键因素。

需要强调的是，"熟练掌握其传承的非物质文化遗产"并不意味着非遗传承人必须一直坚持所有制作程序都亲力亲为，随着年龄的增长，她们往往只把控关键流程，其他环节交与熟练技艺的徒弟配合完成。下面以 66 岁的传承人罗璐玛·苏荣师徒之间的配合过程作

① ［俄］弗拉基米尔·雅可夫列维奇·普罗普：《故事形态学》，贾放译，中华书局 2006 年版，第 18 页。

为研究个案。

制作的第一步是选料。师傅通过询问穿着者的性别、年龄、职业、场合、季节等信息，与客户进行沟通，确定面料质量、色彩搭配、袍子的合体度、边饰扣盘儿等装饰物的数量，以社会规范、自我审美为标准，最终达到制作者与穿着者的共同认可。

第二步是量尺。师傅用皮尺测量穿着者身体各个部位的尺寸，并详细记录。主要测量的是颈围、臂长、胸围、身高，然后再根据这四组数据来决定服装的领围、袖子长度、袍服宽度、长度等。其他的部位则按照一般的传统标准制作，如适当地留取余量，各个部位的常规形状、细节弧度等。量尺记录单通常会记录尺寸、面料选样、效果图和穿着者的特殊要求。测量也不是一次完成，在后续的工序中还会根据穿着者的要求不断进行微调。

第三步是裁剪。这是服装制作中技术含量最高的一道程序，在很大程度上决定了袍子的整体造型效果。裁剪人需要熟练的技术和全面的考量能力，根据测量结果和穿着者具体的要求，并调动头脑中储存的大量案例，随时调整出具体的设计方案，依靠感觉和经验用划粉、辅助直尺直接在折好的面料上画出流畅的服装结构图，再按照画线裁剪出四片对称的袍子外形，以供拼接。裁剪下来的余料部分用于制作领子、腰带等，力求不浪费材料，体现出纺织手工业不发达的游牧民族惜物节约的观念。这一项综合性的技术，一般掌握在师傅手里，或者成为考量一个合格裁缝的关键步骤。

第四步是缝合。从这部分开始，下列操作步骤均由徒弟接手，师傅负责检查和指导。以前的蒙古袍全部是手缝，主要针法有攻针、塞针、缲针、绗针、纳针、缉针、驱针、分针、盘针、缴针、锁边针等。①

缝制方法是：缝制材料拿在左手，右手食指第一节套戴用牛角雕制的顶针，视缝制材料的薄厚选用粗细不一的缝衣针；再用戴顶针的食指顶住针头，拇指和食指捏紧针体，使针尖在缝物时一上一下地缝制。与汉族的缝法不同，蒙古族的针法一律由外向里缝，执针的方向总是冲着自己。这样缝不但速度快而且平整，针码大小可以随意调整，不论是皮料、毛料还是薄软的丝绸都能缝制得精巧美观，牢固耐用。② 现在传统的手缝工艺几乎都被机器取代，只在少数部位辅助手工。

第五步是绲边。绲边就是在衣服边缘处包裹上边饰面料，这样既能让缝合面料的边缘处不脱丝，又起到保护边缘、装饰美观的作用。绲边包括领子、恩木斯哈、呼和恩格勒、苏木恩格勒、袖口等部分，讲究宽度一致，均匀顺畅。首先从衣服的背面将衣服边缘、边饰布料、一指宽的黏合衬（以前是用面粉制成的糨糊），按照从下往上的顺序叠合，再用机器缝合。黏合衬具有轻微的黏合作用，可以使边饰制作更加笔直硬挺不脱散，便于后续镶边。缝合后的面料翻过来可以自然包裹住衣服另一侧即正面的边缘部位，露出宽度为 0.4 厘米左右的精致小细边，再熨烫贴合。虽然使用的是机器缝合，但是一名合格的制作者，能够保证边缘的宽度完全一致，也体现了手工艺人的手艺精湛程度。

第六步是上领子。领子是袍子制作的重点，工序复杂。领子由三层面料组合而成，最外面一层领子边缘包裹绲边，中间贴一层比较硬的辅料起到支撑作用，里面一层领子与主料相同，三层面料贴合缝制，做出来的领子笔挺有型。整个过程都是机器缝制，

---

① 康健：《蒙古族服饰传统手工艺》，《浙江工艺美术》2003 年第 4 期。
② 萨兰·格日勒：《蒙古族手缝工艺初探》，《黑龙江民族丛刊》1996 年第 1 期。

唯独领子与衣服的接口处需要少许手工，采用缲缝针法，针脚之间距离为 0.3—0.5 厘米，外观上几乎看不到针脚痕迹。

第七步是钉扣袢儿。扣袢儿是唯一必须手工制作的部分，也是考验制作者手艺好坏的关键。初学者往往要花费很长的时间来学习这项技能。察哈尔蒙古族袍服的扣袢儿一般都是蒜头疙瘩，看似简单，实则非常考验技术。学徒从初期的生疏到技艺娴熟，需要经过无数岁月的打磨，甚至有的人一生专门只做扣袢儿这一项。制作的材料与边饰面料相同，首先斜裁出大约 1.5 厘米宽的长条对折，中间缝合形成空心柱状。其次，用一支粗大的针在头起缝线固定，再将带线的针反穿回柱状布料中，多余的面料就随着针的走向，将其填充成实心。再次，形成了一条绳子一样又结实又饱满的线绳。然后用锥子工具回盘缠绕，形成扣袢儿。成熟的扣袢儿工手指灵活，上下翻飞，整个过程像变魔术一样极富表演性，即使观者目不转睛，也无法完全看清整个操作过程。最后，将扣袢儿笔直缝缀于袍服上，一件察哈尔蒙古袍就算完成了。

察哈尔蒙古袍的制作过程，如图 4-2、图 4-3、图 4-4、图 4-5、图 4-6、图 4-7、图 4-8、图 4-9 和图 4-10 所示。

图 4-2　选料①　　　　图 4-3　量尺　　　　图 4-4　记录

① 拍摄时间：2019 年 11 月 15—18 日；拍摄地点：镶黄旗罗璐玛蒙古服饰有限公司；拍摄者：李洁。

察哈尔蒙古族服饰文化研究

图4-5 裁剪

图4-6 缝合

图4-7 绲边

图4-8 上领子

图4-9 盘扣袢儿

图4-10 钉扣袢儿

传承经历的差别性，主要体现在个体的知识结构和职业规划上，既反映了传承人身份构建的多样性，又构成了个体传承实践的丰富性。

其木格在学生时代上的是汉族学校，由于精通汉语，刚开始到民族服装厂上班自然地被分配到当时最流行的西服车间，并获得了工厂派遣到上海学习的机会，熟练掌握了服装制作的技能。随着信息化时代的到来，语言优势使她能够迅速地把握潮流，开阔设计视野，并获得从外部视角审视自己文化的权力。在采访中，她讲解了自己对察哈尔地区民族服饰复兴过程的理解："正蓝旗是从 1996—1997 年开始注重穿袍子的。这和旅游业开始增多、舞台服饰多种多样有关，这种现象引起了喜欢民族服饰的人们的兴趣。一开始，年轻人都要求做现代袍子，但从 2010 年起，年轻人也逐渐喜欢穿传统袍子了，这和非遗的宣传有关。"她还认为"时代在变，人们的观念也在变，但老祖宗的东西不能丢，应跟随时代的脚步传承创新"①。作为非遗传承人，她在众多的比赛、展示、展演、培训活动中能有效地向外界传播民族传统文化，也为她增加了社会影响力和社会认同度。苑利在《非物质文化遗产传承人认定标准研究》中认为，"与亲自传承相比，我们更看重的是他们能将自己长期以来积累起来的相关知识、技能与经验分享给他们的继承者"②。显然，其木格在文化传承方面的能力是突出的，客观上成为她在众多制作者中脱颖而出被评选为国家级传承人的条件之一。当然，最重要的还是她制作的服装工艺精湛、设计新颖，这和她多年来孜孜不倦地磨炼技艺是分不开的。

---

① 访谈对象：其木格，女，察哈尔蒙古族服饰传承人；访谈人员：李洁；访谈时间：2020 年 8 月 2 日；访谈地点：正蓝旗蒙元吉颂民族服饰服装店。

② 苑利：《非物质文化遗产传承人认定标准研究》，《原生态民族文化学刊》2019 年第 1 期。

乌云其木格有着开放、积极的心态，不断学习新知识和尝试新技术贯穿了她的整个传承历程。从 17 岁到絮片厂工作开始，技术世界的丰富多彩就向她展示了一个不同于以往的新鲜世界。在那里，她掌握了基本的缝纫技术。紧接着一年后，不满足现状的她专门和当地有名的师傅学会裁剪。后来到三八厂上班，做了西服裁剪师。上班的同时，她敏锐地感觉到当地市场的服装需求，由工人过渡到个体裁缝。后来她有了自己的店面，招工人、带学徒，还兼职到学校教授裁剪，可以说是一边学习，一边输出。当在电视上看到民族服装在国外展出的报道时，又激发出她新的学习兴趣。随即到锡林郭勒盟学习民族服装制作，还学会了手工刺绣。技术加特色，使她在当地具有了一定的知名度，许多作品还销往美国、澳大利亚、日本等国家。"我们这里不是有旅游么，来的外国人都喜欢买我的，她们喜欢带刺绣的，只要是刺绣的多少钱不论。我绣的一个就卖过三千八。"① 评为传承人以后，政府组织的各种传承人培训班为她提供了更多的学习平台。在不断学习提升自己制作技能的同时，她也努力提高自己的民族文化素养。仅在 2019 年，就参加了锡林郭勒蒙古族服饰传承人培训班和内蒙古农业大学举办的中国非物质文化遗产传承人群研修研习培训计划两项。学习带给她的不只是技艺的进步，更是文化的传承，她对自己的民族传统文化有了更深的认识："现在越来越觉得我们这个东西真是好，可了不起了，你看（蒙古袍）晚上睡觉可以盖上，上厕所的时候女的袍子开衩都遮住了，男的骑马前襟往上撩起也方便。以前的人们太有智慧了，这里面的文化可多呢。"传承人的身份也让她多了一份责任感和使命感："我做过一套头饰，都是根据以前的图片做的，不过材料是买的假的，真的头饰我也没见过。做完后给这个老人看看，那个老人看看，

---

① 访谈对象：乌云其木格，女，察哈尔蒙古族服饰传承人；访谈人员：李洁；访谈时间：2019 年 1 月 2 日；访谈地点：正蓝旗乌云其木格家中。

不对的地方反复调整才做出来。宝昌①有一个老太太看了以后专门捎来照片说，姑娘，你看看，过去我就戴过用过，你做得真好，和过去的一样。我前几年专门去学的传统银饰加工，我想咋也得做一套真的，倒不是给我姑娘，现在整个蓝旗都没有保存一套真的，这么大一个博物馆、文化馆、展览馆的，将来好给孩子们看。现在的银匠也不一样了，图案也不一样了。我都按照以前的图画出了样子，珊瑚打算慢慢买点，等攒够了就能做一套，不过现在太贵了，不知道什么时候能做成。我还收过十来件老袍子，再不都没了。"② 乌云其木格对传统服饰和依附其上的手工艺的消失所发出的叹息，来自不断学习实践的认识、体会和对自己传承人身份的责任感。

罗璐玛·苏荣的传承经历是围绕"教学"展开的，她一直从事服装制作和设计的教学工作，对自己的身份认同首先是教师，然后才是传承人、公司法人代表。她最早去职高教学生是因为喜欢服装制作和教学。接着因为学生没有实习的地方，她克服一系列困难在艰苦的条件下办起了实习中心。学校的服装专业取消后，她暂时离开了学校，开办了服装公司，同时还继续教学生、带徒弟。与其说是商业经营，还不如说是延续到校外的研发中心和实习基地。这可能与镶黄旗上上下下崇尚文化、重视教育有关。全旗3万多人口中具有博士学位的就有56名，镶黄旗人自称为"博士之乡"。当机会来临，她再次义无反顾地重返校园，与学校合作办学，为学生提供良好的办学条件和实习场所，仅用一年时间就相继举办了7期培训班，免费培训270多人。与传统的师徒传承不同，她用自己的特殊经历走出了一条"产、学、研"相结合的察哈尔蒙古族服饰实践传承之路。她介绍

① 指内蒙古自治区锡林郭勒盟太仆寺旗中部的宝昌镇。
② 访谈对象：乌云其木格，女，察哈尔蒙古族服饰传承人；访谈人员：李洁；访谈时间：2019年1月2日；访谈地点：正蓝旗乌云其木格家中。

说："我这个罗璐玛蒙古服饰有限公司主要是研发最新的蒙古族现代服饰和做最传统的察哈尔蒙古族服饰。和学校合办的民族服饰培训基地是教学用的，有短期班和长期班两种，蒙古族服装和现代服装都教。"① 她所说的研发不仅包括服装设计的创新研发，还包括教学的研发。近年来，罗璐玛·苏荣致力于察哈尔蒙古族服饰标准化研究，制作的察哈尔服装已经被命名为"内蒙古察哈尔标准服装"。关于标准化研究，她介绍说："有一次，我的同学，他是镶黄旗人，在日本学的化学专业，很喜欢服装设计。他告诉我要把这个（察哈尔传统服饰）标准化。当时我不太懂，就上网查资料，什么是标准化。察哈尔研究会成立以后，钢老师（察哈尔研究会首席专家钢土牧尔）说咱们察哈尔的服饰有是有，但是不多，你这个要写出来。我就很高兴，我以前写过些教材，有些基础，又有服装高级职称，就接着写。现代的服装规格用不着标准化（国家已有标准），都适合。察哈尔传统服装没有，有了人们才能接受，能标准化做出来察哈尔蒙古族服饰。这儿的人哪里都大，服装也要宽大，这是由当地人的体型特点（如脖子粗、胳膊粗）和穿衣习惯造成的，和别处不一样。就像我买回来的衣服，好是好，可是都得改。"② 从罗璐玛·苏荣的讲述中，可以看到一个地方文化学者出身的传承人对族群文化更深层次的展望和期待。

联合国教科文组织《世界文化多样性宣言》肯定了文化多样性对于人类发展的重要意义："作为一种交流、创新和创造的源泉，文化多样性对于人类就像生物多样性对于自然界一样是必不可少的。"③ 文化

① 访谈对象：罗璐玛·苏荣，女，察哈尔蒙古族服饰传承人；访谈人员：李洁；访谈时间：2019年11月14日；访谈地点：镶黄旗罗璐玛蒙古服饰有限公司。
② 访谈对象：罗璐玛·苏荣，女，察哈尔蒙古族服饰传承人；访谈人员：李洁；访谈时间：2019年11月14日；访谈地点：镶黄旗罗璐玛蒙古服饰有限公司。
③ 乌丙安：《非物质文化遗产保护理论与方法》，文化艺术出版社2010年版，第54页。

的多样性蕴藏在基层民众之中，特别是这些具有代表性的传承人之中。她们通过各种独特的生活体验和生活实践，既传承文化，又重构文化，在新陈代谢式的发展中不断丰富着文化。

（四）传承人身份的使用

传承人身份是一种与利益相关的制度性概念。在"政府主导"的资源分配中，一些察哈尔蒙古族服饰制作者获得了官方认定的制度性身份，并具有了利用该身份进行文化再生产的资本。高丙中曾指出，非物质文化遗产运动是国家公共文化生产的重要方面。① 非遗从产生之初就受到国家与市场主导的双重外力机制的影响。在政府、市场的运作下，传统手工艺品由文化遗产变成一种新的公共产业发展资源。能够将"遗产"变"资源"的法理依据则是政府对非遗传统的全权拥有。② 《国务院办公厅关于加强我国非物质文化遗产保护工作的意见》中指出："地方各级政府要加强领导，将保护工作列入重要工作议程，纳入国民经济和社会发展整体规划，纳入文化发展纲要。"传承人是非遗生产的主要行动者，一方面她们与政府合作积极地开展传承活动，提高自己的权威性与影响力；另一方面，她们极力争取各种类型的文化资本，实现经济效益的转换。

1. 积极开展传承活动

国家通过法律法规的形式从制度层面规定了传承人的权利和义务，设定了传承人在参与公共文化建设时的组织形式与行为规范。③ 当察哈尔蒙古族服饰制作者认同了官方认定的传承人的身份时，也就

---

① 高丙中：《作为公共文化的非物质文化遗产》，《文艺研究》2008 年第 2 期。

② 耿波：《文化自觉与正当性确认：当代中国非遗保护的权益公正问题》，《思想战线》2014 年第 1 期。

③ 王明月：《非物质文化遗产代表性传承人的制度设定与多元阐释》，《文化遗产》2019 年第 5 期。

意味着她们必须参加政府组织的一些公共活动，否则传承人身份会被依法取缔。这些活动包括开展传承活动，培养后继人才，展览、展示、表演、研讨和交流等公益性宣传活动。也就是履行国家规定的传承人的"传承"责任。"传承"从字面上说，"传"是传授，"承"是继承，"传承"就是传授和继承活动的统一。① 置于国家话语体系中的非遗传承，不仅包含传统社会的技艺传承，还涉及地方文化知识的传承。

在技艺传承方面，传承人与政府合作开设各种形式的培训班，实现利益双赢。在中央与地方的互动中，非物质文化遗产项目特别是传统工艺类项目因其具有的经济属性而获得了政府的青睐。目前的"非遗+扶贫"的表述，就是政府将非遗转化为新的扶贫资源，为贫困者提供就业机会的热门方式。例如，其木格与当地的劳动就业局、扶贫办举办了两次"建档立卡贫困户民族服饰技艺培训班"和"民族服饰线上培训班"等活动，就是以"助力脱贫攻坚"为目标和口号。政府借助传承培训活动来完成工作目标和政绩考核，而传承人在履行传承义务的同时也能得到相应的社会名望与物质回报。据其木格说："扶贫培训是政府出钱聘用我，这个钱包括学员的材料费和我的讲课费。我组织得好，政府这个项目连续两年都是给我。"② 可见，"与地方政府保持良好的互动关系，以谋求政府的相关支持"③，也是传承人在活动中获得的隐形效益。如图 4 – 11 和图 4 – 12 所示。

---

① 田艳：《非物质文化遗产代表性传承人认定制度探究》，《政法论坛》2013 年第 4 期。
② 访谈对象：其木格，女，察哈尔蒙古族服饰传承人；访谈人员：李洁；访谈时间：2020 年 8 月 2 日；访谈地点：正蓝旗蒙元吉颂民族服饰服装店。
③ 王明月：《非物质文化遗产代表性传承人的制度设定与多元阐释》，《文化遗产》2019 年第 5 期。

图 4 – 11　其木格为培训班

学员授课①

图 4 – 12　其木格线上教学培训②

　　除了开设培训班外，传承人还在工作室内部传带学徒。学徒与培训班的学员不同有以下七个方面。第一，生源不同。学徒大多数来自牧区向城镇移民的待业人群，她们的年龄在 20—40 岁，为了照看孩子上学从牧区搬到城镇，想要学习一些技能填补时间和补贴家用。乌云其木格介绍说："她们都是跟着孩子来的，送完孩子上学过来学，孩子放学就回家，周六周日还得回牧区给一家人把饭做了。在这里学点手艺，零花钱也有了。"③ 培训班的学员是来自各个行业，有的是家庭主妇，有的是学校毕业的学生，也有其他行业想要转行的工人。第二，与传承人的关系不同。传承人和徒弟之间是互相选择的，师傅要求徒弟要"心灵手巧""有悟性"，徒弟则看重师傅的手艺和名气，是否是传承人也是一项重要的指标。毕竟师徒关系是一对一的，一门手艺一个学徒只认一个师傅，带有传统的"契约"关系，双方都很慎重。培训班的学员和老师之间只是普通的师生关系，不具有任何约束性，他们可以和这个老师学完再和另一个老师去学。第三，学习周期不同。

---

　　① 拍摄时间：2020 年 7 月 30 日；拍摄地点：正蓝旗创业就业实训基地；拍摄者：李洁。

　　② 拍摄时间：2020 年 3 月 22 日；拍摄地点：正蓝旗创业就业实训基地；照片提供者：其木格。

　　③ 访谈对象：乌云其木格，女，察哈尔蒙古族服饰传承人；访谈人员：李洁；访谈时间：2019 年 1 月 2 日；访谈地点：正蓝旗乌云其木格家中。

学徒培训是长期的，一般要2—5年才能出徒。学员培训是短期的，一般1—2周。第四，学习内容不同。学徒需要系统学习全套的技艺流程，除了裁剪、缝制、使用机器这些技术性的手段以外，还包括师傅日常的接待客户、量尺裁衣、设计理念、色彩搭配等无法言传的隐形的知识。理查德·桑内特在《匠人》里讲述了这种隐性知识的重要性："它出现在作坊里，它包括上千种细小的日常行动，这些日常行动构成了大师的生产实践，变成他的习惯。"[1]培训班学员学习的是整个服装制作流程中的某一项技能，如罗璐玛·苏荣就举办过"扣袢儿学习班""电脑刺绣学习班""平面裁剪学习班"等专项培训班。第五，学习的场地不同。培养徒弟是在传承人的私人领域中进行的，在这里徒弟才有机会向师傅学习包括隐性知识在内的全部技能。古代"作坊是匠人的家"，师傅在工作的地方睡觉、干活和抚养子女。[2]这种传统现在依然存在，只不过从古老的作坊转移到条件更好的工作室里。乌云其木格置办的400多平方米的二层商铺就是她的"私人工作室"，一楼外间用于展示销售、接待顾客，内间用于设计制作，二楼一部分存放物品，一部分是一家人的生活起居场所，如图4-13和图4-14所示。她在这里的每一个行为动作都可能是隐性知识的来源，或者说在这里"师傅是无所不在的"[3]。学徒在师傅的"言传身教"和不断重复的日常行为中一步步靠近知识本身，成为一位真正的匠人和一位成熟的察哈尔蒙古族服饰制作者。培训班一般是在政府提供的场地学习，如其木格举办的培训班在"正蓝旗创业就业实训基地"授课，罗璐玛·苏荣举办的培训班在"镶黄旗职业中学蒙古服饰教学基地"授课。在一个公共场所，师傅的隐性知识是无法传递的，培训只局限于某项技能的"入

---

① ［美］理查德·桑内特：《匠人》，李继宏译，上海译文出版社2015年版，第84—85页。
② ［美］理查德·桑内特：《匠人》，李继宏译，上海译文出版社2015年版，第49页。
③ ［美］理查德·桑内特：《匠人》，李继宏译，上海译文出版社2015年版，第82页。

门"水平，带有"快餐"式的味道。第六，学习的目标不一样。学徒是以独立胜任服装制作，最终实现自己开店为目标。刚开始她们需要帮助师傅处理一些简单的杂务，包括清扫工作间、清理操作台、整理货品，时机成熟后学习盘扣袢儿、操作缝纫机等单项流程，一旦熟练了就可以领取计件工资，全部出徒以后再自立门户开店。乌云其木格教出的徒弟开店的就有 12 家。俗话说"教会徒弟，饿死师傅"，现代社会的师徒之间也存在一定的竞争关系。其木格说："徒弟开店当然有影响，蓝旗就这么大，谁都有熟人亲戚捧场。不过我都毫无保留地教给她们。"① 当然，并非所有的学徒都能达到开店的标准，许多人停留在计件工身份上便止步不前，因为开店除了技术以外，还需要资金、设备和承受一定的市场风险。培训班学员的工作目标则较为模糊，"建档立卡贫困户民族服饰技艺培训班"的一位学员代表了大多数人的想法："有时间就正好学一学，可以自己给孩子做件衣服啥的。以后要是有机会再考虑就业，也有些技能。"② 扶贫办的工作人员也说："这里面有的是爱好这个，自己做的喜欢，有成就感。目前没统计过毕业后从事服装制作的人数，她们大多数来自牧区，主要是我们提供的这个机会比较好，老师也是国家级有名的。"③ 第七，学习的费用不一样。学徒过程中不需要缴纳任何费用，靠帮助师傅做活"以劳代资"。培训学员的费用则是由政府专项资金负担，"每个学员一天 300 元的标准，我们承包给就业培训中心，他们安排吃住和请老师"④。从以上七个方

---

① 访谈对象：其木格，女，察哈尔蒙古族服饰传承人；访谈人员：李洁；访谈时间：2020 年 8 月 2 日；访谈地点：正蓝旗蒙元吉颂民族服饰服装店。

② 访谈对象：毕力格，男，学员；访谈人员：李洁；访谈时间：2020 年 8 月 2 日；访谈地点：正蓝旗创业就业实训基地。

③ 访谈对象：哈尔斯，男，扶贫办工作人员；访谈人员：李洁；访谈时间：2020 年 8 月 2 日；访谈地点：正蓝旗创业就业实训基地。

④ 访谈对象：哈尔斯，男，扶贫办工作人员；访谈人员：李洁；访谈时间：2020 年 8 月 2 日；访谈地点：正蓝旗创业就业实训基地。

面的比较可以看出，传承人传带徒弟和开设培训班是两条不同的传承路径，但不管是民间自然的师徒传承，还是政府主导的官方培训传承，都是传承人履行传承义务、树立权威形象的途径，并且传统的师徒传承也在现代化的语境中无形地纳入政府统筹的范围之内。

图4－13　乌云其木格　　　　图4－14　乌云其木格工作室的
　　　工作室的展厅①　　　　　　　　　设计制作场所

在知识传承方面，国家通过培训班、研讨会等形式对传承人进行文化方面的规训。以乌云其木格为例，在成为传承人以前她仅是一名普通的裁缝，具有了传承人的资格以后，她有机会参加国家举办的各种针对传承人开设的培训班，"这些培训班讲课的都是行业内有名的人，以前这个文化我们也不太懂，听多了就明白多了。再说还能拿个国家发的证书，以后也是有用"②。每当政府举办相关的培训，她都会积极参与。在此之后，她对察哈尔传统服饰的认知有了很大变化，并且具有了解释民族文化的能力。她曾多次受邀为相关单位、群体讲解察哈尔蒙古族服饰文化，"前一段道日那摄影公司请我去给他们讲传统服饰，我带去我自己做的察哈尔服装和头饰给他们讲的。现在人们都讲究个传统的，搞摄影的不懂"③。传承人的权威身份也让她们在各种

---

①　拍摄时间：2020 年 7 月 31 日；拍摄地点：正蓝旗蒙宇民族服饰店；拍摄者：李洁。
②　访谈对象：乌云其木格，女，察哈尔蒙古族服饰传承人；访谈人员：李洁；访谈时间：2020 年 7 月 31 日；访谈地点：正蓝旗蒙宇民族服饰店。
③　访谈对象：乌云其木格，女，察哈尔蒙古族服饰传承人；访谈人员：李洁；访谈时间：2020 年 7 月 31 日；访谈地点：正蓝旗蒙宇民族服饰店。

比赛活动中拥有了担当评委、进行文化评判的权力。其木格作为国家级传承人在察哈尔蒙古族服饰文化上相当有发言权："冬天搞的那达慕上就有服装比赛，我们分为传统组、个人组和家庭组评选。传统组获一等奖的那个人就是穿的家里的老袍子，袍子连镶边也还没有呢。"① 虽然传统也是不断发明的过程，但是传承人对服饰的评判对民众来说依然具有引导作用。通过非遗传承人的宣传，人们似乎对什么是察哈尔蒙古族传统服饰有了统一和明确的标准。乌云其木格自豪地说："传统的现在人们都知道，上学的孩子都知道，学校要求要传统的，他们都知道我做的是传统的，都来我这里做。"② 2012 年 8 月，内蒙古地方标准《蒙古族服饰》正式实施。虽然服饰标准化在学术界仍饱受争议，但并不影响地方政府将标准化作为保护非遗和市场化推广的手段。他们认为"标准化本身具有的学术研究特性和易于市场化推广的优势，为创新和发展少数民族服饰文化遗产保护与传承的方法提供很好的思路，对非物质文化遗产保护与传承工作具有积极的促进意义"③。罗璐玛·苏荣是致力于察哈尔蒙古族服饰标准化研究的代表。2019 年，她与教育局等部门举办的"镶黄旗罗璐玛·苏荣蒙古族校服及运动服设计国际大赛"，就突出展示了地方政府对地方文化的规范作用。这里蕴含着福柯对"知识权力"的批评和思考，权力机制通过操控宏观人口实现对"优质总体"的创造，④ 既包括对民众教育的塑造，也包括地方政府在传承人选拔上的把控。在选拔传承人的时候，地方

① 访谈对象：其木格，女，察哈尔蒙古族服饰传承人；访谈人员：李洁；访谈时间：2020 年 8 月 3 日；访谈地点：正蓝旗蒙元吉颂民族服装店。

② 访谈对象：乌云其木格，女，察哈尔蒙古族服饰传承人；访谈人员：李洁；访谈时间：2020 年 7 月 31 日；访谈地点：正蓝旗蒙宇民族服饰店。

③ 兰英、蒋柠、刘默：《论标准化与少数民族服饰非物质文化遗产保护传承——以蒙古族服饰标准化研究为例》，《中国标准化》2013 年第 12 期。

④ 张盾、王雪：《福柯权力理论与马克思历史唯物主义》，《社会科学战线》2019 年第 11 期。

政府往往要考虑其参加公众交流活动和宣传非遗的能力，以及进行培训和学习的能力，因此，也将一部分不具备知识传承能力的制作者排除在外。

2. 实现经济效益转换

非遗开展以前，传统的察哈尔蒙古族服饰制作者在现代化市场经济的运行机制下，已经自然地过渡到个体经营者或公司老板的身份。非遗开展之后，政府又授予其中一些人传承人的身份。因此，传承人的身份呈现多重化的发展。谢尔顿·斯特赖克（Sheldon Stryker）与理查德·T. 赛尔普（Richard T. Serpe）曾经提出身份显著性的概念，即每个人的不同身份在特定情境中有显著性的差异。[①] 换言之，人们认为哪个身份对行动目的有利，就将其作为主要身份优先使用，其他身份则次要使用或暂时隐藏起来。以罗璐玛·苏荣为例，她最早的社会身份是学校教授服装制作的老师，后来以公司法人的身份与学校进行校企合作开办实习基地，如图 4 – 15 所示。实习基地的功能之一是培训社会人员承接服装加工，具有生产和销售的属性。在进门的显眼位置摆放着她入选传承人的证书和一系列比赛获奖的奖状、奖杯，如图 4 – 16 所示。在她的办公室是另外一番景象，书桌上堆满了相关教材、主编和参编的文化书籍、参考书等。显然，私下里她认同的是教师的角色，而在与市场打交道的时候，她着重宣传的是传承人的角色。因为传承人身份更有利于生产销售活动的开展。在某种程度上，传承人身份的背后隐含了国家和地方社会对其制作水平的认可而区别于其他的普通个体户和制作者，具有了"地方驰名商标"的意味，增加了经销方和购买者的合作信任度。王明月对贵州安顺蜡染传承人

---

① 王明月：《非物质文化遗产代表性传承人的制度设定与多元阐释》，《文化遗产》2019 年第 5 期。

的调查案例①和荣树云对山东潍坊年画艺人的调查案例②也支持上述观点：在现代市场经济的大潮中，民间艺术品不再以艺术本体而是以出自"谁"的"艺术品"为评判标准，通过制作者身份高低来判断艺术品的价值标准，这凸显了民间艺术由使用功能到符号功能的转换。故当代民间艺人对社会身份的积极建构与认同，表现出了极大的热情。③ 在马克斯·韦伯看来，"人们总是依据一定的目标来选择适当的手段，人们对目标的意识越明确，就越是趋向于选择适当的手段"④。传承人由个体生存和自我身份期待的利益驱动，将各种各样的文化资本转变为社会身份，"构成了某些策略性的基础"⑤。

图 4 -15　校企合作中心⑥

图 4 -16　罗璐玛·苏荣的
证书和奖状

①　王明月：《非物质文化遗产代表性传承人的制度设定与多元阐释》，《文化遗产》2019 年第 5 期。

②　荣树云：《"非遗"语境中民间艺人社会身份的构建与认同——以山东潍坊年画艺人为例》，《民族艺术》2018 年第 1 期。

③　荣树云：《"非遗"语境中民间艺人社会身份的构建与认同——以山东潍坊年画艺人为例》，《民族艺术》2018 年第 1 期。

④　[德] 马克斯·韦伯：《社会科学方法（修订译本）》，韩水法、莫茜译，商务印书馆2016 年版，第XVIII页。

⑤　荣树云：《"非遗"语境中民间艺人社会身份的构建与认同——以山东潍坊年画艺人为例》，《民族艺术》2018 年第 1 期。

⑥　拍摄时间：2019 年 11 月 20 日；拍摄地点：镶黄旗职业中学蒙古族服饰培训中心；拍摄者：李洁。

地方政府也看到了非遗的经济价值，并征用这种价值与传承人合作开发产品和项目，将传统手工艺这种无形的文化资产，变成了地方经济发展的新盈利增长点。贝拉·迪克斯（Bella dicks）曾强调过"企业化的地方政府"对本地区资源的营销，并将公共资金视为撬动遗产增值的"杠杆"①。在"文化搭台、经济唱戏"的政策引导下，政府以"传承人＋基地""传承人＋工作室""传承人＋景区""传承人＋互联网"等模式进一步转换资源。例如，蓝旗政府与"北京字节跳动科技公司"进行战略合作活动，就是利用网络平台来宣传地方非遗、推销传承人产品的案例。

综上所述，在市场运作下，传承人想要获得更多的财富，就必然要被拉入更为复杂的社会网络，建构更多重的身份，从而实现多元经济效益转化的可能。这个网络充满了不同群体间的博弈与互动，并重新塑造着新的社会关系，这种社会关系又再生出新的文化规则（"非遗"中的各类文化政策）、价值观与行为模式。② 正所谓"艺术本身不说话，社会在说话"。

第二节　穿着者的身份建构

民族服饰的穿着者和制作者看似二元对立的概念，实则这两个群体的成员并非完全分属于两个阵营。一般来说，穿着者涵盖制作者，制作者也是穿着者。概括地说，穿着者的实体范围几乎相当于整个族群的全部成员。民族服饰的意义本质上即属于衣服本身，但其意义在

① 麻国庆、朱伟：《文化人类学与非物质文化遗产》，生活·读书·新知三联书店2018年版，第81页。

② 荣树云：《"非遗"语境中民间艺人社会身份的构建与认同——以山东潍坊年画艺人为例》，《民族艺术》2018年第1期。

实践中是通过被穿着而创造出来。① 察哈尔蒙古族服饰是该族群的个体
与集体注入意义和建构身份的客体，它联结着服饰主体的身份意义和权
力话语。依据不同的目的和场景，个体与集体通过对服饰文本的选择、
改编来表述身份和建构认同。埃里克森认为，人格发展的每个阶段是由
认同危机（identity crisis）来定义的，一个稳定的自我认同源自对这些认
同危机的解决。由于现代社会从本质上是不断变化的、矛盾的和不确定
的，因而认同危机已经是现代人典型的和传记性的危机。② 伊格尔顿也指
出："后现代文化是典型的身份认同政治，它是对中心主体的顶礼膜
拜。"③ 这种现象也引发了当代察哈尔人开始思考"我们是谁"，以及
"我们如何看待自己和别人怎么看待我们"的问题。

一　我是谁：个体身份的建构

认同具有建构性。社会学的认同研究，最初源于库利和米德二人
的思想，主要关注"我"在社会环境中的形成过程，并探索这个过程
中人际间的相互关系如何铸就了一种个体自我感。④ 服饰历来就有标注
个体身份的功能，人们通过穿着特定的服饰展示性别差异、生理成熟
状况、是否结婚生育、亚族群界限、与社交对象的亲疏远近等，其存
在的目的更是使社会秩序合规化、模式化，从而确保该社会的事物秩
序井然、各就其位。⑤ 得体的穿着是"洁净的""合理的"而被集体社

---

① 周莹：《民族服饰的人类学研究文献综述》，《南京艺术学院学报》2012 年第 2 期。
② 王莹：《身份认同与身份建构的研究评析》，《河南师范大学学报》（哲学社会科学
版）2008 年第 1 期。
③ 钟雅琴：《审美·传媒·身份认同——中国都市审美活动的群落化研究》，海天出版
社 2015 年版，第 54 页。
④ 艾娟、汪新建：《集体记忆：研究群体认同的新路径》，《新疆社会科学》2011 年第
2 期。
⑤ 马林英：《凉山彝族服饰艺术与社会身份的文化意义探究》，《中央民族大学学报》
（哲学社会科学版）2018 年第 6 期。

会接纳；不得体的穿着是"肮脏的""危险的"而被集体社会排斥。二者的区分，实际取决于人类的分类体系以及事物在该体系中所处的位置，更是一种社会身份的象征建构。①

（一）个体身份的象征符号

察哈尔蒙古族在人生每个重要的身份转换阶段都有对应的过渡礼仪，如出生礼、满月礼、剪发宴、成人礼、婚礼、寿礼、葬礼等，并以服饰换装作为身份转换的象征。察哈尔女性的"换装"仪式最具代表性，遵循"两头简单，中间复杂"的穿戴原则，即服饰的简与繁随着年龄的增减而变化，出生从无、中年从繁、老年从简。察哈尔女孩三岁去胎发，梳成牛角辫，初步建立了性别身份。八九岁扎耳朵眼，梳一条独辫，穿只有一道边的长袍，装饰比较简单。出落成大姑娘以后，饰品渐次增加，开始佩戴简单的头饰，衣服大襟扣上戴银牙签、绣花荷包及针线包等，逐渐向成人过渡。结婚成家是蒙古族特别重视的人生礼仪，标志着女性从女孩过渡到女人。在婚礼仪式中，新娘华服盛装，戴全套头饰、穿奥吉，装饰的数量和价格都达到人生的顶峰。新娘出嫁前吟诵的"感念母恩"祝颂词中描写道："今天女儿要出嫁，离您远去要成家，最好的衣服给她穿，金银首饰也不少……"②已婚妇女的服饰，从生儿育女到儿女成家这段时间逐渐递繁从简，这代表着社会角色和家庭地位的再次转换。尤其到了老年以后，几乎没有什么装饰物，服饰色彩也越极尽素雅，最终在葬礼上回落到最原始的水平线上。草原上的父母将儿女养育成人，也将绚丽的荣光一并赠予，如同她们生活的环境，岁岁枯荣，周而复始，代代相传。服饰的简与繁

---

① 马林英：《凉山彝族服饰艺术与社会身份的文化意义探究》，《中央民族大学学报》（哲学社会科学版）2018年第6期。
② 樊永贞、潘小平编著：《察哈尔风俗》，内蒙古教育出版社2010年版，第7页。

在整个人生礼仪中伴随着人生角色的调整而呈现出有序变化，折射出草原儿女顺应天时的生活智慧和祈福求祥的愿望。

（二）个体身份与社会认同

个体身份不能脱离社会而单独存在。社会文化体系好比一盘棋，或者一张巨网，在每一特定历史文化语境中，个人必然要与世界、他人建立认同关系，并遵循文化发展规律，逐步确定自己在这一社会文化秩序中的个体角色。① 个体身份的建构是以社会结构为基础。费孝通先生在《乡土中国》一书中用"差序格局"的概念来表述中国的社会结构。差序格局在形式上是"水波纹"式的圈层关系，用以指代以"己"为中心向外层层推开的血缘、地缘以及其他的社会关系形态。② "差序化"具有普遍性，无论中外，皆是如此。③ 察哈尔蒙古族也不例外，穿着者主体通过服饰理性地表述个体的社会身份，展示了亲疏远近的"差序"原则。以察哈尔女性头饰反映的社交礼仪秩序为例，说明如下。

女性头饰由四个部分（小发箍、发筒、大耳环、大发箍）组成，场合不同，佩戴的方式也不同。未婚少女只戴小发箍，已婚妇女见客人的最低标准是小发箍加发筒，接待中等层次的客人要再加上大耳环，最高规格是四部分全部带齐。④ 女性头饰佩戴的原则是由穿戴主体根据自身的社会实践经验主观判断客人的层次级别和场合级别决定。客人的层次高低不完全取决于社会地位，还与亲属关系、年龄大小、熟悉程度甚至地理位置的远近有关。接待熟悉的邻居可以佩戴最低规格的

① 陶家俊：《身份认同导论》，《外国文学》2004 年第 2 期。
② 赵旭东、张洁：《文化主体的适应与嬗变——基于费孝通文化观的一些深度思考》，《学术界》2018 年第 12 期。
③ 苏力：《较真"差序格局"》，《北京大学学报》（哲学社会科学版）2017 年第 1 期。
④ 齐木德道尔吉：《天之骄子蒙古族》上，上海锦绣文章出版社、上海文化出版社 2017 年版，第 134 页。

头饰，宴请尊贵的客人或盛大的节日上需佩戴最高规格的头饰。

一般的文化解释认为，这种待人接物的社会礼仪反映了对他者的尊重，体现了一个社会组织行为的道德约束。从更深层次的身份认同来分析，可以看出行为主体的能动性。认同特别强调对立面，也就是重要他者的认可，① 人们通过选择符合社交礼仪的穿戴来获得他者对个体社会身份的认同，从而建构和维系族群社会秩序的正常运转。

（三）个体身份与自我认同

无论研究者从哪个角度来讨论个体身份和认同，自我的心理因素是不容忽视且必然存在的。认同一词，最早是源于心理学的词汇，弗洛伊德在《群体心理学和自我的分析》中首次提出，他认为认同是精神分析已知的与另一人情感联系的最早表现形式。埃里克森在其基础上提出了"自我认同（Egoidentity）"的概念，并将认同概念扩张到人的一生，分为八个时期：婴儿期、儿童期、学龄初期、学龄期、青春期、成年早期、成年期、成熟期等。② 自我认同强调自我的心理和身体体验，在不同的人生阶段，认同有不同的认识，是启蒙哲学和现象学共同关注的内容。

菲尼（Phinney）具体提出了民族认同发展的三阶段模型：未验证的民族认同阶段、民族认同的探索阶段及民族认同的形成阶段。③ 已有研究表明，个体对文化的认同是从儿童期开始的，并在青春期晚期（17 岁左右）形成稳定的认识。④ 察哈尔蒙古族义务教育阶段的青少年

① 王莹：《身份认同与身份建构的研究评析》，《河南师范大学学报》（哲学社会科学版）2008 年第 1 期。

② 窦立春：《身份的伦理认同》，博士学位论文，东南大学，2016 年，第 52 页。

③ 董莉、李庆安、林崇德：《心理学视野中的文化认同》，《北京师范大学学报》（社会科学版）2014 年第 1 期。

④ 董莉、李庆安、林崇德：《心理学视野中的文化认同》，《北京师范大学学报》（社会科学版）2014 年第 1 期。

基本上属于"未验证的民族认同阶段"。鉴于享有少数民族身份在考学、就业等方面的国家优惠政策，大部分蒙古族家庭为未成年子女优先选择少数民族户籍身份，但在这个时期他们本人并不清楚民族的意义是什么，他们对民族认同的感知大多源自家庭和学校。察哈尔地区的蒙古族学校在国家政策的指导下实行双语教育，大力发展民族文化。① 近年来为了突出办学特色，各民族幼儿园、中小学校纷纷选择具有民族特色的校服，并在学校组织的校内外民族活动中鼓励学生穿着传统的察哈尔蒙古族服饰，从而加强学生对民族文化的了解和认同。例如，2019 年举办的"罗璐玛·苏荣蒙古族标准校服及运动服设计国际大赛"，就推出了一批具有民族性、地域性特色的时尚校服。庆祝六一国际儿童节、参加那达慕大会等节日活动时，政府也经常组织学生演出"民族服装秀"等活动。在家庭、学校、社会的配合下，未成年人初步建立了他们的民族认同感。成年以后，察哈尔蒙古族青年有的外出求学，有的步入社会。在多元文化的交流中，他们逐步开始意识到自己的民族身份和族群界限，进入"民族认同的探索阶段"。在这个阶段，个体的主观意识比较活跃，他们积极主动地尝试用不同的服饰来表述个体身份。平时他们喜欢穿着时尚个性的现代服饰，参加相关的民族活动时喜欢穿着改良版的蒙古族服饰，显示了他们传承民族文化的情感诉求和接轨现代社会的理性抉择之间的权衡。② 这种探索在成年之后也未停止，随着个体对本民族、本族群的文化有了更深的了解，他们开始主动接受自己的文化并自信地表达出来，达到"民族认同的形成阶段"。此时，个体身份认同感较强的察哈尔蒙古人习惯穿着传统的民族服饰，也更遵循穿着的礼仪规范，并且有意识强化与民族内部

① 包仿冉：《试论内蒙古地区双语教育政策的演变》，《世界家苑》2017 年第 1 期。

② 欧登草娃：《蒙古族双语教育实践与教育选择——前郭尔罗斯蒙古族自治县蒙古族中学的个案研究》，《中南民族大学学报》（人文社会科学版）2014 年第 2 期。

其他亚族群之间的差异。有些文化精英还参与族群文化的建设中，用自己的行动带动周边人群，成为察哈尔蒙古族服饰的继承者和传播者。

（四）私人衣橱的隐喻

在不同的场合，人们利用不同的"装备（服装）"展示不同的身份，扮演不同的角色，呈现理想化的表演，欧文·戈夫曼（Erving Goffman）称为表演"前台"。如果我们转到表演"后台"，衣橱将为我们呈现一个真实的个体生活世界。生活在锡林郭勒盟正蓝旗桑根达来牧区的朝孟鲁大叔、锡林郭勒盟正蓝旗扎格斯台牧区的阿拉腾珠拉和锡林郭勒盟镶黄旗的罗璐玛·苏荣向我展示了他们的私人衣橱，揭示了察哈尔蒙古族行为个体更为隐秘的日常生活和认同心理。

朝孟鲁大叔今年59岁，在桑根达来镇经营一家马具店，自己制作马鞍、马鞭、马镫等出售，是个传统的手艺人。他平时穿现代衣服，冬天穿羽绒服、毛衣，与其他地区的人别无二致。他喜欢搜集老物件，衣柜里整齐地叠放着厚厚一摞传统袍子，有爷爷、奶奶、父母传下来的四件老袍子和自己的三件半旧袍子。其中棉袍子五件，皮袍子一件，夹袍子一件。在他留存的这些袍子里几乎是费工费料、价值较高的冬季袍服。这和他出生于1960年，生长在物质贫乏年代的记忆有关。"'文化大革命'的时候连袍子都被收走了，冬天冷得没办法。"他回忆说，"在以前，布料特别珍贵，一条哈达得拿好几头羊换，送给喇嘛，是一件珍贵的东西"。每年夏冬两季的赛马、赛骆驼节①他都穿传统袍子参加，"我们这里最大的节日就是夏天的马文化节和冬天的骆驼节，夏天穿这件蓝色的薄的，冬天穿羊皮袍子，再有就是人家结婚、家里老人过寿的时候穿。我明年60岁了，打算再做一件新的。平时，现代的衣服穿得多，不过靴子我是经常穿，年轻的时候骑马穿惯了，

---

① 夏季那达慕以赛马为主，冬季那达慕以赛骆驼为主。

还暖和护脚"。每年入秋天气好的时候，他都会把衣服拿出来翻晒一番，但从不会清洗。"袍子都不洗，一个是以前水缺，一个是以前就身上穿的一件衣服，没法洗，都习惯了。"①

阿拉腾珠拉今年20岁，是一位即将出嫁的姑娘，娘家正打算给她做一年四季全套的陪嫁衣服。她说："蒙古袍价格贵，一件就得一千多，皮的得三千多，全下来得几万元。"目前她的衣橱里有两套夹袍，一套是深蓝色的夹袍搭配同色短坎肩，另一套是橘色夹袍搭配绿色奥吉。按照传统的说法，奥吉是已婚妇女的象征服饰，可是这一传统在现代社会已经被个体审美自由所打破。"这个（奥吉）以前是结婚才能穿，现在喜欢就能做，照相的时候穿。不过太小的姑娘是不能穿，因为我今年要结婚才做的。"另外还有一件簇新的绿色吊面皮袍和一件改良的灰色蒙古短袍。姑娘说："平时都穿现代的，干活方便。袍子的话改良的穿得最多，平时同学聚会啥的也穿，传统的都是有活动、过节才穿。每年春节全家都穿传统袍子，不过不是每年做新的，我们好几年才做一个。"②

罗璐玛·苏荣身兼企业法人、教师、传承人等多种身份，平时需要频繁参加各种社交活动，再加上自己开服装店的便利条件，所以衣橱中的蒙古袍数量比一般人要多。夏天穿的袍子就有十多件，其中传统的三件，其余都是自己设计的改良款。"我平时讲课都穿改良的，舒服。政府有正式的活动才穿传统的，一般活动聚会都穿改良的多。"她又拿出儿女的结婚照说："我其实还有一件老袍子和一套老首饰，都是以前留下的很珍贵，特别重要的活动我就穿戴上。照片上我儿媳头上

---

①　访谈对象：朝孟鲁，男，牧民；访谈人员：李洁；访谈时间：2018年12月31日；访谈地点：正蓝旗桑根达来镇朝孟鲁家中。

②　访谈对象：阿拉腾珠拉，女，牧民；访谈人员：李洁；访谈时间：2018年12月31日；访谈地点：正蓝旗扎格斯台苏木阿拉腾珠拉家中。

戴的大耳环是我婆婆留下的，儿子穿的袍子是我奶奶给我父亲做的，后来我结婚我妈妈改了给我穿，我儿子结婚我又改了给儿子穿，这里面是三个母亲的感情。"① 她还展示了传统袍子的叠放方法：先将袍子沿竖向中线向两边翻折，再将大襟反向折回，整理成长条形，然后横向三折完成，如图4-17所示。这样收纳在柜里既整齐又可以保护衣面不受损。

图4-17 叠衣服的流程②

从以上三组调查发现，传统服饰、改良服饰和现代服饰同时出现在现代察哈尔人的衣橱中，但在穿着上并非混乱无章，而是隐含着一套社会规则。"衣着是规则和符号的系统化状态"③，穿着何种类型的服饰，是依据个体出席的社交场合，以及在社交场合中扮演的身份角色而定的。在传统节日或当地重大的仪式活动上，人们依照惯例穿着传统的察哈尔蒙古族服饰，它凝聚了人们共同的集体记忆和族群想象，包含了族群成员共同的价值体系和行为准则，并在不断重复中获得现实意义。在族群成员内部自发组织的小型聚会或政府组织的非正式会

① 访谈对象：罗璐玛·苏荣，女，察哈尔蒙古族服饰传承人；访谈人员：李洁；访谈时间：2019年11月14日；访谈地点：镶黄旗罗璐玛蒙古服饰有限公司。
② 拍摄时间：2019年11月20日；拍摄地点：镶黄旗罗璐玛·苏荣家中；拍摄者：李洁。
③ ［法］罗兰·巴特：《符号学美学》，董学文等译，辽宁人民出版社1987年版，第21页。

议培训等活动中，人们倾向于穿着意义较为模糊的改良服饰，兼顾民族身份的表达和舒服美观的原则。在不需要表达民族身份的场合，人们习惯穿着便于现代生产生活和符合现代审美的现代服饰。虽然这三位被调查者的年龄、性别不同，但他们都对自己的民族服饰格外珍视，反映出个体对族群身份的认同。

二　我们是谁：群体身份的建构

一般来说，族群是指说同一语言，具有共同的风俗习惯，对于其他的人们具有称为我们的意识的单位。① 族群范畴不是固定不变的客体，它常随着与它交往互动和参照对比的对象的变化而伸缩。中国步入现代化以来，随着各民族之间交往互动的增多，单纯以族群为单位的研究已经无法诠释现代社会变迁中复杂的文化交往现象，族群成员的身份认同也呈现出更为丰富的层次和内涵。"现代社会不是由相互层叠、边界清晰的群体构成，而是同时具有多角色、多参照标的个体组成。根据社会条件和历史情境，他们根据自身个体或集体的以往经历来选择参照和身份认同的不同形式。"② 在现代社会的变迁过程中，作为身份象征之物的民族服饰，折射了中国多民族国家想象与认同实践中物质性与族群性的复杂关联，以物质观念的形式间接地隐喻了"我们是谁"的身份问题。

（一）多重身份认同

中国是个统一的多民族国家，存在国家疆界与民族边界的异质性。③

---

① 麻国庆：《全球化：文化的生产与文化认同 ——族群、地方社会与跨国文化》，《北京大学学报》（哲学社会科学版）2000 年第 4 期。

② ［法］阿尔弗雷德·格罗塞：《身份认同的困境》，王鲲译，社会科学文献出版社 2010 年版，第 3 页。

③ 贺金瑞、燕继荣：《论从民族认同到国家认同》，《中央民族大学学报》（哲学社会科学版）2008 年第 3 期。

对个体身份而言，存在国家认同和民族认同，甚至民族内部的亚族群认同等多种不同的归属方式。国家认同，是指一个国家的公民对自己祖国的历史文化传统、道德价值观、理想信念、国家主权等的认同。① 族群认同包含族群成员相互关系的认同和共同文化的认同。② 民族国家是政治共同体，依靠国家机器维护其政治统一；族群是想象共同体，它须依赖本民族的文化传承，确保其文化统一。③ 国内研究大多数认为二者是共生的关系，④ 无论是欧洲古典民族国家理论还是现代多民族国家的实际，民族的价值追求或归宿一定是国家，国家以民族为基础，民族以国家为存在形式，获得了国家形式的民族才具有现代意义。⑤ 在田野调查中发现，察哈尔蒙古族对自己的个体身份有三重认同，一是中国人，二是蒙古族，三是察哈尔蒙古族。在不同的历史时期，尤其是在近年来全球化、现代化引发的文化复兴与文化重构的新族群生态变化中，族群成员对于自身身份的表达不再是一个单向度的概念工具，而是在族群族际内外因素的驱动下通过灵活地选择不同类型的服饰游移在不同的身份之间。⑥

人对社会身份的表述总是侧重对自己有利的一面。华梅在其所著的《服饰与中国文化》中认为，服饰是社会政治的晴雨表，服饰演变

---

① 贺金瑞、燕继荣：《论从民族认同到国家认同》，《中央民族大学学报》（哲学社会科学版）2008 年第 3 期。

② 贺金瑞、燕继荣：《论从民族认同到国家认同》，《中央民族大学学报》（哲学社会科学版）2008 年第 3 期。

③ 陶家俊：《身份认同导论》，《外国文学》2004 年第 2 期。

④ 代表性的有：贺金瑞、燕继荣《论从民族认同到国家认同》，《中央民族大学学报》（哲学社会科学版）2008 年第 3 期；郝亚明《国家认同与族群认同的共生：理论评述与探讨》，《民族研究》2017 年第 4 期。

⑤ 贺金瑞、燕继荣：《论从民族认同到国家认同》，《中央民族大学学报》（哲学社会科学版）2008 年第 3 期。

⑥ 李志、廖惟春：《"连续统"云南维西玛丽玛萨人的族群认同》，《民族研究》2013 年第 3 期。

与社会变革是"大同步，小错位"的关系，① "大同步"反映了穿着者的行为意识必然会受到国家政治、社会结构、主流文化等"大传统"的影响；"小错位"反映了地方文化主体在特定的历史环境、族群文化生态中自发萌发的服饰样态和穿着行为。中华人民共和国成立以后，受政治因素的影响，以革命意识为主体的服饰成为当时的潮流，察哈尔地区城镇居民开始普及列宁服、伊凡诺夫式鸭舌帽、娜塔莎式布拉吉、军大衣、花棉袄等代表无产阶级的服饰。牧区牧民仍然保留着穿蒙古袍的习俗，但都是朴素的蓝色卡其布面料，并与一些流行服装、帽子混合穿搭。混搭服饰的背后体现的是五四以来新旧二元思想的交锋，即代表"落后"的民族身份与代表"进步"的国民身份之间的融合与对立。改革开放以来，西方现代文化的介入和民族文化复兴的崛起，使蒙古族服饰潮流沿着两个方向并行发展。一方面，无论是城镇还是牧区的人们，都追求时尚新颖的现代服饰，体现了无差别的国家公民身份；另一方面，旅游市场催化了民族服饰的复兴，为外部世界提供了多民族国家"内部他者"的想象。此时的舞台表演展示的蒙古族服饰，是现代社会的服饰制作者为了迎合时代的需求和审美，依据自己所学的现代裁剪技术和自己对民族文化的理解"随意的改编"的民族服饰，体现的是人们熟知的中华人民共和国成立以后划分的蒙古族身份。基于这一乱现象，2012 年 8 月，内蒙古自治区根据非物质文化遗产保护强调文化多样性的原则，制定了 28 个蒙古族部的标准化服饰。21 世纪以来，非物质文化遗产保护运动提倡的文化多样性受到社会各界前所未有的关注，人们更加注重民族内部亚族群文化之间的区分，并有意识地借助族群服饰来树立文化边界和族群身份。诚然，族群服饰自古就存在差别，就于蒙古族各部而言，在清朝"分而治之"

---

① 华梅：《服饰与中国文化》，人民出版社 2001 年版，第 763 页。

的统治下就已经形成，但现代重构的族群服饰也并非"照单全收，拷贝历史"，而是以"寻根"的方式捕捉潜在的文化价值，将这种文化价值赋予到有形的服饰成品当中。换句话说，是在"尊重其历史文化性的基础上，注重与现代服装制作技术、原材料等现代化物质手段的协调性……生产出不失民族文化特征又适合现代人穿着的民族服装，达到重新诠释或再现少数民族服饰历史文化元素的效果"①。所以，我们现在所说的察哈尔蒙古族传统服饰其实是基于民族国家政治和现代生产技术的文化再生产，认同的是综合历史时空的察哈尔文化，重构的是察哈尔蒙古族的族群身份，实现的是族群文化价值和经济价值的认同。

（二）文化精英的族群想象

厄内斯特·盖尔纳认为，应该从"意愿和文化与政治单位结合的角度来给民族下定义"②。从这一意义上来讲，族群认同是依托于人们对文化世系的选择和认同的，并具有政治意义上的共同体特征。文化选择的主体是人，尤其是民族文化精英的带头能动作用不容忽视。一个民族的文化精英是那些深谙民族文化，拥有特殊的行为方式、方法和资源的，能够直接或间接地影响民族与社会的生存与发展方向的人。③ 面对社会文化的变迁，民族文化精英凭借敏锐的观感和文化良心自觉地在传统文化和现代文化之间充当二者的纽带。他们利用自身的文化优势对本民族的文化进行解释和传播，又利用自身的社会影响力和政治资源主导族群文化的发展方向。

---

① 兰英、蒋柠、刘默：《论标准化与少数民族服饰非物质文化遗产保护传承——以蒙古族服饰标准化研究为例》，《中国标准化》2013年第12期。
② ［美］本尼迪克特·安德森：《想象的共同体——民族主义的起源与散布》，吴叡人译，上海人民出版社2016年版，第2页。
③ 杨筑慧：《民族精英与社会改革——以西双版纳傣族地区为例》，《云南民族大学学报》2008年第9期。

内蒙古察哈尔文化研究会（以下简称"研究会"）是研究察哈尔文化的重要社会组织，于2017年成立。成员吸纳了该地区的诸多文化精英，主要由区内外高等院校、科研机构、社会团体、政府组织、企事业单位、基层群众等多领域中从事学术研究、文艺创作、非遗传承、文创产业的人员组成。研究会"以开发察哈尔历史文化资源为己任"，不断深入挖掘当地文化，编纂了《察哈尔史》《察哈尔论》《察哈尔风俗》《察哈尔史迹》《察哈尔阿斯尔》《察哈尔民歌集》《察哈尔民俗与民间文学》等20多部共千余万字的史料书籍。此外，还编创了《察哈尔婚礼》《忠勇察哈尔》等大型舞台剧，建起了察哈尔文化博物馆、察哈尔文献馆、察哈尔文化传承中心、察哈尔文化公共服务中心、察哈尔民族文化产业示范街等一系列文化传承平台。研究会因其强大的组织活动能力和突出贡献，在当地颇具文化权威性和知识话语权，对察哈尔蒙古族文化建设和文化传播起到了极大的推动作用。

　　在众多资源的传承与开发利用中，研究会意识到察哈尔蒙古族服饰文化符号的重要作用。2019年，在京召开的学术会议上，进一步明确提出要以察哈尔蒙古族服饰作为建构族群文化身份的重要标志物，并在实际的操作中付诸实践。① 他们以国家开展的非遗保护活动为契机，邀请有名的察哈尔服饰传承人入驻当地的民族文化产业示范街，作为察哈尔文化传播的一个"亮点"。在这里，建立在严肃思考之上的理性的精英文化与具有商业性质的大众文化产生合流，共同推动着察哈尔蒙古族服饰的形式与内涵的重构。研究会协助开展的历届"察哈尔服饰展演活动"就是对这一实践成果的宣传和展示。活动首先征得政府的同意和支持，获得身份上的合法性。活动现场一方面发挥文化精英承继、解释、传播传统文化的功能以及教化大众的使命，向大众

---

　　① 会议时间：2019年4月28日；地点：北京中协宾馆会议厅；参会人员：察哈尔文化研究会代表潘小平、钢土牧尔等人，中央民族大学贺金瑞教授、苏日娜教授等人。

展示"什么是察哈尔蒙古族服饰";另一方面以"一带一路"为依托,连接中、蒙、俄广泛开展经济贸易活动,关注社会公共利益,履行文化精英对国家大传统和民间小传统的黏合作用。察哈尔的文化精英在对族群传统文化认同的基础上,从"无意识"到"有目的"地对仪式及其艺术进行加工、诠释,自觉地对族群文化和族群身份进行重构,从而深深地影响着群体的自我认知和整体认同。[①]

研究会还主动邀请国内外有影响力的察哈尔蒙古族原籍成员和远离故土的族群成员后裔返乡寻根问祖,进一步提升了族群身份的优越感,扩大了"想象共同体"的范围。例如,近年来曾邀请世界能源大会首席执行官、著名国际社会活动家巴赫博士以及中国台湾著名作家席慕蓉女士和新疆维吾尔自治区博尔塔拉蒙古自治州的察哈尔蒙古族同胞等人返乡参加活动。当这些远离故土的游子归来时,研究会向他们赠送蒙古袍,作为彼此感情的联系物,使他们在亲身穿着体验中迅速找到归属感,加强对族群身份的认同感和传播力。

(三) 公共文化身份建构

公共性是指共同体的公共性质,也是个体活动借以实现的必然形式。[②] 阿伦特认为,世界本身就是公共的,是跟人为设计制造的事物——人用双手制造产生的事物——相关,也跟生活在这个世界的人发生的与进行的事务有关。服饰本身具有公共展示的属性,其属性的获得来自公共社会中的人。正如邓启耀所说:"服饰,并不是挂在衣架上的服饰,而是穿在活人身上的服饰。不同时代、不同民族、不同年龄和性别的人的举止谈吐、生活修养、角色身份、文化心理以及所处

---

① 何马玉娟:《文化变迁中的仪式艺术——以傈僳族刀杆节为例》,博士学位论文,云南大学,2015年,第143页。

② 马立志:《马克思公共性思想及其对构建人类命运共同体的启示》,《社会主义研究》2020年第1期。

的自然环境和文化环境等等，都影响、制约着他们的服饰，他们的服饰也会透露出多方面的信息。"① 人们通过服饰的公共性来传达信息，展示身份，共享文化。

公共性一直是察哈尔蒙古族服饰的重要属性。从成吉思汗建立怯薛开始，察哈尔服饰就采纳了蒙古各地各部服饰的风格，因此其服饰能为各地蒙古人族的接受，成为蒙古族各部较为典型的款式服饰，② 在族群内部共享。北元灭亡以后，察哈尔置于清朝的统治下，驻守在长城一带。从清末到民国时期的"土地放垦"和"移民实边"政策，让地理版图中位于内蒙古自治区高原与华北地区边缘交错带的察哈尔地区长期处于农牧交错、蒙汉相融的格局之下，亦即欧文·拉铁摩尔（Owen Lattimore）所言的边疆"过渡地带"。持久的民族交往互动，使地域性的政治、婚姻、生产、消费和文化之间相互缠结为一个整体，"很多所谓的固有的族群文化，已为地方文化所取代，在一定的地域范围内整合出一互相认同的超越族群的地域文化"③。察哈尔地区各民族之间的广泛交融和彼此认同，不仅促进了察哈尔蒙古族服饰的融合发展，也将其变成地区内的共享资源。尤其是改革开放以来，在地方政府"文化搭台、经济唱戏"的政策引领下，察哈尔蒙古族服饰从单一的民族文化事象融入地域经济共同体之中，成为当地经济发展的新的增长点。在以旅游业为首的文化运作和商品消费中，这一服饰衍生出的旅游文化产品和文化演艺活动，已经泛化为地方文化的代表性标签。当外部"他者"以游客的身份进入旅游地区时，对民族服饰所获得的

---

① 邓启耀：《民族服饰：一种文化符号——中国西南少数民族服饰文化研究》，云南人民出版社1991年版，第14页。

② 刘艺敏、何学慧、孙艳：《察哈尔蒙古族的服饰演变及其文化价值研究》，《集宁师范学院学报》2018年第1期。

③ 麻国庆：《全球化：文化的生产与文化认同——族群、地方社会与跨国文化》，《北京大学学报》（哲学社会科学版）2000年第4期。

文化感受不是某一个族群的身份象征，而是视其为地域"民族风"的公共形象标志。基于"自我"与"他者"之间的文化界限，"民族风"一方面强化了察哈尔蒙古族的地域性公共身份，使其作为一种更优质的文化竞争资源；另一方面将边缘地带的人群带入中心文化的视域内（它为汉族和其他民族消费者和游客提供了一种重要的参照物），以确证自身作为多民族国家内部唯一"非少数民族"（non - minority）的身份认同。① 正如澳大利亚学者莫里斯（Morris）的理论认识：各民族工艺品和旅游纪念品的制造和消费，则意味着在国家行政版图之上建构起了一个"民族形象空间"（national image space），民族国家内部物与族群性的关联由此得到空间化、直观化的想象和表达。民族工艺品和旅游纪念品也因此成为承载中国多民族国家想象以及促进各民族文化交流的重要物质载体和媒介，② 具有了广泛的公共文化特质。

谈及公共性，不得不谈与全球化、地方化之间的关系。当人类生存的空间被无限压缩为一个狭小的"地球村"时，人类的命运结成了一个更为广泛的共同体，多元化、异质化的地方文化得以在全球范围内广泛传播。交往普遍化、经济全球化、政治多极化、文化多元化的事实表明，从主体性走向公共性已成为历史发展的大趋势。③

本章小结

本章将察哈尔蒙古族服饰分为制作者和穿着者两大群体，并围绕二者的身份建构问题展开讨论。服饰与身份之间的关系是通过文化主

---

① 李菲：《以"藏银"之名：民族旅游语境下的物质、消费与认同》，《旅游学刊》2018 年第 1 期。

② 李菲：《以"藏银"之名：民族旅游语境下的物质、消费与认同》，《旅游学刊》2018 年第 1 期。

③ 郭湛、桑明旭：《面向未来的公共主义发展观》，《中国人民大学学报》2016 年第 6 期。

体联结起来的。当服饰脱离了单纯的御寒和保暖功能，进入社会文化的表述层面时，"人—穿着服饰—建构身份"就成为本章文化主体身份研究的逻辑起点。人是一个抽象而又复杂的概念，社会中的人是由不同身份的群体组成，而同一个人又可以同时拥有多重身份。所以，对于一个群体的身份研究，不能只看个体而"一叶障目"，也不能"只看整体而不见树木"。个体与群体的身份关系交织于复杂的社会结构中，当我们想要读取其中的内容时，就需要借助一个有形的器物来实现。以察哈尔蒙古族服饰来考察族群成员的社会身份，可以清晰地分离出制作者和穿着者两大群体。本章主要关注二者的身份建构和身份认同两方面的问题：第一，身份建构是一个社会过程，察哈尔蒙古族族群个体和群体的社会身份是在怎样的社会背景下建构的，又是如何构建起来的；第二，认同也是一种社会建构，享有社会身份的人群又是如何认同自己的身份的。

　　察哈尔蒙古族服饰制作者以国家主导的非物质文化遗产运动为分界点，衍生出家庭传承的服饰制作者和非遗代表性传承人两种身份。20世纪以来，在我国"三级两跳"的社会转型中，以家庭传承为主的制作者经历了前工业化社会的家庭缝纫者、工业化社会的裁缝、信息社会的设计师三种身份的代际转换。乌云其木格一家三代人的田野调查个案，正是这"三级"社会转型的缩影。虽然她们的手工技艺都承继自家人亲属，但在不同的社会背景下获得的身份角色和地位是全然不同的。手工技艺，对于第一代家庭内部的缝纫者来说是她们生存的基础，对于第二代裁缝来说是一种职业的选择，对于第三代设计师来说是一种人生理想的追求。这也造成了她们看待技术世界的观念差别：对生存资本的珍视、对技术的迷恋以及对知识的向往。与家庭传承的服饰制作者不同，传承人是官方冠名的身份，代表着一种权力关系。传承人身份建构的背景与国家的相关政策和意识形态紧密相关。中华人民共和国成立后的革命意识瓦解了传统的乡土社会结构，改革开放带来的文化复苏又重建了新的文化秩序，传承人的身份就是在此意识形态下借助非物质文化遗产保护运动而产生的。从田野调查的三位传承人的学艺过程和传承实践的案例可以看出，相似性的传承经历使她们具备了传承人的基本素质，而差别性又形成了她们独具特色的技艺模式。传承人的身份认同在官方与民间并非同步的，随着非遗的广泛宣传和传承人身份在市场经济中获得的竞争优势，人们从最初的"被动卷入"转变为现在的"主动参与"，传承人的身份价值得到了社会的广泛认同。传承人通过开展培训班和传带徒弟的方式履行传承义务，并积极参与到文化再生产中，实现经济效益的转换。

对于察哈尔蒙古族服饰的穿着者而言，服饰是个体身份和族群身份表达的工具，也是定义个体与集体、集体与集体社会关系的媒介。换句话说，人们可以通过服饰来确认"我是谁"和"我们是谁"的身份归属问题。穿着者通过服饰的运用实践来建构自己的身份，从而确定自己在整个社会集体之中的位置，又通过强化族群服饰间的差异性来维护族群的稳定。在民族国家内部，察哈尔蒙古族的认同包括国家认同（中国人）、民族认同（蒙古族）和民族内部的亚族群认同（察哈尔蒙古族）等多重认同，基于利益原则在不同的情境中弹性地表达身份。文化精英对族群认同具有引导作用，他们利用服饰符号来勾勒族群的边界。在全球化、现代化的过程中，族群服饰走向了更为广阔的公共空间，从单一的民族文化事项进入地域共同体文化之中，在不断区分差异与共享文化中扩大文化的公共属性。

服饰包裹着人的身体，与人如影随形。它是最易感知社会的风向、风势、风力的器物。在古代阶级社会，统治阶层利用服饰来"辨贵贱，明等威"。在现代民族国家，人们工具性地操纵服饰来建构权力身份，又场景化地选择服饰来认同身份的归属。察哈尔蒙古族服饰是物的建构，更是人的建构。虽然它的主体身份在近代不断被扩展和提升，但始终在"人—穿着服饰—建构身份"的理论框架中巡回。长期以来，服饰的物质性和精神性也被视为理解、把握、研究族群文化系统和社会结构的路径之一。

结　语

　　在搜集文献资料和田野调查的过程中发现，察哈尔蒙古族服饰是一个不断被人为改造和变异的社会文本。它与人生活的自然环境、社会环境都有着密切的联系，因而是个有机的整体。人在建构服饰的同时，服饰也在建构着人的生活世界。因此，本书将"物—人—生活世界"置于统一的社会文化网络中予以理解。首先，分析了地方文化生境对察哈尔服饰产生的影响；其次，结合服饰的历史演变过程，探讨人的叙事行为和叙事动机；再次，进一步展示现代仪式场景中察哈尔蒙古族服饰的展演行为，并揭示人们重构传统的行为意义；最后，从文化主体身份认同和身份建构的角度来探索服饰与人的内在关系。通过这四个章节，服饰与人之间形成了一个互联的网络，共同构建了一个以服饰为中心的生活世界。

　　研究生活世界之物，离不开与之相关的语境。察哈尔蒙古族服饰形成于族群特定的自然环境、历史文化和生活习俗中，并在历史发展中不断被重构。早期社会，生活在北方蒙古高原的察哈尔先民，凭借着卓越的集体智慧，以就地取材的皮毛材质为主要生产原料，初步建立起适应生产生活方式的服饰体系。随着元朝的扩张，怯薛作为与历代蒙古统治者亲密合作的军事集团，向外获取了丰富的棉、麻、丝绸及珍珠、玉石、贵金属等稀有物质材料，为服饰的进一步发展提供了充足的物质保障。怯薛出席宫廷宴会所穿纳石失材质制成的色彩统一的质孙服是当时最具代表性的服饰。元朝建立以后，怯薛宫廷侍卫服饰是皇帝卤簿仪仗中的重要组成部分。其中袍、袄、帽、靴等保留了蒙古旧制，幞头、巾帻、行縢等吸收了汉制，左衽逐步改换成右衽，反映出元朝统治者因时变制的国家治理态度。北元时期，怯薛随蒙古统治者退居草原，因其与大汗的密切合作，形成了地位至高的中央察哈尔万户（部）。蒙古政权衰落带来的物质贫乏，使贵重的稀有材料只集中在贵族阶层使用，服饰形制也朝着多元生活化方向转变，袍服、比甲、冠饰有了新的发展。清朝时期，察哈尔蒙古族服饰受到满汉文化的双重影响，贵族头饰奢华，盛行立领大襟袍和长短坎肩，而普通民众生活清贫，农业或半农业地区的老百姓与汉族服饰相仿。在长期"分而治之"的盟旗制度下，察哈尔部逐渐形成了"和而不同"的服饰风格，现今说的察哈尔传统服饰就是以清代逐步定型的服饰为蓝本，可以分为传统服饰和变迁服饰。

人是生活世界研究的关键所在。察哈尔蒙古族服饰的制作者和穿着者是其文化的享有者、建设者和权力话语的持有者，长期以来他们一直努力地通过服饰构建自己的社会身份，维护族群的发展。在漫长的前工业化时代，察哈尔服饰的制作是以家庭为单位进行，通常由家里的成年女性担任，手工技艺是她们赖以生存和获得社会身份地位的基本条件。进入工业社会以后，家庭手工缝纫者逐步被职业裁缝取代，拥有技术光环的裁缝，享有更多的社会权力和多元选择身份的机会。到了信息社会，对知识的崇拜又催生出新一代的察哈尔服饰设计师。察哈尔蒙古族服饰制作技艺在不断传承发展，制作者依托不同的社会背景，编织着各自独特的身份意义。非物质文化遗产保护制度的确立，使其中的佼佼者被冠以服饰传承人的新身份标签，获得了国家层面的认可。传承人利用这一身份积极开展传承活动，并实现经济效益的转换。察哈尔蒙古族服饰的穿着者是该服饰文化的重要承载者，个体和群体通过穿用服饰从不同的角度建构身份，表达认同，回答"我是谁？我们是谁？"的问题。全球化与现代化的发展，加强了人们之间的彼此联系和相互融合，同时模糊了身份的界限。个体在与社会互动的过程中，逐渐明确自己的社会身份，确定自己的社会位置。隐秘的私人衣橱呈现出他们在社会舞台中扮演的不同角色。察哈尔蒙古族族群基于多重身份的认同，在不同的历史时期和不同的场合，通过建构和选择不同的服饰来表述身份。族群文化精英则利用自身的社会影响力和政治资源，自觉地引导大众，充当传统文化与现代文化之间的纽带，推动着族群服饰文化的发展和传播。随着地域共同体的广泛联结，地方政府也参与察哈尔蒙古族服饰文化的建设中，从而使其具有了超越族群身份的公共意义，在巨大的社会之网上继续编织着更为复杂的生命意义。

生活世界是不断被人为建构的世界。随着社会的变迁，察哈尔蒙古族穿用的日常服饰逐渐退居于仪式场域。同时，仪式内容的扩展和形式的创新也深深地影响着服饰的形貌。察哈尔蒙古族通过重构传统仪式和新发明仪式的方式，继承和展演着族群服饰，重构着自身的文化传统，绘制出一幅新时代欣欣向荣的生活世界图景。他们有意识地择选、提取那些历史记忆中对自己有意义的传统服饰符号，强化和区分与周边族群的服饰差异，自觉地利用技术手段整合现代化对服饰带来的冲击，从而达到对内凝聚族群文化，维护族群认同，对外应对社会变迁，促进族群长远发展的目的。

察哈尔蒙古族服饰文化是蒙古族文化的一部分，也是中华民族文化的一部分。本书研究的察哈尔蒙古族服饰文化的建构案例，不仅展示了该族群在各个生命时期建构自身服饰文化和生活世界的事实，也从侧面说明了中华民族文化是一个"你中有我，我中有你"、牢不可破的共同体。正是由于各个民族、族群在历史发展进程中文明互鉴、积极构建，才共同构成了如今丰富多彩的中华文化，察哈尔蒙古族服饰文化作为其中的一部分，也必将在未来书写出更为灿烂辉煌的社会生命史。

参考文献

一 史志、文献

（明）瞿九思：《万历武功录》，中华书局影印明万历刻本 1962 年版。

（明）宋濂等：《元史》，中华书局 1976 年版。

（明）萧大亨：《北虏风俗》，《明代蒙古汉籍史料汇编》第 2 辑，薄音湖、王雄点校，内蒙古大学出版社 2006 年版。

《马可波罗行纪》，［法］沙海昂注，冯承钧译，中华书局 2004 年版。

《满文老档》上，中国第一历史档案馆、中国社会科学院历史研究所译注，中华书局 1990 年版。

《蒙古秘史》（现代汉语版），特·官布扎布、阿斯钢译，新华出版社 2006 年版。

《锡林郭勒盟志》编纂委员会编：《锡林郭勒盟志》中册，内蒙古人民出版社 1996 年版。

罗布桑却丹：《蒙古风俗鉴》，赵景阳译，辽宁民族出版社 1988 年版。

乌兰察布盟地方志编纂委员会编：《乌兰察布盟志》，内蒙古文化出版社 2004 年版。

镶黄旗志编纂委员会编：《镶黄旗志》，内蒙古人民出版社 1999 年版。

札奇斯钦：《蒙古黄金史译注》，（台北）联经出版事业股份有限公司

1978 年版。

正镶白旗地方志编纂委员会编:《正镶白旗志》,内蒙古文化出版社
　　2004 年版。

[瑞典]多桑:《多桑蒙古史》,冯承钧译,中华书局 2004 年版。

[波斯]拉施特主编:《史集》,余大钧、周建奇译,商务印书馆 1983
　　年版。

二　中文著作

敖其:《蒙古族传统物质文化》,内蒙古大学出版社 2017 年版。

包铭新主编:《中国北方古代少数民族服饰研究(第 6 卷):元蒙卷》,
　　东华大学出版社 2013 年版。

达力扎布:《蒙古史纲要》(修订本),中央民族大学出版社 2011 年版。

达力扎布:《明清蒙古史论稿》,民族出版社 2003 年版。

邓启耀:《民族服饰:一种文化符号——中国西南少数民族服饰文化研
　　究》,云南人民出版社 1991 年版。

邓启耀:《衣装秘语——中国民族服饰文化象征》,四川人民出版社
　　2005 年版。

樊永贞、潘小平编著:《察哈尔风俗》,内蒙古出版社 2010 年版。

方李莉:《传统与变迁——景德镇新旧民窑业田野考察》,江西人民出
　　版社 2000 年版。

费孝通:《中国城乡发展的道路》,上海人民出版社 2016 年版。

葛忠明:《他者的身份:农民和残疾人的社会建构》,山东人民出版社
　　2015 年版。

郭雨桥:《蒙古部族服饰图典》,商务印书馆 2020 年版。

郭雨桥:《蒙古风俗》,内蒙古出版集团、远方出版社 2016 年版。

韩志远:《元代衣食住行(插图珍藏本)》,中华书局 2016 年版。

胡泊主编：《蒙古族全史·军事卷》上，内蒙古大学出版社 2013 年版。

华梅：《服饰与中国文化》，人民出版社 2001 年版。

黄应贵：《物与物质文化》，"中研院"民族学研究所 2004 年版。

林继富、王丹：《解释民俗学》，华中师范大学出版社 2006 年版。

麻国庆、朱伟：《文化人类学与非物质文化遗产》，生活·读书·新知三联书店 2018 年版。

孟悦、罗钢主编：《物质文化读本》，北京大学出版社 2008 年版。

明锐主编：《中国蒙古族服饰》，远方出版社 2013 年版。

纳森主编：《察哈尔民俗文化》，华艺出版社 2009 年版。

内蒙古腾格里文化传播有限公司编著：《蒙古族服饰图鉴》，内蒙古人民出版社 2008 年版。

内蒙古自治区民族事务委员会编：《蒙古民族服饰》，内蒙古科学技术出版社 1991 年版。

宁玮婷、杨润平：《近代察哈尔民俗问题研究》，中国文史出版社 2016 年版。

潘小平、武殿林主编：《察哈尔史》，内蒙古出版集团、内蒙古人民出版社 2012 年版。

彭兆荣：《人类学仪式的理论与实践》，民族出版社 2007 年版。

齐木德道尔吉：《天之骄子蒙古族》，上海锦绣文章出版社、上海文化出版社 2017 年版。

乔玉光编撰：《内蒙古蒙古族传统服饰典型样式》，内蒙古人民出版社 2014 年版。

沈从文编著：《中国古代服饰研究》，上海书店出版社 2011 年版。

宋俊华、王开桃：《非物质文化遗产保护研究》，中山大学出版社 2013 年版。

宋蜀华：《中国民族学理论探索与实践》，中央民族大学出版社 1999

年版。

苏婷玲、陈红编著：《蒙古民族服饰文化》，文物出版社 2008 年版。

王明珂：《游牧者的抉择——面对汉帝国的北亚游牧部族》，广西师范
   大学出版社 2008 年版。

王树明主编：《话说内蒙古·察哈尔右翼后旗》，内蒙古人民出版社
   2017 年版。

乌云巴图、格根莎日编著：《蒙古族服饰文化》，内蒙古人民出版社
   2003 年版。

乌云毕力格：《清初"察哈尔国"游牧地考》，《蒙古史研究》第九辑，
   内蒙古大学出版社 2007 年版。

易华、邢莉：《草原文化》，辽宁教育出版社 1998 年版。

张景明：《中国北方草原古代金银器》，文物出版社 2005 年版。

钟敬文主编：《民俗学概论（第二版）》，高等教育出版社 2010 年版。

钟敬文著，董晓萍编：《民俗文化学：梗概与兴起》，中华书局 1996
   年版。

周大鸣：《多元与共融：族群研究的理论与实践》，商务印书馆 2011
   年版。

周大鸣主编，秦红增副主编：《文化人类学概论》，中山大学出版社
   2009 年版。

周锡保：《中国古代服饰史》，中国戏剧出版社 1984 年版。

周星、王霄冰主编：《现代民俗学的视野与方向：民俗主义·本真性·
   公共民俗学·日常生活》，商务印书馆 2018 年版。

周星：《乡土生活的逻辑：人类学视野中的民俗研究》，北京大学出版
   社 2011 年版。

庄孔韶主编：《人类学通论》，山西教育出版社 2002 年版。

三 译著

［德］赫尔曼·鲍辛格：《技术世界中的民间文化》，户晓辉译，广西师范大学出版社 2014 年版。

［法］阿诺尔德·范热内普：《过渡礼仪》，张举文译，商务印书馆 2012 年版。

［法］勒内·格鲁塞：《草原帝国：记述游牧与农耕民族三千年碰撞史》，李德谋、曾令先译，江苏人民出版社 2011 年版。

［法］罗兰·巴特：《符号学美学》，董学文等译，辽宁人民出版社 1987 年版。

［法］罗兰·巴特：《流行体系——符号学与服饰符码》，敖军译，上海人民出版社 2000 年版。

［法］莫里斯·哈布瓦赫：《论集体记忆》，毕然、郭金华译，上海人民出版社 2002 年版。

［美］本尼迪克特·安德森：《想象的共同体——民族主义的起源与散布》第二版序，吴叡人译，上海人民出版社 2016 年版。

［美］克利福德·格尔茨：《地方知识——阐释人类学论文集》，杨德睿译，商务印书馆 2016 年版。

［美］克利福德·格尔茨：《文化的解释》，韩莉译，译林出版社 1999 年版。

［美］理查德·桑内特：《匠人》，李继宏译，上海译文出版社 2015 年版。

［挪威］费雷德里克·巴斯主编：《族群与边界——文化差异下的社会组织》，商务印书馆 2014 年版。

［日］和田清：《明代蒙古史论集》下，潘世宪译，商务印书馆 1984 年版。

［英］E. H. 贡布里希：《秩序感——装饰艺术的心理学研究》，杨思梁、徐一维、范景中译，广西美术出版社 2015 年版。

［英］埃里克·霍布斯鲍姆、［英］特伦斯·兰杰编：《传统的发明》，顾杭、庞冠群译，译林出版社 2004 年版。

［英］安东尼·吉登斯：《现代性与自我认同：晚期现代中的自我与社会》，夏璐译，中国人民大学出版社 2016 年版。

［英］克里斯·希林：《文化、技术与社会中的身体》，李康译，北京大学出版社 2011 年版。

［英］玛丽·道格拉斯：《洁净与危险：对污染和禁忌观念的分析》，黄剑波、卢忱、柳博赟译，张海洋校，民族出版社 2008 年版。

［英］迈克尔·罗兰：《历史、物质性与遗产：十四个人类学讲座》，汤芸、张原编译，北京联合出版公司 2016 年版。

［英］斯图尔特·霍尔编：《表征——文化表象与意指实践》，徐亮、陆兴华译，商务印书馆 2003 年版。

四　期刊、报纸论文

［美］阿兰·邓迪斯：《伪民俗的制造》，周惠英译，《民间文化论坛》2004 年第 5 期。

艾娟、汪新建：《集体记忆：研究群体认同的新路径》，《新疆社会科学》2011 年第 2 期。

包桂芹：《蒙古族萨满教的历史文化根源》，《北方民族大学学报》（哲学社会科学版）2016 年第 5 期。

薄音湖：《关于察哈尔史的若干问题》，《内蒙古大学学报》（人文社会科学版）1998 年第 1 期。

陈美健：《清末民中的河北皮毛集散市场》，《中国社会经济史研究》1996 年第 3 期。

达力扎布：《清初察哈尔设旗问题考略》，《内蒙古大学学报》（人文社会科学版）1999 年第 1 期。

董莉、李庆安、林崇德：《心理学视野中的文化认同》，《北京师范大学学报》（社会科学版）2014 年第 1 期。

樊永贞：《察哈尔地区巴尔虎人祭天仪式初探》，《集宁师范学院学报》2012 年第 2 期。

樊永贞、钢土牧尔、潘小平：《北元时期察哈尔部东迁原因及驻牧地简析》，《集宁师范学院学报》2017 年第 5 期。

高丙中：《民间的仪式与国家的在场》，《北京大学学报》（哲学社会科学版）2001 年第 1 期。

高丙中：《作为公共文化的非物质文化遗产》，《文艺研究》2008 年第 2 期。

［日］冈田英弘：《达延汗六万户的起源》，薄音湖译，《蒙古资料与情报》1985 年第 2 期。

关凯：《社会竞争与族群建构：反思西方资源竞争理论》，《民族研究》2012 年第 5 期。

关晓武、董杰、黄兴等：《蒙古靴传统制作工艺调查》，《中国科技史杂志》2007 年第 3 期。

管彦波：《西南民族服饰文化的多维属性》，《西南师范大学学报》（哲学社会科学版）1997 年第 2 期。

郭湛、桑明旭：《面向未来的公共主义发展观》，《中国人民大学学报》2016 年第 6 期。

郝亚明：《国家认同与族群认同的共生：理论评述与探讨》，《民族研究》2017 年第 4 期。

贺金瑞、燕继荣：《论从民族认同到国家认同》，《中央民族大学学报》（哲学社会科学版）2008 年第 3 期。

侯玉敏：《蒙古民族服饰艺术刍论》，《内蒙古艺术》2005 年第 1 期。

加·奥其尔巴特：《蒙古中央部落——"察哈尔"的由来及其演变》，

《西部蒙古论坛》2012 年第 3 期。

姜海军：《蒙元"用夏变夷"与汉儒的文化认同》，《北京大学学报》
（哲学社会科学版）2012 年第 6 期。

康健：《蒙古族服饰传统手工艺》，《浙江工艺美术》2003 年第 4 期。

兰英、蒋柠、刘默：《论标准化与少数民族服饰非物质文化遗产保护传
承——以蒙古族服饰标准化研究为例》，《中国标准化》2013 年第
12 期。

李菲：《以"藏银"之名：民族旅游语境下的物质、消费与认同》，
《旅游学刊》2018 年第 1 期。

李向振：《迈向日常生活的村落研究——当代民俗学贴近现实社会的一
种路径》，《民俗研究》2017 年第 2 期。

李莹：《内蒙古城镇化发展历程与新型城镇化建设方向》，《实践》（思
想理论版）2019 年第 6 期。

李志农、廖惟春：《"连续统"云南维西玛丽玛萨人的族群认同》，《民
族研究》2013 年第 3 期。

梁莹：《民族院校大学生民族身份认同影响因素研究》，《新经济》2019
年第 12 期。

刘保：《作为一种范式的社会建构主义》，《中国青年政治学院学报》
2006 年第 4 期。

刘娜、武建林：《锡林郭勒盟四大部落传统蒙古族服饰的装饰特征研
究》，《大舞台》2014 年第 1 期。

刘艺敏、何学慧、孙艳：《察哈尔蒙古族的服饰演变及其文化价值研
究》，《集宁师范学院学报》2018 年第 1 期。

刘壮、李玲：《文本构建中的他观与自观——关于秀山花灯文献的人类
学研究》，《民族艺术研究》2011 年第 2 期。

刘子曦：《故事与讲故事：叙事社会学何以可能——兼谈如何讲述中国

故事》,《社会学研究》2018 年第 2 期。

罗康隆、何治民:《论民族生境与民族文化建构》,《民族学刊》2019
　　年第 5 期。

麻国庆:《全球化:文化的生产与文化认同——族群、地方社会与跨国
　　文化》,《北京大学学报》(哲学社会科学版) 2000 年第 4 期。

马林英:《凉山彝族服饰艺术与社会身份的文化意义探究》,《中央民族
　　大学学报》(哲学社会科学版) 2018 年第 6 期。

明·额尔敦巴特尔:《关于蒙古文"圣成吉思汗祭祀经"的若干问
　　题》,《内蒙古大学学报》(哲学社会科学版) 2014 年第 3 期。

那顺乌力吉:《察哈尔万户的起源与形成》,《内蒙古师范大学学报》
　　(哲学社会科学版) 2008 年第 5 期。

聂晓灵:《察哈尔部归附后金与清朝的建立》,《内蒙古民族大学学报》
　　(社会科学版) 2018 年第 4 期。

潘守永:《物质文化研究:基本概念与研究方法》,《中国历史博物馆馆
　　刊》2000 年第 2 期。

荣树云:《"非遗"语境中民间艺人社会身份的构建与认同——以山东
　　潍坊年画艺人为例》,《民族艺术》2018 年第 1 期。

萨兰·格日勒:《蒙古族手缝工艺初探》,《黑龙江民族丛刊》1996 年
　　第 1 期。

萨仁娜:《仪式庆典中的认同建构与国家的"在场"——以河南蒙古族
　　的"那达慕"为例》,《青海民族研究》2012 年第 1 期。

史继忠:《世界五大文化圈的互动》,《贵州民族研究》2002 年第 4 期。

史卫民:《元代都城制度的研究与中都地区的历史地位》,《文物春秋》
　　1998 年第 3 期。

双金:《民俗学视野下的成吉思汗陵祭祀文化》,《内蒙古大学艺术学院
　　学报》2011 年第 1 期。

斯琴格日乐、乌达木：《论察哈尔蒙古族传统节日的宗教影响》，《集宁师范学院学报》2019 年第 1 期。

苏力：《较真"差序格局"》，《北京大学学报》（哲学社会科学版）2017 年第 1 期。

苏日娜：《蒙元时期蒙古人的袍服》，《内蒙古大学学报》（人文社会科学版）2000 年第 3 期。

苏日娜、李洁：《游牧文明视域下蒙古族服饰的重复审美意识》，《西南民族大学学报》（人文社会科学版）2019 年第 11 期。

唐仁惠、刘瑞璞：《清代宫廷坎肩形制特征分析》，《设计》2019 年第 3 期。

陶家俊：《身份认同导论》，《外国文学》2004 年第 2 期。

田艳：《非物质文化遗产代表性传承人认定制度探究》，《政法论坛》2013 年第 4 期。

王猛：《从单一身份到多重身份：身份视角下的我国民族政策反思》，《广西民族研究》2015 年第 2 期。

王明珂：《羌族妇女服饰：一个"民族化"过程的例子》，《"中研院"历史语言研究所集刊》1998 年第 4 期。

王明月：《非物质文化遗产代表性传承人的制度设定与多元阐释》，《文化遗产》2019 年第 5 期。

王琪瑛：《西方族群认同理论及其经验研究》，《新疆社会科学》2014 年第 1 期。

王莹：《身份认同与身份建构研究评析》，《河南师范大学学报》（哲学社会科学版）2008 年第 1 期。

乌兰：《论蒙古族栖鹰冠的起源和发展》，《内蒙古师范大学学报》（哲学社会科学版）2008 年第 63 期。

乌云毕力格、孔令伟：《蒙古文献中"五色四藩"观念的形成与流传》，《光明日报》2015 年 10 月 21 日第 14 版。

吴元丰：《清代察哈尔蒙古西迁新疆》，《清史研究》1994 年第 1 期。

夏荷秀、赵丰：《达茂旗大苏吉乡明水墓地出土的丝织品》，《内蒙古文
　　物考古》1992 年第 1 期。

项蕴华：《身份建构研究综述》，《社会科学研究》2009 年第 5 期。

肖惠荣、曾斌：《叙事的无所不在与叙事学的与时俱进——"叙事的符
　　号与符号的叙事：广义叙事学论坛"综述》，《江西师范大学学报》
　　（哲学社会科学版）2015 年第 1 期。

肖世孟：《五色之"五"考》，《美术观察》2019 年第 6 期。

邢莉：《当代敖包祭祀的民间组织与传统的建构———以东乌珠穆沁旗
　　白音敖包祭祀为个案》，《民族研究》2009 年第 5 期。

邢莉：《蒙古族近代的服饰》，《中央民族学院学报》1993 年第 6 期。

徐国超：《福柯的身体政治评析》，《天津行政学院学报》2012 年第
　　6 期。

徐良利：《蒙古帝国第一次西征历史动因论》，《北方论丛》2017 年第
　　3 期。

胥志强：《民俗学中本真性话语的根源、局限及超越》，《民俗研究》
　　2019 年第 3 期。

闫红霞：《遗产旅游"原真性"体验的路径构建》，《河南社会科学》
　　2013 年第 10 期。

杨印民：《纳失失与元代宫廷织物的尚金风习》，《黑龙江民族丛刊》
　　2007 年第 2 期。

杨筑慧：《民族精英与社会改革——以西双版纳傣族地区为例》，《云南
　　民族大学学报》2008 年第 9 期。

叶荫茵：《社会身份的视觉性表征：苗族刺绣的身份认同探析》，《贵州
　　民族研究》2018 年第 3 期。

袁同凯、朱筱煦、孙娟：《族群认同、族群认同变迁及族属标示及认同》，《青海民族研究》2016 年第 3 期。

张进、王垚：《物的社会生命与物质文化研究方法论》，《浙江工商大学学报》2017 年第 3 期。

张黎：《双性的隐形记忆：家用缝纫机的性别化设计史，1850—1950》，《装饰》2014 年第 1 期。

张曙光：《蒙古族那达慕辨析》，《大连民族学院学报》2008 年第 4 期。

张曙光：《那达慕：蒙古族古老而现代的节日》，《内蒙古艺术学院学报》2011 年第 3 期。

赵旭东、张洁：《文化主体的适应与嬗变——基于费孝通文化观的一些深度思考》，《学术界》2018 年第 12 期。

赵旭东：《侈糜、奢华与支配：围绕十三世纪蒙古游牧帝国服饰偏好与政治风俗的札记》，《民俗研究》2010 年第 2 期。

周星：《本质主义的汉服言说和建构主义的文化实践——汉服运动的诉求、收获及瓶颈》，《民俗研究》2014 年第 3 期。

周星：《乡村旅游与民俗主义》，《旅游学刊》2019 年第 6 期。

周莹：《民族服饰的人类学研究文献综述》，《南京艺术学院学报》（美术与设计版）2012 年第 2 期。

左宏愿：《原生论与建构论：当代西方的两种族群认同理论》，《国外社会科学》2012 年第 3 期。

五　学位论文

何马玉涓：《文化变迁中的仪式艺术——以傈僳族刀杆节为例》，博士学位论文，云南大学，2015 年。

金昱彤：《国家、市场、社会三维视角下的非物质文化遗产研究——以土族盘绣为例》，博士学位论文，兰州大学，2014 年。

察哈尔蒙古族服饰文化研究

田夏萌：《互动·互塑的社会生命——湖南凤村苗族银饰的民族志探究》，博士学位论文，中央民族大学，2017年。

佟春霞：《文化殊异与民族认同》，博士学位论文，中央民族大学，2010年。

朱荔丽：《蒙古族女性头饰民俗学研究》，博士学位论文，中央民族大学，2017年。

后　记

　　随着最后一行文字落下，这本关于察哈尔蒙古族服饰文化研究的著作终于尘埃落定。回望这段从博士论文萌芽至书籍成型的漫长旅程，心中满是感慨与感激。这不仅是一部学术作品的诞生记，更是对民族文化深度探索与热爱的见证。

　　最初我以国内访问学者的身份来到中央民族大学，有幸系统地修习了苏日娜和林继富两位教授的课程，他们渊博的知识和严谨的治学之道，不仅让我初步了解了民俗学的博大精深，也激发了我继续学习民俗学专业的兴趣。由于之前从事艺术学研究的缘故，第二年，我考取了和我专业相近的苏日娜教授的博士研究生。苏日娜教授多年来一直致力于民族服饰研究，学术底蕴深厚，为人和蔼可亲。她在教学上，一丝不苟、循循善诱，引导我深入到民俗学的研究领域，并找到自己的研究方向；生活上对我无私关怀，给予我许多做人做事的道理，正所谓"望之俨然，即之也温，听其言也厉"，是我景仰和学习的典范。

　　察哈尔蒙古族独特而璀璨的服饰艺术如同活的历史，诉说着民族的迁徙、融合与发展。为了获取第一手资料，我曾多次赴察哈尔右翼后旗、正蓝旗、镶黄旗、呼和浩特等地进行考察和搜集资料。此间，非常感谢敖日格勒、朝孟鲁、乌云斯琴、阿穆等当地人的热情接纳，让我从进入田野的惶惶不安到和他们成为相熟的朋友，如果没有他们的大力支持，我根本无法完成本书的写作。还要特别感谢其木格、乌云其木格、罗璐玛·苏荣、朝鲁孟等传承人为我耐心地讲述察哈尔服饰的工艺知识和解答相关问题，让我从一个"知识小白"蜕变为"半个专家"。还有蒙古文化研究著名学者郭雨桥老师、夏·东希格老师，察哈尔文化研究会会长潘小平老师、首席专家钢土牧尔老师，内蒙古农业大学的郑宏奎老师、刘娜老师、郝水菊老师，正蓝旗宣传部的刘长永老师等人从各自不同的专业角度丰富了我的知识，并给予我田野调查中的便利。在与当地人的交流中，我不仅收集到了丰富的服饰实物、图片和口述资料，更深刻体会到了服饰背后所承载的文化意义与情感价值。这些宝贵的经历，无疑为本书增色不少。

从博士论文的初步框架到书籍的最终定稿，这是一个漫长且充满挑战的过程。期间，我经历了无数次的自我质疑与推翻重来，每一次修改都是对知识的再审视与再理解。幸运的是，除了苏日娜和林继富两位恩师，我还受到尹虎彬教授、张海洋教授、毕桪教授、王卫华教授、周梦教授、良警宇教授、敖其教授和方李莉教授的悉心指导，著作才得以不断完善。他们的真知灼见如同灯塔，照亮了我前行的道路。博士毕业回校工作后，继续对相关内容进行深入研究，并得到河北省哲学社会科学学术著作出版基金、河北科技师范学院省属高校基本科研业务专项项目（编号2023JK10）和河北科技师范学院科学研究基金（编号304050203）的共同资助，让我在学术探索的道路上更加坚定与从容。

最后，我还要感谢我的同事兼老师孟令臣研究员、邹德文研究员，以及好友曹海琴、张立克、车桂林、马超给予我写作上的帮助、精神上的鼓励和生活上的关怀。尤其感谢我的家人，为了让我安心学习，帮我分担很多家务。值此书籍出版之际，向所有给予我关心、支持和帮助过的人们致以最诚挚的谢意！是你们的鼓励与陪伴，让我有勇气面对困难与挑战；是你们的智慧与启迪，让我得以在学术的海洋中遨游并收获满满。限于我的时间、财力和能力等多方面因素的局限，该书只是一个尝试性的研究，内容有不丰富、不深入的地方，敬请读者批评指正。未来的日子里，我将带着这份感激与期待，继续在民族文化研究的道路上砥砺前行。